教育部高等学校电子信息类专业教学指导委员会规划教材
高等学校电子信息类专业系列教材

Exercise and Experiment Guidance of The Tutorial for
Information Theory and Coding

信息论与编码
习题解答与实验指导

陈瑞 徐伟业 芮雄丽 编著

清华大学出版社
北京

内容简介

本书是学习"信息论与编码"课程的教辅用书,旨在为本科生和硕士研究生提供学习指导和帮助。

全书共分 9 章,由习题解答和实验指导两大部分组成。第 1～7 章是习题解答,内容包括香农信息理论、信源压缩编码、有噪信道编码和加密编码等,习题题型丰富,包括选择、填空、判断和计算等类型。第 8～9 章是实验指导,每个实验都给出了实验目的、实验要求、算法和参考程序。

本书可供高等院校信息、通信、电子等相关专业的教师、本科生和研究生等参考使用,也可供相关科技人员学习信息论时参考。

本书封面贴有清华大学出版社防伪标签,无标签者不得销售。
版权所有,侵权必究。举报:010-62782989,beiqinquan@tup.tsinghua.edu.cn。

图书在版编目(CIP)数据

信息论与编码习题解答与实验指导/陈瑞,徐伟业,芮雄丽编著.—北京:清华大学出版社,2021.5
高等学校电子信息类专业系列教材
ISBN 978-7-302-57971-7

Ⅰ.①信… Ⅱ.①陈… ②徐… ③芮… Ⅲ.①信息论-高等学校-教学参考资料 ②信源编码-高等学校-教学参考资料 Ⅳ.①TN911.2

中国版本图书馆 CIP 数据核字(2021)第 066134 号

责任编辑:文　怡
封面设计:李召霞
责任校对:李建庄
责任印制:刘海龙

出版发行:清华大学出版社
　　网　　址: http://www.tup.com.cn, http://www.wqbook.com
　　地　　址: 北京清华大学学研大厦 A 座　　邮　编: 100084
　　社 总 机: 010-62770175　　邮　购: 010-83470235
　　投稿与读者服务: 010-62776969, c-service@tup.tsinghua.edu.cn
　　质量反馈: 010-62772015, zhiliang@tup.tsinghua.edu.cn
　　课件下载: http://www.tup.com.cn, 010-83470236
印 装 者: 北京鑫海金澳胶印有限公司
经　　销: 全国新华书店
开　　本: 185mm×260mm　　印　张: 14　　字　数: 339 千字
版　　次: 2021 年 7 月第 1 版　　　　　　　印　次: 2021 年 7 月第 1 次印刷
印　　数: 1～1500
定　　价: 39.50 元

产品编号: 090779-01

FOREWORD

随着信息技术的发展，国内高等院校的通信工程、信息工程、电子科学、信息与计算机科学等专业普遍开设了"信息论与编码"课程。"信息论与编码"是一门理论性和实践性很强的课程，需要扎实的数学基础和实际的编程能力。为了透彻理解和掌握信息与编码理论的基本概念、基本理论和分析方法，习题训练是不可缺少的。通过做习题，加深对理论和概念的理解，增强分析和解决问题的能力。为了更好地调动学生对理论学习的兴趣，需要通过实践环节，更直接地培养创新思维和动手能力。为此，基于曹雪虹教授编写的教材《信息论与编码》(第3版)，作者编著了这本配套教材《信息论与编码——习题解答与实验指导》。

本书共分9章，前7章均由知识点和习题详解两部分构成。每章的知识点是对各章节的基本概念、基本定理和计算公式的深入概括，以便读者在解题时做到概念清晰，思路正确。习题详解部分是针对教材中的各章习题所做的详细解答，给出解题思路和推演过程，并在每题后面给出了该题所对应的知识点。为了更进一步帮助读者厘清知识点，本书还编写了对应相关知识点的选择题、填空题、判断题和名词解释等类型的题目。第8章和第9章是课程实验，由基础实验和拓展实验两大部分构成。其中，基础实验部分编写了10个实验，囊括了信源熵的计算、信道容量的计算、信源编码、信道编码和加解密编码等内容；拓展实验有5个，包括实际应用中的英文字符概率统计、图像压缩算法和卷积码的编解码等内容。读者可以根据自己的学习需求，选择本书中所需章节和题目。

本书第1章和第2章由芮雄丽老师编写，第3~7章由陈瑞老师编写，第8章和第9章由徐伟业老师编写。

在本书的编写过程中，参阅了国内外一些经典著作(参见本书的参考文献)，同时参考了国内知名大学"信息论与编码"课程的课后习题及解答，在此向有关作者表示感谢。另外，在本书的编写过程中，得到了曹雪虹教授的大力支持，以及童莹、王少东等老师的建议和帮助，在此也表示诚挚的谢意。

书中的不妥和错误之处，恳请广大读者予以批评指正。

作　者

2021 年 4 月

第 1 章 绪论	1
1.1 知识点	1
1.1.1 信息的概念	1
1.1.2 信息论研究的对象、目的和内容	1
1.2 习题详解	2
1.2.1 判断题	2
1.2.2 填空题	2
1.2.3 问答题	3
第 2 章 信源与信息熵	4
2.1 知识点	4
2.1.1 信息论中常用的概率公式	4
2.1.2 信源的分类	5
2.1.3 离散信源的自信息和信息熵	5
2.1.4 联合自信息量和联合熵	6
2.1.5 条件自信息量和条件熵	6
2.1.6 互信息和平均互信息	6
2.1.7 各种熵的关系	7
2.1.8 多符号离散序列信源熵	7
2.1.9 连续信源的微分熵和最大熵	8
2.1.10 信源冗余度	9
2.2 习题详解	9
2.2.1 选择题	9
2.2.2 判断题	10
2.2.3 填空题	11
2.2.4 问答题	12
2.2.5 计算题	13
第 3 章 信道与信道容量	38
3.1 知识点	38

####### 3.1.1 信道和信道的数学模型 … 38
####### 3.1.2 离散单符号信道及其容量 … 39
####### 3.1.3 离散序列信道及其容量 … 39
####### 3.1.4 连续信道及其容量 … 40
3.2 习题详解 … 41
####### 3.2.1 选择题 … 41
####### 3.2.2 判断题 … 43
####### 3.2.3 填空题 … 44
####### 3.2.4 名词解释 … 45
####### 3.2.5 问答题 … 45
####### 3.2.6 计算题 … 46

第 4 章 信息率失真函数 … 60
4.1 知识点 … 60
####### 4.1.1 信息率失真函数的定义 … 60
####### 4.1.2 信息率失真函数的性质 … 61
####### 4.1.3 信息率失真函数的计算 … 62
4.2 习题详解 … 62
####### 4.2.1 选择题 … 62
####### 4.2.2 填空题 … 63
####### 4.2.3 判断题 … 64
####### 4.2.4 计算题 … 64

第 5 章 信源编码 … 76
5.1 知识点 … 76
####### 5.1.1 信源编码 … 76
####### 5.1.2 无失真信源编码 … 77
####### 5.1.3 无失真信源编码方法 … 77
####### 5.1.4 限失真信源编码 … 78
####### 5.1.5 限失真信源编码方法 … 78
5.2 习题详解 … 78
####### 5.2.1 选择题 … 78
####### 5.2.2 名词解释 … 79
####### 5.2.3 判断题 … 80
####### 5.2.4 填空题 … 81
####### 5.2.5 问答题 … 81
####### 5.2.6 计算题 … 82

第6章 信道编码 ... 111

6.1 知识点 ... 111
- 6.1.1 有扰离散信道的编码定理 ... 111
- 6.1.2 线性分组码 ... 112
- 6.1.3 循环码 ... 112
- 6.1.4 卷积码 ... 113

6.2 习题详解 ... 114
- 6.2.1 选择题 ... 114
- 6.2.2 判断题 ... 115
- 6.2.3 填空题 ... 117
- 6.2.4 问答题 ... 118
- 6.2.5 计算题 ... 119

第7章 加密编码 ... 141

7.1 知识点 ... 141
- 7.1.1 密码学基本概念 ... 141
- 7.1.2 经典算法——DES(分组加密) ... 142
- 7.1.3 经典算法——RSA ... 142
- 7.1.4 流密码 ... 142

7.2 习题详解 ... 142
- 7.2.1 填空题 ... 142
- 7.2.2 名词解释 ... 144
- 7.2.3 计算题 ... 144

第8章 基础实验 ... 154

8.1 实验一 单符号离散信源熵的计算 ... 154
- 8.1.1 实验目的 ... 154
- 8.1.2 实验要求 ... 154
- 8.1.3 实验原理与程序代码 ... 154
- 8.1.4 思考题 ... 156

8.2 实验二 任意 DMC 信道容量的计算 ... 156
- 8.2.1 实验目的 ... 156
- 8.2.2 实验要求 ... 157
- 8.2.3 实验原理与程序代码 ... 157
- 8.2.4 实验思考与改进 ... 161

8.3 实验三 AWGN 波形信道容量的计算 ... 161
- 8.3.1 实验目的 ... 161
- 8.3.2 实验要求 ... 161

8.3.3　实验原理与程序代码 ·· 162
8.4　实验四　唯一可译码的判定 ·· 165
　　8.4.1　实验目的 ·· 165
　　8.4.2　实验要求 ·· 165
　　8.4.3　实验原理与程序代码 ·· 165
　　8.4.4　实验思考与改进 ·· 169
8.5　实验五　香农编码 ·· 169
　　8.5.1　实验目的 ·· 169
　　8.5.2　实验要求 ·· 170
　　8.5.3　实验原理与程序代码 ·· 170
　　8.5.4　实验思考与改进 ·· 172
8.6　实验六　哈夫曼编码 ··· 172
　　8.6.1　实验目的 ·· 172
　　8.6.2　实验要求 ·· 172
　　8.6.3　实验原理与程序代码 ·· 172
　　8.6.4　实验思考与改进 ·· 175
8.7　实验七　线性分组码的编码 ··· 176
　　8.7.1　实验目的 ·· 176
　　8.7.2　实验要求 ·· 176
　　8.7.3　实验原理与程序代码 ·· 176
　　8.7.4　实验思考与改进 ·· 179
8.8　实验八　线性分组码的译码 ··· 179
　　8.8.1　实验目的 ·· 179
　　8.8.2　实验要求 ·· 179
　　8.8.3　实验原理与程序代码 ·· 180
　　8.8.4　实验思考与改进 ·· 183
8.9　实验九　循环冗余校验（CRC）码的编码与译码 ··· 183
　　8.9.1　实验目的 ·· 183
　　8.9.2　实验要求 ·· 183
　　8.9.3　实验原理与程序代码 ·· 183
　　8.9.4　实验思考与改进 ·· 186
8.10　实验十　简单的文本加密算法 ·· 187
　　8.10.1　实验目的 ·· 187
　　8.10.2　实验要求 ·· 188
　　8.10.3　实验原理与程序代码 ·· 188
　　8.10.4　实验思考与改进 ·· 190

第9章　拓展实验篇 ·· 191

9.1　实验一　英文文本中字符的概率统计 ·· 191

		9.1.1 实验目的 ·····	191
		9.1.2 实验要求 ·····	191
		9.1.3 实验原理与程序代码 ·····	191
		9.1.4 实验思考 ·····	193
	9.2	实验二 二值图像的游程编码无损压缩 ·····	193
		9.2.1 实验目的 ·····	193
		9.2.2 实验要求 ·····	194
		9.2.3 实验原理与程序代码 ·····	194
		9.2.4 实验思考 ·····	196
	9.3	实验三 灰度图像的灰度降级与哈夫曼编码的联合压缩 ·····	197
		9.3.1 实验目的 ·····	197
		9.3.2 实验要求 ·····	197
		9.3.3 实验原理与程序代码 ·····	197
		9.3.4 实验思考 ·····	200
	9.4	实验四 灰度图像的 DCT 变换与压缩 ·····	201
		9.4.1 实验目的 ·····	201
		9.4.2 实验要求 ·····	201
		9.4.3 实验原理与程序代码 ·····	201
		9.4.4 思考题 ·····	206
	9.5	卷积码的编码与译码 ·····	207
		9.5.1 实验目的 ·····	207
		9.5.2 实验要求 ·····	207
		9.5.3 实验算法与结果 ·····	208
		9.5.4 实验思考 ·····	211

参考文献 ····· 212

第1章 绪　论

本章学习重点：
- 信息的概念。
- 信息论研究的对象、目的和内容。
- 信息论的发展简史与现状。

1.1　知识点

1.1.1　信息的概念

信息是指事物运动的状态及状态变化的方式，是关于事物运动的千差万别的状态和方式的认识。

信息具有广泛性和抽象性。

1.1.2　信息论研究的对象、目的和内容

1. 通信系统模型

(1) 信源：产生消息和消息序列的源。

(2) 编码器：将信源发出的消息变换成适于信道传送的信号的设备。

(3) 信道：传输信号的通道。

(4) 译码器：译码是编码的逆变换。

(5) 信宿：消息传送过程中的接收者，即接收消息的人或物。

2. 信息论研究的目的和内容

(1) 可靠性：信息传输的可靠性就是使信源发出的消息经信道传输后，尽可能准确地、不失真地在接收端复现。

(2) 有效性：信息传输的有效性就是用尽可能短的时间和尽可能少的设备来传送一定数量的信息。

(3) 保密性：信息传输过程中要隐蔽和保护所传送的消息，使它只能被授权者获取，而

不能被未授权者接收和理解。

（4）认证性：指接收者能够判断所接收消息的正确性，验证消息的完整性，验证消息没有被伪造和篡改。

1.2 习题详解

1.2.1 判断题

1. 信息就是一种消息。

解答：错。信息是一个抽象的概念，包含在消息之中；消息是具体的概念，是信息的载荷者。

2. 信息论研究的主要问题是在通信系统设计中如何实现信息传输、存储和处理的有效性和可靠性。

解答：对。

3. 信号是一种消息。

解答：错。信号是消息的表现形式，即消息的载体；而消息是信号的具体内容。

4. 文字、图像和语言都是消息。

解答：对。

5. 信息可以产生，也可以消失，还可以被携带。

解答：对。

6. 信道编码的主要方法是增大码率或频带，即增大所需的信道容量。

解答：对。

7. 消息是信息的物理体现，如文字、图像和语言等。

解答：错。消息比较具体，但不是物理的。消息还是信息的载荷者，同一信息可以用不同形式的消息来载荷。

8. 通信系统中传送的本质内容是信号。

解答：错。通信系统中传送的本质内容是信息。

9. 信息是抽象的知识，看不见、摸不到。

解答：对。

1.2.2 填空题

1. 信道编码的主要目标是_____。

解答：提高信息传输的可靠性。

2. 信源编码的主要目的是_____。

解答：提高信息传输的有效性。

3. 加密编码的目的是_____。

解答：保证信息传输的安全性。

4. 香农于1948年发表了题为_____的论文，这是一篇关于现代信息论的开创性的权威论文，为信息论的创立做出了独特的贡献。

解答：《通信的数学理论》。

5. 要使通信系统做到传输信息有效、可靠和保密，须先_____编码，然后_____编码，再_____编码，最后送入信道。

解答：信源；加密；信道。

6. 信息论是应用近代数理统计方法研究信息的传输、存储和处理的科学，故称为_____；1948年香农在《贝尔》杂志上发表了《通信的数学理论》，该文用熵对信源的_____进行度量，同时也作为衡量_____大小的一个尺度。

解答：现代信息论；自信息；不确定度。

7. 信道是传递消息的通道，又是传送物理信号的设施。信道的主要问题是_____。

解答：能够传送多少信息。

8. 信息是指各个事物_____的方式。

解答：运动的状态及状态变化。

9. 信号是消息的_____，而消息则是信号的_____。信号是消息的_____，是表示消息的物理量。

解答：表现形式；具体内容；载体。

10. 实际干扰可以分成以下两大类：_____和_____。

解答：加性干扰；乘性干扰。

1.2.3 问答题

1. 何谓狭义信息论？何谓广义信息论？

解答：在信息可以度量的基础上，对如何有效、可靠地传递信息进行研究的科学，称为信息论。涉及信息量度、信息特征、信息传输速率、信道容量、干扰对信息传输的影响等方面的知识，称为狭义信息论。广义信息论则包括通信的全部统计问题的研究，除了香农信息论之外，还包括信号设计、噪声理论、信号的检测与估值等。

2. 简述信息的特征。

解答：信息的基本特征在于它的不确定性，任何已确定的事件都不含信息。接收者在收到信息之前，对它的内容是不知道的，所以信息是新知识、新内容。信息是能使认识主体对某一事物的未知性或不确定性减少的有用知识。信息可以产生，也可以消失，同时可以被携带、存储及处理。信息是可以量度的，事件所包含的信息量有多少的差别。

第2章

信源与信息熵

本章学习重点：
- 信源的分类及其描述方法。
- 离散单符号信源信息量的度量及其计算方法，包括自信息、信源熵、条件熵、联合熵、互信息等。
- 熵的性质。
- 离散序列信源熵。
- 连续信源及其熵。
- 冗余度的概念和计算。

2.1 知识点

2.1.1 信息论中常用的概率公式

随机变量 X 和 Y 分别取值于集合 $\{x_1, x_2, \cdots, x_i, \cdots, x_n\}$ 和 $\{y_1, y_2, \cdots, y_j, \cdots, y_m\}$：

(1) $0 \leqslant p(x_i), p(y_j), p(x_i|y_j), p(y_j|x_i), p(x_i y_j) \leqslant 1$

(2) $\sum_{i=1}^{n} p(x_i) = 1, \sum_{j=1}^{m} p(y_j) = 1$

(3) $\sum_{i=1}^{n} p(x_i | y_j) = 1, \sum_{j=1}^{m} p(y_j | x_i) = 1, \sum_{j=1}^{m} \sum_{i=1}^{n} p(x_i y_j) = 1$

(4) $\sum_{i=1}^{n} p(x_i y_j) = p(y_j), \sum_{j=1}^{m} p(x_i y_j) = p(x_i)$

(5) $p(x_i y_j) = p(x_i) p(y_j | x_i) = p(y_j) p(x_i | y_j)$

(6) 当 X 和 Y 相互独立时，$p(y_j | x_i) = p(y_j)$，$p(x_i | y_j) = p(x_i)$，$p(x_i y_j) = p(x_i) p(y_j)$

(7) $p(x_i | y_j) = \dfrac{p(x_i y_j)}{\sum_{i=1}^{n} p(x_i y_j)}, \; p(y_j | x_i) = \dfrac{p(x_i y_j)}{\sum_{j=1}^{m} p(x_i y_j)}$

(8) 全概率公式：$p(Y) = \sum_{i=1}^{n} p(x_i Y) = \sum_{i=1}^{n} p(x_i) p(Y|x_i)$

(9) 贝叶斯公式：$p(x_i|Y) = \dfrac{p(x_i) p(Y|x_i)}{\sum_{i=1}^{n} p(x_i) p(Y|x_i)}$

2.1.2 信源的分类

信源是信息的来源，是产生消息或消息序列的源泉。

按某取值时刻消息的取值集合的离散性和连续性，可分为离散信源和连续信源。

按信源输出消息所对应的随机序列的平稳性，可分为平稳信源和非平稳信源。

按信源输出的信息所对应的随机序列中随机变量前后之间有无统计依赖关系，可分为无记忆信源和有记忆信源。

2.1.3 离散信源的自信息和信息熵

1. 自信息

任一随机事件 x_i 的自信息定义为

$$I(x_i) = \log\left[\dfrac{1}{p(x_i)}\right] = -\log p(x_i)$$

自信息量的单位取决于对数选取的底。当对数的底取 2 时，单位为比特(bit)；当以自然数 e 为底时，单位为奈特(nat)；当以 10 为底时，单位为哈特(hart)。1 奈特 = 1.443 比特；1 哈特 = 3.322 比特。

(1) 当 $p(x_i) = 1$ 时，$I(x_i) = 0$，确定事件信息量为 0。

(2) 当 $p(x_i) = 0$ 时，$I(x_i) = \infty$，概率为 0 的事件带来极大的信息量。

(3) $I(x_i)$ 非负，是 $p(x_i)$ 的单调递减函数。

2. 平均自信息量——信息熵

随机变量 $I(x_i)$ 的数学期望定义为平均自信息量，即信息熵 $H(X)$，简称熵。

$$H(X) = E[I(x_i)] = E[-\log p(x_i)] = -\sum_{i=1}^{q} p(x_i) \log p(x_i)$$

3. 信息熵的性质

离散信源 X 的概率分布为 $P = (p(x_1), p(x_2), \cdots, p(x_q)) = (p_1, p_2, \cdots, p_q)$，式中，$q$ 是集合 X 的元素数目，则信息熵 $H(X)$ 可表示为 P 的函数，即 $H(X) = -\sum_{i=1}^{q} p_i \log p_i = H(p_1, p_2, \cdots, p_q) = H(P)$。

熵函数 $H(P)$ 具有如下性质：

(1) 对称性：当 $P = (p_1, p_2, \cdots, p_q)$ 中的各分量的次序任意变更时，熵值不变。

(2) 非负性：$H(P) = H(p_1, p_2, \cdots, p_q) \geq 0$

(3) 确定性：$H(1,0) = H(1,0,0) = H(1,0,0,0) = \cdots = H(1,0,\cdots,0) = 0$

(4) 扩展性：$\lim_{\varepsilon \to 0} H_{q+1}(p_1, p_2, \cdots, p_q - \varepsilon, \varepsilon) = H(p_1, p_2, \cdots, p_q)$

(5) 可加性：

$$H_{mn}(p_1 p_{11}, p_1 p_{21}, \cdots, p_1 p_{m1}; p_2 p_{22}, \cdots, p_2 p_{m2}; \cdots; p_n p_{1n}, p_n p_{2n}, \cdots, p_n p_{mn})$$

$$= H_N(p_1, p_2, \cdots, p_n) + \sum_{i=1}^{n} p_i H_{mi}(p_{1i}, p_{2i}, \cdots, p_{mi})$$

(6) 极值性：$H(p_1,p_2,\cdots,p_q) \leqslant H\left(\dfrac{1}{q},\dfrac{1}{q},\cdots,\dfrac{1}{q}\right) = \log q$

(7) 上凸性：$H(p_1,p_2,\cdots,p_q)$ 是概率分布 $(p_1,p_2,\cdots,p_q)$ 的严格上凸函数。

2.1.4 联合自信息量和联合熵

二维联合集 XY 上的元素 (x_i,y_j) 的联合自信息量定义为 $I(x_i,y_j) = -\log p(x_i,y_j)$，其中，$x_i y_j$ 为积事件，$p(x_i,y_j)$ 为元素 (x_i,y_j) 的二维联合概率。

联合集 XY 上，每对元素 (x_i,y_j) 的自信息量的概率加权平均值定义为联合熵

$$H(X,Y) = \sum_{XY} p(x_i,y_j) I(x_i,y_j)$$

2.1.5 条件自信息量和条件熵

联合集 XY 中，事件 x_i 在事件 y_j 发生的条件下的条件自信息量定义为

$$I(x_i \mid y_j) = -\log p(x_i \mid y_j)$$

联合集 XY 上，条件自信息量 $I(y_j|x_i)$ 的概率加权平均值定义为条件熵，其定义式为

$$H(Y \mid X) = \sum_{XY} p(x_i,y_j) I(y_j \mid x_i)$$

2.1.6 互信息和平均互信息

1. 互信息的定义

对两个离散随机事件集 X 和 Y，事件 y_j 的出现给出关于事件 x_i 的信息量，定义为互信息量，其定义式为

$$I(x_i;y_j) = \log \dfrac{p(x_i \mid y_j)}{p(x_i)} = \log \dfrac{1}{p(x_i)} - \log \dfrac{1}{p(x_i \mid y_j)}$$

2. 互信息量的性质

(1) 互易性：$I(x_i;y_j) = I(y_j;x_i)$

(2) 互信息量可为零：当事件 x_i 和 y_j 统计独立时，互信息量为零，$I(x_i;y_j) = 0$。

(3) 互信息量可正可负。当后验概率 $p(x_i|y_j)$ 小于先验概率 $p(x_i)$ 时，互信息量 $I(x_i;y_j)$ 小于零，为负值。

(4) 任何两个事件之间的互信息量不可能大于其中任一事件的自信息量。

3. 平均互信息

联合集 XY 上 $I(x_i;y_j)$ 的联合概率加权的统计平均值，称为两集合的平均互信息，即

$$I(X;Y) = E\{I(x_i;y_j)\} = \sum_{XY} p(x_i,y_j) I(x_i;y_j) = \sum_{XY} p(x_i,y_j) \log \dfrac{p(x_i \mid y_j)}{p(x_i)}$$

平均互信息的性质：

(1) 非负性：$I(X;Y) \geqslant 0$

(2) 对称性：$I(X;Y) = I(Y;X)$

(3) 与熵和条件熵的关系：$I(X;Y) = H(X) - H(X|Y) = H(Y) - H(Y|X)$

(4) 极值性：$I(X;Y) \leqslant H(X)$，$I(X;Y) \leqslant H(Y)$

(5) 凸函数性：$I(X;Y)$ 是信源概率分布 $p(x_i)$ 和信道转移概率 $p(y_j|x_i)$ 的凸函数。

条件互信息量:在给定 Z 条件下,X 与 Y 的互信息量定义为

$$I(X;Y\mid Z)=\sum_X\sum_Y\sum_Z p(x_i,y_j,z_k)\log\frac{p(x_i\mid y_j,z_k)}{p(x_i\mid z_k)}$$

$$I(X;Y\mid Z)=H(X\mid Z)-H(X\mid Z,Y)=H(Y\mid Z)-H(Y\mid Z,X)$$

三维联合集 (X,Y,Z) 上的平均互信息量定义为

$$I(X;Y,Z)=\sum_X\sum_Y\sum_Z p(x_i,y_j,z_k)\log\frac{p(x_i\mid y_jz_k)}{p(x_i)}$$

$$I(X;Y,Z)=I(X;Y)+I(X;Z\mid Y)$$

2.1.7 各种熵的关系

1. 联合熵与信息熵、条件熵的关系

$$H(X,Y)=H(X)+H(Y\mid X)=H(Y)+H(X\mid Y)$$

$$H(X)-H(X\mid Y)=H(Y)-H(Y\mid X)$$

$$H(X_1,X_2,\cdots,X_N)=H(X_1)+H(X_2\mid X_1)+\cdots+H(X_N\mid X_1X_2\cdots X_N)$$

2. 联合熵与信息熵的关系

$$H(X,Y)\leqslant H(X)+H(Y)$$

$$H(X_1,X_2,\cdots,X_N)\leqslant H(X_1)+H(X_2)+\cdots+H(X_N)$$

3. 条件熵与信息熵的关系

$$H(X\mid Y)\leqslant H(X)$$

$$H(Y\mid X)\leqslant H(Y)$$

2.1.8 多符号离散序列信源熵

长度为 L 的离散无记忆序列信源 $\boldsymbol{X}=(X_1,X_2,\cdots,X_l,\cdots,X_L)$,序列中的单个符号变量 X_l 都取值于有限的信源符号集 $X_l\in\{x_1,x_2,\cdots,x_n\}$,$l=1,2,\cdots,L$。随机序列的概率

$$p(\boldsymbol{X}=\boldsymbol{x}_i)=p(X_1=x_{i_1},X_2=x_{i_2},\cdots,X_L=x_{i_L})$$

式中,$i=1,2,\cdots,n^L$;$i_l=1,2,\cdots,n$。信源序列 $\boldsymbol{X}$ 的序列熵

$$H(\boldsymbol{X})=-\sum_{i=1}^{n^L}p(\boldsymbol{X}=\boldsymbol{x}_i)\log p(\boldsymbol{X}=\boldsymbol{x}_i)$$

$$=-\sum_{i_1=1}^{n}\sum_{i_2=1}^{n}\cdots\sum_{i_L=1}^{n}p(x_{i_1},x_{i_2},\cdots,x_{i_L})\log p(x_{i_1},x_{i_2},\cdots,x_{i_L})$$

1. 无记忆信源

信源无记忆时,$p(\boldsymbol{X}=\boldsymbol{x}_i)=p(x_{i_1},x_{i_2},\cdots,x_{i_L})=\prod_{l=1}^{L}p(x_{i_l})$,则序列熵

$$H(\boldsymbol{X})=\sum_{l=1}^{L}H(X_l)$$

如还满足平稳特性,即与序号 l 无关,此时 $H(X_1)=H(X_2)=\cdots=H(X_L)$,则序列熵

$$H(\boldsymbol{X})=\sum_{l=1}^{L}H(X_l)=LH(X)\text{bit/序列}$$

平均到每个符号的平均符号熵 $H_L(X) = \dfrac{\text{序列熵 } H(\boldsymbol{X})}{L} = H(X_1) = \cdots = H(X_L) = H(x)$。

2. 平稳有记忆信源

平稳有记忆信源的联合概率具有时间推移不变性,有 $p(\boldsymbol{X}=\boldsymbol{x}_i) = p(\boldsymbol{X}=\boldsymbol{x}_{i+h})$,即

$$p(X_{i_1}=x_1, X_{i_2}=x_2, \cdots, X_{i_L}=x_L) = p(X_{i_1+h}=x_1, X_{i_2+h}=x_2, \cdots, X_{i_L+h}=x_L)$$

离散平稳序列信源如 $H_1(X) < \infty$,则其极限熵存在,且

$$H_\infty(\boldsymbol{X}) \stackrel{\Delta}{=} \lim_{L\to\infty} H_L(\boldsymbol{X}) = \lim_{L\to\infty} H(X_L \mid X_1, X_2, \cdots, X_{L-1})$$

推广:$H_0(X) \geqslant H_1(X) \geqslant H_2(X) \geqslant \cdots \geqslant H_\infty(X)$,其中,$H_0(X)$ 为等概率无记忆单符号熵,$H_1(X)$ 为不等概率无记忆单符号熵,$H_2(X)$ 为两个符号序列的平均符号熵,以此类推。

3. m 阶马尔可夫信源

当时间足够长时,遍历的 m 阶马尔可夫信源可以视为平稳信源,又因为信源发出的符号只与最近的 m 个符号有关,所以由极限熵定理,m 阶马尔可夫信源的极限熵

$$H_\infty(\boldsymbol{X}) = \lim_{L\to\infty} H(X_L \mid X_1, X_2, \cdots, X_{L-1}) = H(X_{m+1} \mid X_1, X_2, \cdots, X_m)$$

即 m 阶马尔可夫信源的极限熵等于 m 阶条件熵。又因为齐次、遍历的马尔可夫链,其状态 s_i 由 $(x_{i_1}, x_{i_2}, \cdots, x_{i_m})$ 唯一确定,有 $p(x_{i_{m+1}} \mid x_{i_m}, \cdots x_{i_1}) = p(x_{i_{m+1}} \mid s_i)$,故马尔可夫信源的极限熵

$$H_\infty(\boldsymbol{X}) = \sum_i p(s_i) H(X \mid s_i)$$

式中,$p(s_i)$ 是马尔可夫链的状态稳态分布概率;熵函数 $H(X \mid s_i)$ 表示信源处于某一状态 s_i 时发出一个消息符号的平均不确定度。

$$H(X \mid s_i) = -\sum_j p(x_j \mid s_i) \log p(x_j \mid s_i)$$

2.1.9 连续信源的微分熵和最大熵

1. 连续信源的相对熵

连续随机变量集 X,事件 x,概率密度分布函数 $p(x) \geqslant 0$,其相对熵(也称微分熵):

$$H_c(X) = -\int_{-\infty}^{+\infty} p(x) \log p(x) \mathrm{d}x$$

联合熵:$H_c(X,Y) = -\displaystyle\int_{-\infty}^{+\infty}\int_{-\infty}^{+\infty} p(x,y) \log p(x,y) \mathrm{d}x \mathrm{d}y$

条件熵:$H_c(X/Y) = -\displaystyle\int_{-\infty}^{+\infty}\int_{-\infty}^{+\infty} p(x,y) \log p(x \mid y) \mathrm{d}x \mathrm{d}y$

2. 连续信源的最大熵

(1) 对于取值受限于 $[a,b]$ 的连续信源 X,即 $\int_a^b p(x) \mathrm{d}x = 1$,其微分熵 $H_c(X) \leqslant \log(b-a)$,等号在满足均匀分布时达到,即 $p(x) = \begin{cases} \dfrac{1}{b-a}, & a \leqslant x \leqslant b \\ 0, & \text{其他} \end{cases}$。

(2) 对于平均功率受限的连续随机信源 X,即方差 σ^2 一定的条件下,微分熵 $H_c(X) \leqslant$

$\frac{1}{2}\log 2\pi e\sigma^2$,等号在 X 服从正态分布时达到,即 $p(x)=\dfrac{1}{\sqrt{2\pi\sigma^2}}e^{-\frac{(x-m)^2}{2\sigma^2}}$,其中,$m$ 为均值。

3. 连续随机变量的互信息和平均互信息

连续随机变量集 X 和 Y,其中,事件 x 的概率密度分布函数 $p(x) \geqslant 0$;事件 y 的概率密度分布函数 $p(y) \geqslant 0$,互信息定义为

$$I(x;y) = \lim_{\substack{\Delta x \to 0 \\ \Delta y \to 0}} \log \frac{p(x\mid y)\Delta x}{p(x)\Delta x} = \log \frac{p(xy)}{p(x)p(y)}$$

连续随机变量的平均互信息 $I(X;Y) = \int_{-\infty}^{+\infty}\int_{-\infty}^{+\infty} p(xy)\log\dfrac{p(xy)}{p(x)p(y)}\mathrm{d}x\mathrm{d}y$,具有非负性和对称性。

2.1.10 信源冗余度

信源的冗余度定义为 $r = 1 - \dfrac{H_\infty(X)}{H_m(X)}$,其中,$H_\infty(X)$ 为信源极限熵;$H_m(X)$ 为有限长符号信源熵。称 $\eta = \dfrac{H_\infty(X)}{H_m(X)}$ 为信息效率,$0 \leqslant \eta \leqslant 1$。因此有 $r = 1 - \eta$。可见信源的冗余度是相对剩余。

2.2 习题详解

2.2.1 选择题

1. 同时掷两个正常的骰子,各面呈现的概率都是 1/6,则"两个 1 同时出现"事件的自信息量是( )。

  A. 4.17bit   B. 5.17bit   C. 4.71bit   D. 5.71bit

  解答:B。"两个 1 同时出现"事件的概率 $p = \dfrac{1}{6} \times \dfrac{1}{6} = \dfrac{1}{36}$。

2. 设信源概率空间为 $\begin{bmatrix} X \\ P \end{bmatrix} = \begin{bmatrix} x_1 & x_2 & x_3 \\ \dfrac{1}{3} & \dfrac{1}{3} & \dfrac{1}{3} \end{bmatrix}$,则此信源的熵为( )三进制信息单位/符号。

  A. 1   B. 2   C. 3   D. 4

  解答:A。熵 $H(X) = \log_3 3 = 1$ 三进制信息单位/符号。

3. 三个离散信源 $\begin{bmatrix} X \\ P \end{bmatrix} = \begin{bmatrix} x_1 & x_2 \\ 0.5 & 0.5 \end{bmatrix}$,$\begin{bmatrix} Y \\ P \end{bmatrix} = \begin{bmatrix} y_1 & y_2 \\ 0.9 & 0.1 \end{bmatrix}$,$\begin{bmatrix} Z \\ P \end{bmatrix} = \begin{bmatrix} z_1 & z_2 \\ 0 & 1 \end{bmatrix}$,其中,( )的熵最大。

  A. X B. Y C. Z D. 一样大

  解答:A。熵的极值性。

4. 熵函数 $H(X)$ 是 $p(x_i)$ 的(　　)函数。

　　A. 上凸　　　　B. 下凸　　　　C. 非凸　　　　D. 以上都不对

解答：A。熵的凸函数性。

5. 对于 m 阶马尔可夫信源来说，在某一时刻出现的符号，取决于前面已出现的(　　)个符号。

　　A. $m+1$　　　　B. $m-1$　　　　C. $\dfrac{m(m-1)}{2}$　　　　D. m

解答：D。m 阶马尔可夫信源当前的输出符号记忆前面 m 个符号。

6. 连续信源的相对熵 $H_c(X)$ 不具有的性质是(　　)。

　　A. 可加性　　　　B. 非负性　　　　C. 有限值　　　　D. 以上都不对

解答：B。连续信源的相对熵表达形式与离散信源熵不同，不具有非负性、对称性、扩散性，但可加性、极值性和上凸性依然保持。

7. 单个消息连续信源的互信息 $I(X;Y)$ 不具有的性质是(　　)。

　　A. 非负性　　　　B. 对称性　　　　C. 信息不增性　　　　D. 可加性

解答：D。互信息不具有可加性。

8. 离散信源序列长度为 L，其序列熵可表示为(　　)。

　　A. $H(X)=LH(X_1)$　　　　　　　　B. $H(X)=\sum\limits_{l=1}^{L}H(X_l\mid X^{l-1})$

　　C. $H(X)=\sum\limits_{l=1}^{L}H(X_l)$　　　　　　　　D. $H(X)=H_L(X)$

解答：B。A、C、D 都是无记忆离散序列的熵。

2.2.2　判断题

1. 若 X 与 Y 相互独立，则 $H(X)=H(X|Y)$。

解答：对。

2. $I(X;Y)\leqslant H(Y)$

解答：对。

3. 若 X 与 Y 相互独立，则 $H(Y|X)=H(X|Y)$。

解答：错。若 X 与 Y 相互独立，则 $H(Y|X)=H(Y)$，$H(X|Y)=H(X)$。

4. $H(X|Y)\geqslant H(X|YZ)$

解答：对。

5. 平均互信息 $I(X;Y)$ 是关于 X 的先验概率 $p(x_i)$ 的下凸函数。

解答：错。平均互信息在 $p(y_j|x_i)$ 一定时是关于 $p(x_i)$ 的上凸函数。

6. 离散有记忆序列的极限熵 H_∞ 等于有记忆信源的最小平均消息熵。

解答：对。

7. 条件熵 $H(Y|X)$ 又称为疑义度、可疑度，它表示接收者收到 Y 后，对信源 X 仍然存在的平均不确定度。

解答：错。条件熵 $H(X|Y)$ 表示的是接收端获得 Y 后还剩余的对信源符号 X 的平均不确定度，即疑义度。

8. 离散平稳有记忆信源符号序列的平均符号熵随着序列长度 L 的增大而增大。

解答：错。此时的平均符号熵随着序列长度的增大而减小。

9. 离散无记忆序列信源平均每个符号的符号熵等于单个符号信源的符号熵。

解答：对。

10. 连续信源和离散信源的平均互信息都具有非负性。

解答：对。

11. 互信息 $I(x_i;y_j)$ 可正、可负，也可为 0。

解答：对。互信息 $I(x_i;y_j)$ 可正、可负，也可为 0，但平均互信息 $I(X;Y)\geqslant 0$。

12. 信道的噪声熵 $H(Y|X)$ 和损失熵 $H(X|Y)$ 均等于零时，平均互信息 $I(X;Y)=H(X)=H(Y)$。

解答：对。

2.2.3 填空题

1. 离散平稳无记忆信源 X 的 N 次扩展信源的熵等于离散信源 X 的熵的_____倍。

解答：N。

2. 信源可分为两大类，即_____信源和_____信源。

解答：连续；离散。

3. 冗余度来自两个方面：一是_____；二是_____。

解答：信源符号之间的相关性；信源符号分布的不均匀性。

4. 四进制脉冲所含的信息量是二进制脉冲的_____倍；八进制脉冲所含的信息量是二进制脉冲的_____倍。

解答：2；3。

5. 一副充分洗乱的牌（含 52 张牌），任一特定排列所给的信息量为_____bit，若从中抽取 13 张，所给的牌点数都不相同，能得到的信息量为_____bit。

解答：$\log_2 52!=225.581$；$-\log_2\dfrac{4^{13}}{C_{52}^{13}}=13.208$。

6. 设 X 的取值受限于有限区间 $[a,b]$，则 X 服从_____分布时，其熵达到最大；如 X 的均值为 μ，方差受限为 σ^2，则 X 服从_____分布时，其熵达到最大。

解答：均匀；高斯。

7. 二进制信道中，信源 $X=\{0,1\}$，$p(0)=\dfrac{1}{4}$，$p(1)=\dfrac{3}{4}$；信宿 $Y=\{0,1\}$，信道的转移概率为 $p(0|1)=\dfrac{1}{4}$，$p(1|0)=\dfrac{1}{4}$，则 Y 的概率分布为 $p_y(0)=$_____、$p_y(1)=$_____；接收端收到 $y=0$ 后，所提供的关于传输消息 X 的平均条件自信息量＝_____（用公式表示）；该情况能提供的平均互信息量＝_____（用公式表示）。

解答：$\dfrac{3}{8}$；$\dfrac{5}{8}$；$0.25I(x=0|y=0)+0.75I(x=1|y=0)$；$I(X|y=0)+I(X|y=1)$。

8. 一袋中有 15 个手感一样的球，其中有 5 个黑球和 10 个白球，以摸一个球为一次实验，摸出的球不再放进袋中，则第一次实验 X_1 包含的信息量为_____bit/符号；第二次

实验 X_2 给出的不确定度为_____bit/符号。

解答：$H(X_1)=H\left(\dfrac{1}{3},\dfrac{2}{3}\right)=0.92$；$0.91\Bigl($由 $H(X_2|X_1)=H(X_2X_1)-H(X_1)$ 计算，其中 $H(X_2X_1)=H\left(\dfrac{1}{3}\times\dfrac{4}{14},\dfrac{1}{3}\times\dfrac{10}{14},\dfrac{2}{3}\times\dfrac{5}{14},\dfrac{2}{3}\times\dfrac{9}{14}\right)=1.832\text{bit}/\text{实验}\Bigr)$。

9. 一个消息来自于符号集$\{a,b,c\}$，各符号等概率出现。"abbccaabcaabbca"中所包含的信息量为_____bit，平均信息量为_____bit/符号。

解答：$15\times\log_2 3=23.77$；$\log_2 3=1.58$。

10. 信息不增性指的是经过分类或归并性信息处理后，信息_____。

解答：只可能减少，不可能增加。

11. 互信息量为两个不确定度之差，是不确定度部分_____，代表已经_____部分。

解答：被消除的；被确定的。

2.2.4 问答题

1. 说明平均互信息与信源的概率分布、信道的转移概率间分别是什么关系？

解答：平均互信息与信源的概率分布之间的关系为：平均互信息在信源的概率分布为最佳分布时，对于给定的信道，平均互信息能取得最大值，该最大值即为信道容量。平均互信息与信道的转移概率之间的关系为：在信源的概率分布给定时，平均互信息在某种信道转移概率下，能取得最小值，该值被定义为信息率失真函数。

注：本题考查的知识点是 2.2.3 节互信息。

2. 自信息具有哪些特征？

解答：自信息的特征有：(1)当 $p(x_i)=1$ 时，$I(x_i)=0$，即确定事件信息量为 0；(2)当 $p(x_i)=0$ 时，$I(x_i)=\infty$，即概率为 0 的事件带来极大的信息量；(3) $I(x_i)$ 非负；(4) $I(x_i)$ 是 $p(x_i)$ 的单调递减函数；(5) x_i 是一个随机量，$I(x_i)$ 是 x_i 的函数，也是一个随机量，没有确定的值。

注：本题考查的相关知识点是 2.2.1 节自信息量。

3. 什么是平均自信息与平均互信息？比较一下这两个概念的异同。

解答：平均自信息表示整个信源的平均不确定性，它等于随机变量 X 的每一个可能取值的自信息 $I(x_i)$ 的数学期望，即 $H(X)=E[I(x_i)]=-\sum\limits_{i=1}^{q}p(x_i)\log_2 p(x_i)$。

平均互信息表示收到一个符号集 Y 后所消除的关于另一个符号集 X 的平均不确定性，也就是从 Y 中所获得的关于 X 的平均信息量，即 $I(X;Y)=\sum\limits_{i=1}^{n}\sum\limits_{j=1}^{m}p(x_i,y_j)\log_2\dfrac{p(x_i|y_j)}{p(x_i)}$。

注：本题考查的知识点是 2.2.1 节自信息量和 2.2.3 节互信息。

4. 什么是疑义度？什么叫噪声熵？

解答：条件熵 $H(X|Y)$ 可看作由于信道上的干扰和噪声，接收端获得 Y 后还剩余的对信源符号 X 的平均不确定度，故称为疑义度。条件熵 $H(Y|X)$ 可看作唯一地确定信道噪声所需要的平均信息量，故称为噪声熵或散布度。

注：本题考查的知识点是 2.2.3 节互信息。

5．简述离散信源的最大熵定理。对于一个有 m 个符号的离散信源，其最大熵是多少？

解答：离散信源的最大熵定理：在离散情况下，集合 X 中的各事件等概率发生时，熵达到极大值，即 $H(p_1,p_2,\cdots,p_n) \leqslant H\left(\dfrac{1}{m},\dfrac{1}{m},\cdots,\dfrac{1}{m}\right) = \log m$。集合中元素的数目 m 越多，其熵值就越大。一个有 m 个符号的离散信源，其最大熵为 $\log m$。

注：本题考查的知识点为 2.2.6 节熵的性质。

6．什么叫信源的冗余度？它主要来自哪两个方面？

解答：信源的冗余度又称剩余度，是表征信源信息率多余程度的一个物理量，描述的是信源的相对剩余。冗余度来自两个方面：一是信源符号间的相关性；二是信源符号分布的不均匀性。

注：本题考查的相关知识点是 2.5 节信源的冗余度。

2.2.5 计算题

1．同时掷两个正常的骰子，也就是各面呈现的概率都是 1/6，求：（1）"3 和 5 同时出现"事件的自信息量；（2）"两个 5 同时出现"事件的自信息量；（3）两个点数的各种组合（无序对）的熵或平均信息量；（4）两个点数之和（即 $2,3,\cdots,12$ 构成的子集）的熵；（5）两个点数中至少有一个是 1 的自信息。

解答：（1）"3 和 5 同时出现"事件的概率为 $\dfrac{1}{6} \times \dfrac{1}{6} \times 2 = \dfrac{1}{18}$，其自信息量 $I = -\log_2 \dfrac{1}{18} = 4.17\text{bit}$。

（2）"两个 5 同时出现"事件的概率为 $\dfrac{1}{36}$，其自信息量 $I = -\log_2 \dfrac{1}{36} = 5.17\text{bit}$。

（3）两个点数的各种组合的熵

$$H(X) = 6 \times \left(-\dfrac{1}{36}\log_2 \dfrac{1}{36}\right) + 15 \times \left(-\dfrac{1}{18}\log_2 \dfrac{1}{18}\right) = 4.337\text{bit/事件}$$

（4）两个点数之和的熵

$$H(X) = \dfrac{2}{36}\log_2 36 + \dfrac{2}{18}\log_2 18 + \dfrac{2}{12}\log_2 12 + \dfrac{2}{9}\log_2 9 + \dfrac{10}{36}\log_2 \dfrac{36}{5} + \dfrac{1}{6}\log_2 6$$
$$= 3.274\text{bit/事件}$$

（5）"两个点数中至少一个是 1"的自信息量 $I = -\log_2 \dfrac{11}{36} = 1.71\text{bit}$。

注：本题考查的知识点是 2.2.1 节自信息量、2.2.2 节离散信源熵。解题方法为：(1)各事件的概率计算；(2)由概率再计算出自信息量和平均自信息量。

2．设在一只布袋中装有 100 只对人手的感觉完全相同的木球，每只球上涂有一种颜色。100 只球的颜色有下列三种情况：(1)红色球和白色球各 50 只；(2)红色球 99 只，白色球 1 只；(3)红、黄、蓝、白色各 25 只。分别求出三种情况下从布袋中随意取出一只球时，猜测其颜色所需要的信息量。

解答：（1）布袋中有红球和白球各 50 只，此时 $p(红球) = \dfrac{1}{2}$，$p(白球) = \dfrac{1}{2}$，从布袋中

随意取出一只球时,猜测其颜色所需要的信息量 $H(X) = -2 \times \frac{1}{2} \log_2 \frac{1}{2} = 1$ bit。

(2) 布袋中有红球 99 只,白球 1 只,此时 $p(红球) = \frac{99}{100}$,$p(白球) = \frac{1}{100}$,从布袋中随意取出一只球,猜测其颜色所需要的信息量 $H(X) = H\left(\frac{99}{100}, \frac{1}{100}\right) = 0.08$ bit。

(3) 红、黄、蓝、白球各 25 只,此时 $p(红球) = p(黄球) = p(蓝球) = p(白球) = \frac{1}{4}$,从布袋中随意取出一只球,猜测其颜色所需要的所需信息量 $H(X) = -4 \times \frac{1}{4} \log_2 \frac{1}{4} = 2$ bit。

注:本题考查的知识点是 2.2.1 节自信息量和 2.2.2 节离散信源熵。解题方法为:(1)各事件的概率;(2)由概率再计算出自信息量和平均自信息量。

3. 统计数据有:居住在某地区的女孩中有 30% 是大学生,有 50% 是近视眼,在女大学生中有 75% 是近视眼。假如我们得知"近视眼的某女孩是大学生"的消息,问获得多少信息量?

解答:用 X 表示"女大学生",则 $p(X) = 0.3$;用 Y 表示"近视眼",则 $p(Y) = 0.5$。这样,"近视眼的某女孩是大学生"的概率 $p(X|Y) = \frac{p(X)p(Y|X)}{p(Y)} = \frac{0.3 \times 0.75}{0.5} = 0.45$。

则得知"近视眼的某女孩是大学生"的信息量 $I(X|Y) = -\log_2 0.45 = 1.15$ bit。

注:本题考查的知识点是 2.2.2 节离散信源熵。解题方法为:(1)计算条件概率;(2)由条件概率再计算出条件信息量。

4. 掷两粒骰子,当它们向上的面的小圆点数之和是 3 时,该事件所包含的信息量是多少?当小圆点数之和是 7 时,该事件所包含的信息量又是多少?

解答:"小圆点数之和是 3"有这样 2 种情况:第一粒骰子掷出 1 且第二粒骰子掷出 2;第一粒骰子掷出 2 且第二粒骰子掷出 1,则该事件发生的概率为 $\frac{1}{6} \times \frac{1}{6} \times 2 = \frac{1}{18}$,该事件所包含的信息量 $I_1 = -\log_2 \frac{1}{18} = 4.17$ bit/事件。

"小圆点数之和是 7"有这样 6 种情况:第一粒为 1 且第二粒为 6;第一粒为 6 且第二粒为 1;第一粒为 5 且第二粒为 2;第一粒为 2 且第二粒为 5;第一粒为 4 且第二粒为 3;第一粒为 3 且第二粒为 4,则该事件发生的概率为 $\frac{1}{6} \times \frac{1}{6} \times 6 = \frac{1}{6}$,该事件包含的信息量 $I_2 = -\log_2 \frac{1}{6} = 2.58$ bit/事件。

注:本题考查的知识点是 2.2.2 节离散信源熵。解题方法为:(1)计算两事件发生的联合概率;(2)由概率再计算出信息量。

5. 设有一离散无记忆信源,其概率空间为 $\begin{bmatrix} X \\ P \end{bmatrix} = \begin{bmatrix} x_1=0 & x_2=1 & x_3=2 & x_4=3 \\ \frac{3}{8} & \frac{1}{4} & \frac{1}{4} & \frac{1}{8} \end{bmatrix}$,试:(1)求每个符号的自信息量;(2)若信源发出一消息符号序列为 (202120130213001203210110321002103201122 3210),求该消息序列的自信息量及平均每

个符号携带的信息量。

解答：(1) 符号 x_1 的自信息量 $I(x_1) = -\log_2 \frac{3}{8} = 1.415 \text{bit}$。

同理可求得符号 x_2、x_3 的自信息量 $I(x_2) = I(x_3) = \log_2 4 = 2\text{bit}$；符号 x_4 的自信息量为 $I(x_4) = \log_2 8 = 3\text{bit}$。

(2) 该消息序列共包含 45 个符号，即 14 个 x_1、13 个 x_2、12 个 x_3 和 6 个 x_4，则该消息序列的自信息量 $I(X) = 14I(x_1) + 13I(x_2) + 12I(x_3) + 6I(x_4) = 87.81\text{bit}$。

平均每个符号携带的信息量 $H(X) = \frac{87.81}{45} = 1.95 \text{bit/符号}$。

注：本题考查的知识点是 2.2.1 节自信息量和 2.2.2 节离散信源熵。解题方法为：(1) 计算每个符号的自信息量；(2) 计算消息符号序列的总信息量；(3) 计算平均每个符号所携带的信息量。

6. 设某一信源 A 有 6 个状态，其概率分布 $p(a_i) = \{0.5, 0.25, 0.125, 0.05, 0.05, 0.025\}$，求：(1) 信源 A 的信息熵 $H(A)$；(2) 消息 $a_1 a_2 a_1 a_2 a_2 a_1$ 和 $a_6 a_4 a_4 a_6 a_4 a_6$ 的信息量（设信源发出的符号相互独立）；(3) 将 (2) 中的信息量与长度为 6 的消息序列信息量的期望值作比较。

解答：(1) 信源 A 的熵 $H(A) = H(0.5, 0.25, 0.125, 0.05, 0.05, 0.025) = 1.94 \text{bit/符号}$；

(2) 消息 $a_1 a_2 a_1 a_2 a_2 a_1$ 所含的信息量 $I_1 = 3I(a_1) + 3I(a_2) = 3(\log_2 2 + \log_2 4) = 9\text{bit}$；
消息 $a_6 a_4 a_4 a_6 a_4 a_6$ 的信息量 $I_2 = 3I(a_4) + 3I(a_6) = 3(\log_2 20 + \log_2 40) = 28.932\text{bit}$；

(3) 6 位长消息序列的信息量期望值 $I_E = 6H(A) = 11.64\text{bit}$。

可以看出，$I_1 < I_E < I_2$。

注：本题考查的知识点是 2.2.1 节自信息量和 2.2.2 节离散信源熵。解题方法为：(1) 计算每个符号的自信息量；(2) 计算消息符号序列的总信息量；(3) 计算平均每个符号所携带的信息量。

7. 国际莫尔斯电码用点和划的序列发送英文字母，划用持续 3 个单位的电流脉冲表示，点用持续 1 个单位的电流脉冲表示。划出现的概率是点出现概率的 1/3。试：(1) 计算点和划的自信息量；(2) 计算点和划的平均信息量。

解答：(1) 点和划的概率分别为 $p(划) = \frac{1}{4}$，$p(点) = \frac{3}{4}$，则自信息量 $I(划) = \log_2 4 = 2\text{bit}$，$I(点) = \log_2 \frac{4}{3} = 0.42\text{bit}$。

(2) 点和划的平均信息量 $H(X) = H\left(\frac{1}{4}, \frac{3}{4}\right) = 0.81 \text{bit/符号}$。

注：本题考查的知识点是 2.2.1 节自信息量和 2.2.2 节离散信源熵。解题方法为：(1) 计算各符号的自信息量；(2) 计算平均信息量。

8. 一个袋中有 5 个黑球、10 个白球，以摸一个球为一次实验，摸出的球不再放进去。求：(1) 一次实验包含的不确定度；(2) 第一次实验 X 摸出的是黑球时，第二次实验 Y 给出的不确定度；(3) 第一次实验 X 摸出的是白球时，第二次实验 Y 给出的不确定度；(4) 第二次实验 Y 包含的不确定度。

解答：(1) 摸一次球的概率为 $p(黑球)=p(b)=\dfrac{1}{3}$，$p(白球)=p(w)=\dfrac{2}{3}$，则一次实验包含的不确定度即为一次实验包含的平均自信息量 $H(X)=H\left(\dfrac{1}{3},\dfrac{2}{3}\right)=0.92\text{bit}/$实验。

(2) 第一次实验摸出的是黑球时，第二次实验给出的不确定度即为条件熵 $H(Y|b_X)$。此时条件概率 $p(b_Y|b_X)=\dfrac{4}{14}=\dfrac{2}{7}$，$p(w_Y|b_X)=\dfrac{10}{14}=\dfrac{5}{7}$，则条件熵

$$H(Y|b_X)=-\dfrac{2}{7}\log_2\dfrac{2}{7}-\dfrac{5}{7}\log_2\dfrac{5}{7}=0.86\text{bit}$$

(3) 第一次摸出的是白球时，第二次实验给出的不确定度即为 $H(Y|w_X)$。此时，条件概率 $p(b_Y|w_X)=\dfrac{5}{14}$，$p(w_Y|w_X)=\dfrac{9}{14}$，则条件熵

$$H(Y|w_X)=-\dfrac{5}{14}\log_2\dfrac{5}{14}-\dfrac{9}{14}\log_2\dfrac{9}{14}=0.94\text{bit}$$

(4) 第二次实验包含的不确定度即为条件熵 $H(Y|X)$。

$$\begin{aligned}H(Y|X)&=p(b_X)H(Y|b_X)+p(w_X)H(Y|w_X)\\&=\dfrac{1}{3}\times0.86+\dfrac{2}{3}\times0.94=0.91\text{bit}/\text{实验}\end{aligned}$$

注：本题考查的知识点是 2.2.2 节离散信源熵。解题方法为：(1)计算无条件信息量；(2)计算条件信息量；(3)计算条件熵。

9. 有一个可旋转的圆盘，盘面上被均匀地分成 38 份，用 $1,2,\cdots,38$ 数字标示，其中有 2 份涂绿色，18 份涂红色，18 份涂黑色，圆盘停转后，盘面上指针指向某一数字和颜色。(1)若仅对颜色感兴趣，计算平均不确定度；(2)若对颜色和数字都感兴趣，计算平均不确定度；(3)如果颜色已知时，计算条件熵。

解答：(1) 各颜色出现的概率为 $p(绿)=\dfrac{2}{38}=\dfrac{1}{19}$，$p(红)=\dfrac{18}{38}=\dfrac{9}{19}$，$p(黑)=\dfrac{18}{38}=\dfrac{9}{19}$。仅对颜色感兴趣，又因为平均不确定度在数值上等于平均自信息量，则平均不确定度

$$H(颜色)=-\sum_i p_i\log p_i=H\left(\dfrac{1}{19},\dfrac{9}{19},\dfrac{9}{19}\right)=1.24\text{bit}/\text{颜色}$$

(2) 由于颜色是对应某一数字的，只要已知数字即可知道颜色，因而如果对颜色和数字都感兴趣只需考虑数字即可，则平均不确定度

$$H(颜色,数字)=H(数字)=\log_2 38=5.25\text{bit}/\text{数字}$$

显然，此时条件熵 $H(颜色|数字)=0$。

(3) 如果颜色已知时，条件熵 $H(数字|颜色)$

$$H(数字|颜色)=H(颜色,数字)-H(颜色)=5.25-1.24=4.01\text{bit}/\text{数字}$$

注：本题考查的知识点是 2.2.2 节离散信源熵。解题方法为：(1)计算无条件信息量；(2)计算条件信息量；(3)计算条件熵。

10. 两个实验 X 和 Y，$X=\{x_1,x_2,x_3\}$，$Y=\{y_1,y_2,y_3\}$，联合概率矩阵 $[p(x_iy_j)]=\begin{bmatrix}\frac{7}{24}&\frac{1}{24}&0\\\frac{1}{24}&\frac{1}{4}&\frac{1}{24}\\0&\frac{1}{24}&\frac{7}{24}\end{bmatrix}$，试：(1) 如果有人告诉你 X 和 Y 的实验结果，你得到的平均信息量是多少？(2) 如果有人告诉你 Y 的实验结果，你得到的平均信息量是多少？(3) 在已知 Y 实验结果的情况下，告诉你 X 的实验结果，你得到的平均信息量是多少？

解答：(1) 如果已知 X 和 Y 的实验结果，得到的平均信息量为联合熵 $H(XY)$，直接利用所给的联合概率矩阵，得到

$$H(XY)=-\sum_{i=1}^{3}\sum_{j=1}^{3}p(x_iy_j)\log p(x_iy_j)$$
$$=-\left(2\times\frac{7}{24}\log_2\frac{7}{24}+4\times\frac{1}{24}\log_2\frac{1}{24}+\frac{1}{4}\log_2\frac{1}{4}\right)=2.30\text{bit}/\text{事件}$$

(2) 如果已知 Y 的实验结果，得到的平均信息量为 $H(Y)$。因此，需要计算 Y 的概率分布。由 $p(y_j)=\sum_{i=1}^{3}p(x_iy_j)$ 计算 Y 的概率分布为 $p(y_1)=p(y_2)=p(y_3)=\frac{1}{3}$，则

$$H(Y)=\log_2 3=1.58\text{bit}/\text{事件}$$

(3) 已知 Y 实验结果的情况下，告知 X 的试验结果，得到的平均信息量即为条件熵 $H(X|Y)$。$H(X|Y)$ 的求法有 2 种：

解法 1：根据条件熵和联合熵之间的关系求：

$$H(X|Y)=H(XY)-H(Y)=2.30-1.58=0.72\text{bit}/\text{事件}$$

解法 2：先计算 $p(x_i|y_j)$，然后根据条件熵的定义式求：

$$H(X|Y)=-\sum_{i=1}^{3}\sum_{j=1}^{3}p(x_iy_j)\log p(x_i|y_j)=0.72\text{bit}/\text{事件}$$

注：本题考查的知识点是 2.2.2 节离散信源熵。解题方法：(1) 根据定义式计算联合熵 $H(XY)$；(2) 先求 $p(Y)$，再计算无条件熵 $H(Y)$；(3) 根据定义式或熵之间的关系求解条件熵 $H(X|Y)$。

11. 有两个二元随机变量 X 和 Y，它们的联合概率矩阵为 $[p_{xy}]=\begin{bmatrix}\frac{1}{8}&\frac{3}{8}\\\frac{3}{8}&\frac{1}{8}\end{bmatrix}$。现定义另一随机变量 $Z=XY$（一般乘积）。试计算：(1) $H(X)$、$H(Y)$、$H(Z)$、$H(XZ)$、$H(YZ)$ 和 $H(XYZ)$；(2) $H(X|Y)$、$H(Y|X)$、$H(X|Z)$、$H(Z|X)$、$H(Y|Z)$、$H(Z|Y)$、$H(X|YZ)$、$H(Y|XZ)$ 和 $H(Z|XY)$；(3) $I(X;Y)$、$I(X;Z)$、$I(Y;Z)$、$I(X;Y|Z)$、$I(Y;Z|X)$ 和 $I(X;Z|Y)$。

解答：(1) 由 $p(x_i)=\sum_{j=0}^{1}p(x_iy_j)$ 易得 $p(x_0)=p(x_1)=\frac{1}{2}$，则

$$H(X)=H\left(\frac{1}{2},\frac{1}{2}\right)=1\text{bit}/\text{符号}$$

由 $p(y_j) = \sum_{i=0}^{1} p(x_i y_j)$ 易得 $p(y_0) = p(y_1) = \frac{1}{2}$，则 $H(Y) = H\left(\frac{1}{2}, \frac{1}{2}\right) = 1\text{bit}/\text{符号}$

由 $Z = XY$，只有在 $x=1$ 且 $y=1$ 时，$z=1$；其余情况下，$z=0$。Z 的概率分布为 $p(z=0) = \frac{7}{8}, p(z=1) = \frac{1}{8}$，则 $H(Z) = H\left(\frac{7}{8}, \frac{1}{8}\right) = 0.54\text{bit}/\text{符号}$

X 和 Z 的联合概率矩阵 $[p_{xz}] = \begin{bmatrix} \frac{1}{2} & 0 \\ \frac{3}{8} & \frac{1}{8} \end{bmatrix}$，$Y$ 和 Z 的联合概率矩阵 $[p_{yz}] = \begin{bmatrix} \frac{1}{2} & \frac{3}{8} \\ 0 & \frac{1}{8} \end{bmatrix}$。

则二符号联合熵

$$H(XZ) = H(YZ) = -\frac{1}{2}\log_2\frac{1}{2} - \frac{3}{8}\log_2\frac{3}{8} - \frac{1}{8}\log_2\frac{1}{8} = 1.41\text{bit}/\text{二符号}$$

三符号联合熵

$$H(XYZ) = H(XY) = -2 \times \frac{3}{8}\log_2\frac{3}{8} - 2 \times \frac{1}{8}\log_2\frac{1}{8} = 1.81\text{bit}/\text{三符号}$$

(2) $H(X|Y) = H(XY) - H(Y) = 1.81 - 1 = 0.81\text{bit}/\text{符号}$
$H(Y|X) = H(XY) - H(X) = 1.81 - 1 = 0.81\text{bit}/\text{符号}$
$H(X|Z) = H(XZ) - H(Z) = 1.41 - 0.54 = 0.87\text{bit}/\text{符号}$
$H(Z|X) = H(XZ) - H(X) = 1.41 - 1 = 0.41\text{bit}/\text{符号}$
$H(Y|Z) = H(YZ) - H(Z) = 1.41 - 0.54 = 0.87\text{bit}/\text{符号}$
$H(Z|Y) = H(YZ) - H(Y) = 1.41 - 1 = 0.41\text{bit}/\text{符号}$
$H(X|YZ) = H(XYZ) - H(YZ) = 1.81 - 1.41 = 0.4\text{bit}/\text{符号}$
$H(Y|XZ) = H(XYZ) - H(XZ) = 1.81 - 1.41 = 0.4\text{bit}/\text{符号}$
$H(Z|XY) = H(XYZ) - H(XY) = 0\text{bit}/\text{符号}$

(3) $I(X;Y) = H(X) + H(Y) - H(XY) = 1 + 1 - 1.81 = 0.19\text{bit}/\text{符号}$
$I(X;Z) = H(X) + H(Z) - H(XZ) = 1 + 0.54 - 1.41 = 0.13\text{bit}/\text{符号}$
$I(Y;Z) = H(Y) + H(Z) - H(YZ) = 1 + 0.54 - 1.41 = 0.13\text{bit}/\text{符号}$
$I(X;Y|Z) = I(X;YZ) - I(X;Z) = H(X) - H(X|YZ) - I(X;Z)$
$\quad = 1 - 0.4 - 0.13 = 0.47\text{bit}/\text{符号}$
$I(Y;Z|X) = I(Y;XZ) - I(X;Y) = H(Y) - H(Y|XZ) - I(X;Y)$
$\quad = 1 - 0.4 - 0.19 = 0.41\text{bit}/\text{符号}$
$I(X;Z|Y) = I(X;YZ) - I(X;Y) = H(X) - H(X|YZ) - I(X;Y)$
$\quad = 1 - 0.4 - 0.19 = 0.41\text{bit}/\text{符号}$

注：本题考查的知识点是 2.2.2 节离散信源熵和 2.2.3 节互信息。解题方法为：(1) 由联合概率得到 X 和 Y 的概率分布，再计算熵、联合熵；(2) 根据熵之间的关系计算各种条件熵；(3) 根据熵与平均互信息的关系计算二维、三维联合集合上的平均互信息量。

12. 在一个二进制信道中，信源消息 $\begin{bmatrix} X \\ P \end{bmatrix} = \begin{bmatrix} x_0=0 & x_1=1 \\ \frac{1}{2} & \frac{1}{2} \end{bmatrix}$，信宿的消息集 $Y =$

$\begin{bmatrix} y_0=0 \\ y_1=1 \end{bmatrix}$,信道传输概率 $p(y_1|x_0)=\frac{1}{4}$,$p(y_0|x_1)=\frac{1}{8}$。求:(1)在接收端收到 $y=0$ 后,所提供的关于传输消息 X 的平均条件互信息量 $I(X;y=0)$;(2)该情况所能提供的平均互信息量 $I(X;Y)$。

解答:(1)由题意,XY 的条件概率矩阵 $[p(y_j|x_i)]=\begin{bmatrix} \frac{3}{4} & \frac{1}{4} \\ \frac{1}{8} & \frac{7}{8} \end{bmatrix}$,联合概率矩阵 $\boldsymbol{P}_{XY}=\begin{bmatrix} \frac{3}{8} & \frac{1}{8} \\ \frac{1}{16} & \frac{7}{16} \end{bmatrix}$,可得 $[p(x_i|y_j)]=\begin{bmatrix} \frac{6}{7} & \frac{1}{7} \\ \frac{2}{9} & \frac{7}{9} \end{bmatrix}$,$p(y_0)=\frac{7}{16}$,$p(y_1)=\frac{9}{16}$。

接收端收到 $y=0$ 后,

$$I(x_0;y_0)=\log\frac{p(x_0|y_0)}{p(x_0)}=\log_2\frac{12}{7}=0.778\text{bit}$$

$$I(x_1;y_0)=\log\frac{p(x_1|y_0)}{p(x_1)}=\log_2\frac{2}{7}=-1.807\text{bit}$$

则所提供的关于 X 的平均条件互信息量

$$I(X;y=0)=\sum_{i=0}^{1}p(x_i|y_0)I(x_i;y_0)=0.778\times\frac{6}{7}-1.807\times\frac{1}{7}=0.409\text{bit/符号}$$

(2)类似地,$I(X;y=1)=\sum_{i=0}^{1}p(x_i|y_1)I(x_i;y_1)=-\frac{2}{9}\times1.170+\frac{7}{9}\times0.637=0.235\text{bit/符号}$

该情况提供的平均互信息量

$$I(X;Y)=\sum_{j=0}^{1}p(y_j)I(X;y_j)=\frac{1}{2}(0.409+0.235)=0.322\text{bit/符号}$$

注:本题考查的知识点是 2.2.3 节互信息。解题方法为:(1)在集合 X 上求 $I(X;y=0)$。可以看出互信息 $I(x_i;y_j)$ 不具有非负性;(2)再在集合 Y 上计算平均互信息量 $I(X;Y)$,平均互信息具有非负性。

13. 一阶马尔可夫信源有三个符号 $\{u_1,u_2,u_3\}$,符号转移概率为:$p(u_1|u_1)=\frac{1}{2}$,$p(u_2|u_1)=\frac{1}{2}$,$p(u_3|u_1)=0$,$p(u_1|u_2)=\frac{1}{3}$,$p(u_2|u_2)=0$,$p(u_3|u_2)=\frac{2}{3}$,$p(u_1|u_3)=\frac{1}{3}$,$p(u_2|u_3)=\frac{2}{3}$,$p(u_3|u_3)=0$。画出该信源的状态转移图,并求出各状态的稳态概率。

解答:该一阶马尔可夫信源具有 3 个状态,由题中的符号转移概率可得其状态转移如图 2.1 所示。

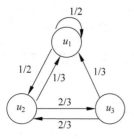

图 2.1 题 13 的状态转移图

设各状态的稳态概率 $W = \begin{bmatrix} w_1 & w_2 & w_3 \end{bmatrix}$，可

得 $\begin{cases} w_1 = \dfrac{1}{2}w_1 + \dfrac{1}{3}w_2 + \dfrac{1}{3}w_3 \\ w_2 = \dfrac{1}{2}w_1 + \dfrac{2}{3}w_3 \\ w_3 = \dfrac{2}{3}w_2 \\ w_1 + w_2 + w_3 = 1 \end{cases}$

求解上述方程组可得 $\begin{cases} w_1 = \dfrac{10}{25} = \dfrac{2}{5} \\ w_2 = \dfrac{9}{25} \\ w_3 = \dfrac{6}{25} \end{cases}$

注：本题考查的知识点是 2.1.3 节马尔可夫信源。解题方法为：(1) 画出该一阶马尔可夫过程的状态图；(2) 根据马尔可夫信源各状态的稳态概率计算公式求稳态概率。

14. 由符号集$\{0,1\}$组成的二阶马尔可夫信源，转移概率为：$p(0|00)=0.8, p(0|11)=0.2, p(1|00)=0.2, p(1|11)=0.8, p(0|01)=0.5, p(0|10)=0.5, p(1|01)=0.5, p(1|10)=0.5$。画出该信源的状态转移图，并计算各状态的稳态概率。

解答：二阶马尔可夫信源的状态共有 $m^k = 2^2 = 4$ 种，状态转移如图 2.2 所示。

设各状态的稳态概率分别为 $p(00)$、$p(01)$、$p(10)$ 和 $p(11)$，则

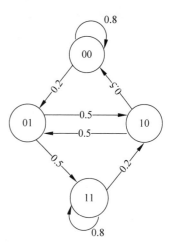

图 2.2 题 14 的状态转移图

$\begin{cases} p(00) = 0.8p(00) + 0.5p(10) \\ p(01) = 0.2p(00) + 0.5p(10) \\ p(10) = 0.5p(01) + 0.2p(11) \\ p(11) = 0.5p(01) + 0.8p(11) \\ p(00) + p(01) + p(10) + p(11) = 1 \end{cases}$ 解得 $\begin{cases} p(00) = p(11) = \dfrac{5}{14} \\ p(01) = p(10) = \dfrac{2}{14} \end{cases}$

注：本题考查的知识点为 2.1.3 节马尔可夫信源。解题思路为：(1) 画出该二阶马尔可夫过程的状态图；(2) 根据马尔可夫信源各状态的稳态概率计算公式求稳态概率。

15. 黑白传真机的消息元只有黑色和白色两种，即 $X = \{黑, 白\}$，一般气象图上，黑色的出现概率 $p(黑) = 0.3$，白色的出现概率 $p(白) = 0.7$。(1) 假设黑白消息视为前后无关，求信源熵 $H(X)$；(2) 实际上各个元素之间有关联，转移概率为：$p(白|白) = 0.9, p(黑|白) = 0.1, p(白|黑) = 0.2, p(黑|黑) = 0.8$，求这个一阶马尔可夫信源的信源熵；(3) 分别求上述两种信源的冗余度，比较它们的大小并说明其物理意义。

解答：(1) 如黑白消息前后无关，该信源的熵 $H(X) = H(0.3, 0.7) = 0.881$ bit/符号。

(2) 如黑白消息之间有关联，这个一阶马尔可夫信源有 2 个状态 e_1 和 e_2，设其稳态概

率分别为 $p(e_1)$ 和 $p(e_2)$，则 $\begin{cases} p(e_1)=0.8p(e_1)+0.1p(e_2) \\ p(e_2)=0.9p(e_2)+0.2p(e_1) \\ p(e_1)+p(e_2)=1 \end{cases}$，解得 $\begin{cases} p(e_1)=\dfrac{1}{3} \\ p(e_2)=\dfrac{2}{3} \end{cases}$。

该一阶马尔可夫信源的极限熵

$$H_\infty = -\sum_i \sum_j p(e_i)p(e_j\mid e_i)\log p(e_j\mid e_i)$$

$$= -\left(\frac{1}{3}\times 0.8\log_2 0.8 + \frac{1}{3}\times 0.2\log_2 0.2 + \frac{2}{3}\times 0.1\log_2 0.1 + \frac{2}{3}\times 0.9\log_2 0.9\right)$$

$$= 0.553 \text{bit}/\text{符号}$$

(3) 黑白消息前后无关时，信源的冗余度 $r_1 = 1-\dfrac{H(X)}{\log 2}=0.119$；

黑白消息有关联且为一阶马尔可夫信源时，信源的冗余度 $r_2 = 1-\dfrac{H_2(X)}{\log 2}=0.447$。

由 $r_1 < r_2$ 可以看出，当信源的符号之间有依赖时，信源输出消息的不确定度减弱。而信源的冗余度正是反映了信源符号之间依赖关系的强弱，冗余度越大，依赖关系就越强。

注：本题考查的知识点是 2.1.3 节马尔可夫信源，2.3.2 节离散有记忆信源的序列熵和 2.5 节信源的冗余度。解题方法为：(1) 根据马尔可夫信源熵的极限熵公式计算极限熵；(2) 根据定义计算信源的冗余度，可以看出冗余度与符号间的关联性有关。

16. 每帧电视图像可以认为是由 3×10^5 个像素组成，每个像素取 128 个不同的亮度电平。若所有像素的亮度电平值均独立变化，且各亮度电平值等概率出现。试回答：(1) 每帧图像含有多少信息量？(2) 如果一个广播员在约 10 000 个汉字的字汇中选取 1000 个字来口述一帧电视图像，试问广播员描述一帧图像需要广播的信息量是多少(假设汉字字汇是等概率分布，且彼此独立)？(3) 若要恰当地描述此图像，广播员在口述中至少需用多少汉字？

解答：(1) 电视图像每个像素取 128 个不同的亮度电平，并设电平等概率出现，则每个像素亮度含有的信息量为 $H(X)=\log_2 128 = 7 \text{bit}/\text{像素}$。

一帧中各像素的电平值均是独立变化的，则每帧图像信源就是离散亮度信源的无记忆 N 次扩展信源，可计算得到每帧图像含有的信息量

$$H(X^N)=NH(X)=2.1\times 10^6 \text{bit}/\text{帧}$$

(2) 广播口述时，广播员是从 10 000 个汉字字汇中选取汉字，且假设了汉字字汇是等概率分布的，则平均每个汉字含有的信息量为 $H(Y)=\log_2 10\,000 = 13.29 \text{bit}/\text{字}$。广播员口述电视图像是从此汉字字汇信源中独立地选取 1000 个字来描述的，所以广播员描述一帧图像所广播的信息量

$$H(Y^N)=NH(Y)=1000\log_2 10^4 = 1.33\times 10^4 \text{bit}/\text{广播}$$

(3) 若广播员仍从此汉字字汇信源 Y 中独立地选取汉字来描述电视图像，每次口述一个汉字含有的信息量是 $H(Y)$，每帧电视图像含有的信息量是 $H(X^N)$，则广播员口述此图像至少需要的汉字数为 $\dfrac{H(X^N)}{H(Y)} = \dfrac{2.1\times 10^6}{13.29} \approx 1.58\times 10^5$（字）。

注：本题考查的知识点是 2.2.1 节自信息量和 2.3.2 节离散有记忆信源的序列熵。解

题方法为:(1)计算一帧图像的信息量;(2)计算广播口述时的信息量;(3)计算所需字数。可以看出,一幅图像中所包含的信息量是很丰富的。

17. 已知信源 X 的概率空间为 $\begin{bmatrix} X \\ P \end{bmatrix} = \begin{bmatrix} 1 & 0 \\ p & 1-p \end{bmatrix}$,(1)试证明:$H(X) = H(p)$;(2)试求 $H(p)$,画出其变化曲线,并解释其含义。

解答:(1) 证明:由熵的定义式可得
$$H(X) = E[I(x_i)] = -p\log p - (1-p)\log(1-p) = H(p)$$

(2) $H(p)$ 函数的曲线如图 2.3 所示。

该 $H(p)$ 曲线说明,当 0 与 1 等概率出现时,即 $p=0.5$ 时,熵最大。当 p 由 0.5 分别趋向于 0 和 1 时,熵逐渐减小至 0。

注:本题考查的知识点是 2.2.6 节熵的性质。解题方法为:(1)根据定义求信息熵;(2)画二元符号信源的熵曲线,然后对曲线进行分析。

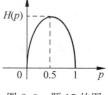

图 2.3 题 17 的图

18. 设以 8000 样值/s 的速率对某语音信号进行抽样,并以 $M=256$ 级对抽样值均匀量化。设抽样值取各量化值的概率相等,且各抽样值之间相互统计独立,求:(1)每个抽样值所包含的平均自信息量;(2)该语音信源的信息输出率。

解答:(1) 由题意,采样率为每秒 8000 次,量化级数为 256,则每个抽样值所包含的平均自信息量 $H(X) = \log_2 256 = 8\,\mathrm{bit}/$ 抽样。

(2) 该语音信源的信息输出率 $R = r \times H(X) = 8000 \times 8 = 6.4 \times 10^4\,\mathrm{bit/s}$。

注:本题考查的知识点是 2.2.2 节离散信源熵。解题方法为:(1)计算平均每个抽样值所包含的信息量,即信息熵;(2)计算每秒输出的比特数。

19. 布袋中有手感完全相同的 3 个红球和 3 个蓝球,每次从中随机取出一个球,取出后不放回布袋。用 X_i 表示第 i 次取出的球的颜色,$i=1,2,\cdots,6$,求:(1) $H(X_1)$、$H(X_2)$ 和 $H(X_2|X_1)$;(2)随 k 的增加,条件熵 $H(X_k|X_1\cdots X_{k-1})$ 是增加还是减少?请解释。

解答:(1) 由题意知,$p(X_1=红)=p(X_1=蓝)=0.5$,则 $H(X_1)=\log_2 2=1\,\mathrm{bit}/$事件。

每次取出球后不放回布袋,则 $p(X_2=红|X_1=红)=\dfrac{2}{5}$,$p(X_2=蓝|X_1=红)=\dfrac{3}{5}$,

$p(X_2=红|X_1=蓝)=\dfrac{3}{5}$,$p(X_2=蓝|X_1=蓝)=\dfrac{2}{5}$,所以

$$H(X_2|X_1) = p(X_1=红) \times H(X_2|X_1=红) + p(X_1=蓝) \times H(X_2|X_1=蓝)$$
$$= 0.5 H\left(\dfrac{2}{5}\right) + 0.5 H\left(\dfrac{2}{5}\right) = 0.971\,\mathrm{bit}/事件$$

(2) 条件熵 $H(X_k|X_1\cdots X_{k-1})$ 随着 k 的增加而减少,因为知道以前的结果会降低本次结果的不确定性,以前的结果知道得越多,本次结果的不确定性就越小,直到 $H(X_6|X_1\cdots X_5)=0$。

注:本题考查的知识点是 2.2.2 节离散信源熵。解题方法为:(1)计算单个符号离散信源的熵;(2)计算两个符号的离散序列的信息熵;(3)计算单条件熵;(4)计算多条件熵,并得出条件熵与条件多少的关系。

20. X 是一离散随机变量，f 是定义在 X 上的实函数，证明：$H(X) \geqslant H[f(X)]$ 成立，当且仅当 f 是集合 $\{x: p(X=x)>0\}$ 上一一对应的函数时取等号。

解答：由于 $f(X)$ 是定义在 X 上的实函数，所以 $f(X)$ 的定义域必定小于或等于 X 的定义域，所以 $f(X)$ 的不确定度小于或等于 X 的不确定度，即 $H[f(X)] \leqslant H(X)$。

只有当 $f(X)$ 在 X 的集合上均有定义，且一一对应，没有相同定义时，$f(X)$ 的不确定度等于 X 的不确定度。

注：本题考查的知识点是 2.4 节连续信源的熵和互信息。

21. 一个随机变量 X 的概率密度函数 $p(x)=kx, 0 \leqslant x \leqslant 2$。试求该信源的相对熵。

解答：由 $\int_0^2 p(x)\mathrm{d}x = 1$ 得，$\int_0^2 kx\,\mathrm{d}x = 1$，从而 $k = \dfrac{1}{2}$，利用连续信源的相对熵计算公式求得 $H(X) = -\int_0^2 p(x) \log p(x)\mathrm{d}x = -\int_0^2 \dfrac{1}{2}x \log \dfrac{1}{2}x\,\mathrm{d}x = 0.72\,\mathrm{bit}$。

注：本题考查的知识点是 2.4 节连续信源的熵和互信息。题解为：连续信源的相对熵定义式。

22. 若连续信源的输出幅度被限定在 $[2,6]$ 区域，当输出信号的概率密度是均匀分布时，计算该信源的相对熵，并说明该信源的绝对熵为多少。

解答：由题意得该连续信源的概率密度函数 $p(x)=\begin{cases}\dfrac{1}{4}, & 2\leqslant x \leqslant 6 \\ 0, & \text{其他}\end{cases}$，则该信源的相对熵

$$H(x) = -\int_2^6 p(x) \log p(x)\mathrm{d}x = 2\,\mathrm{bit}$$

该信源的绝对熵无穷大。

注：本题考查的知识点是 2.4 节连续信源的熵和互信息。题解为：连续信源的相对熵计算公式。

23. 设有一连续随机变量，其概率密度函数为 $p(x)=\begin{cases}bx^2, & 0 \leqslant x \leqslant a \\ 0, & \text{其他}\end{cases}$，试求：(1) 信源 X 的相对熵 $H_c(X)$；(2) $Y=X+A(A>0)$ 的相对熵 $H_c(Y)$；(3) $Y=2X$ 的相对熵 $H_c(Y)$。

解答：(1) 连续信源 X 的相对熵

$$H_c(X) = -\int_0^a p(x) \log p(x)\mathrm{d}x = -\int_R p(x) \log bx^2\,\mathrm{d}x$$

$$= -\log b \cdot \int_R p(x)\mathrm{d}x - \int_R p(x) \log x^2\,\mathrm{d}x$$

$$= -\log b - 2b \int_R x^2 \log x\,\mathrm{d}x = \dfrac{2a^3 b}{9}\log_2 e - \dfrac{2a^3 b}{3}\log_2 a - \log_2 b$$

将 $F_X(x) = \dfrac{bx^3}{3}$，$F_X(a) = \dfrac{ba^3}{3} = 1$ 代入上式，可得

$$H_c(X) = \dfrac{2}{3}\log_2 e + \log_2 a - \log_2 3$$

(2) 因为 $0 \leqslant x \leqslant a$，有 $0 \leqslant y-A \leqslant a$，则 $A \leqslant y \leqslant a+A$

$$F_Y(y) = P(Y \leqslant y) = P(X+A \leqslant y) = P(X \leqslant y-A)$$
$$= \int_A^{y-A} bx^2 \mathrm{d}x = \frac{b}{3}(y-A)^3 - \frac{bA^3}{3}$$

Y 的概率密度函数 $f(y) = F'(y) = b(y-A)^2$，则 $Y = X+A$ 的相对熵

$$H_c(Y) = -\int_R f(y) \log f(y) \mathrm{d}y = -\int_R f(y) \log b(y-A)^2 \mathrm{d}y$$
$$= -\log b \cdot \int_R f(y) \mathrm{d}y - \int_R f(y) \log(y-A)^2 \mathrm{d}y$$
$$= -\log b - 2b \int_R (y-A)^2 \log(y-A) \mathrm{d}(y-A)$$
$$= \frac{2a^3 b}{9} \log_2 e - \frac{2a^3 b}{3} \log_2 a - \log_2 b$$

同理，又因为 $F_Y(y) = \frac{b}{3}(y-A)^3$，有 $F_Y(a+A) = \frac{ba^3}{3} = 1$，代入上式，可得

$$H_c(Y) = \frac{2}{3} \log_2 e + \log_2 a - \log_2 3$$

(3) 因为 $0 \leqslant x \leqslant a$，有 $0 \leqslant \frac{y}{2} \leqslant a$，则 $0 \leqslant y \leqslant 2a$。

$$F_Y(y) = P(Y \leqslant y) = P(2X \leqslant y) = P\left(X \leqslant \frac{y}{2}\right) = \int_0^{\frac{y}{2}} bx^2 \mathrm{d}x = \frac{b}{24} y^3$$

$$f(y) = F'(y) = \frac{b}{8} y^2$$

则 $Y = 2X$ 的相对熵

$$H_c(Y) = -\int_R f(y) \log f(y) \mathrm{d}y = -\int_R f(y) \log \frac{b}{8} y^2 \mathrm{d}y$$
$$= -\log \frac{b}{8} \cdot \int_R f(y) \mathrm{d}y - \int_R f(y) \log y^2 \mathrm{d}y = -\log \frac{b}{8} - \frac{b}{4} \int_R y^2 \log y \mathrm{d}y$$
$$= -\log \frac{b}{8} - \frac{2ba^3}{9} \log \frac{8a^3}{e} = -\log b - \frac{2ba^3}{9} \log \frac{a^3}{e} + \frac{9 - 2ba^3}{3}$$

又因为 $F_Y(y) = \frac{b}{24} y^3$，$F_Y(2a) = \frac{ba^3}{3} = 1$，

所以 $H_c(Y) = \frac{2}{3} \log_2 e + \log_2 a - \log_2 3 + 1$ bit。

注：本题考查的知识点是 2.4 节连续信源的熵和互信息。题解为：幅度连续的单个符号信源熵的计算公式。

24. 给定语音信号样值 X 的概率密度为 $p(x) = \frac{1}{2} \lambda e^{-\lambda |x|}$，$-\infty < x < +\infty$，求相对熵 $H_c(X)$，并证明它小于同样方差的正态变量的相对熵。

解答：根据相对熵的定义，有

$$H_c(X) = -\int_{-\infty}^{+\infty} p(x) \log p(x) \mathrm{d}x = -\int_{-\infty}^{+\infty} p(x) \log \frac{1}{2} \lambda e^{-\lambda |x|} \mathrm{d}x$$

$$= -\log\frac{\lambda}{2}\int_{-\infty}^{+\infty} p(x)\mathrm{d}x - \int_{-\infty}^{+\infty} p(x)\log \mathrm{e}^{-\lambda|x|}\,\mathrm{d}x$$

$$= \log\frac{2}{\lambda} - \int_{-\infty}^{+\infty} \frac{1}{2}\lambda \mathrm{e}^{-\lambda|x|}\log \mathrm{e}^{-\lambda|x|}\,\mathrm{d}x$$

$$= \log\frac{2}{\lambda} - \int_{0}^{+\infty} \lambda \mathrm{e}^{-\lambda x}\log \mathrm{e}^{-\lambda x}\,\mathrm{d}x$$

而 $\int_{0}^{+\infty}\lambda \mathrm{e}^{-\lambda x}\log \mathrm{e}^{-\lambda x}\,\mathrm{d}x = \int_{0}^{+\infty}\log \mathrm{e}^{-\lambda x}\,\mathrm{d}(\mathrm{e}^{-\lambda x}) = \left(\mathrm{e}^{-\lambda x}\Big|_{0}^{+\infty}\right)\log_2 \mathrm{e} = -\log_2 \mathrm{e}$，则

$$H_c(X) = \log\frac{2}{\lambda} + \log_2 \mathrm{e} = \log\frac{2\mathrm{e}}{\lambda}\ \mathrm{bit}$$

同样方差的正态变量，均值和方差分别为

$$m = E(X) = \int_{-\infty}^{+\infty} p(x)\cdot x\,\mathrm{d}x = \int_{-\infty}^{+\infty} \frac{1}{2}\lambda \mathrm{e}^{-\lambda|x|}x\,\mathrm{d}x = \int_{-\infty}^{0}\frac{1}{2}\lambda \mathrm{e}^{\lambda x}x\,\mathrm{d}x + \int_{0}^{+\infty}\frac{1}{2}\lambda \mathrm{e}^{-\lambda x}x\,\mathrm{d}x$$

因为 $\int_{-\infty}^{0}\frac{1}{2}\lambda \mathrm{e}^{\lambda x}x\,\mathrm{d}x = \int_{+\infty}^{0}\frac{1}{2}\lambda \mathrm{e}^{\lambda(-y)}(-y)\mathrm{d}(-y) = \int_{+\infty}^{0}\frac{1}{2}\lambda \mathrm{e}^{-\lambda y}y\,\mathrm{d}y = -\int_{0}^{+\infty}\frac{1}{2}\lambda \mathrm{e}^{-\lambda y}y\,\mathrm{d}y$，

所以 $m = -\int_{0}^{+\infty}\frac{1}{2}\lambda \mathrm{e}^{-\lambda x}x\,\mathrm{d}x + \int_{0}^{+\infty}\frac{1}{2}\lambda \mathrm{e}^{-\lambda x}x\,\mathrm{d}x = 0$。

$$\sigma^2 = E[(x-m)^2] = E(x^2) = \int_{-\infty}^{+\infty} p(x)\cdot x^2\,\mathrm{d}x = \int_{-\infty}^{+\infty}\frac{1}{2}\lambda \mathrm{e}^{-\lambda|x|}x^2\,\mathrm{d}x = \int_{0}^{+\infty}\lambda \mathrm{e}^{-\lambda x}x^2\,\mathrm{d}x$$

$$= -\int_{0}^{+\infty} x^2\,\mathrm{d}\mathrm{e}^{-\lambda x} = -\left(\mathrm{e}^{-\lambda x}x^2\Big|_{0}^{+\infty} - \int_{0}^{+\infty}\mathrm{e}^{-\lambda x}\,\mathrm{d}x^2\right) = \int_{0}^{+\infty}\mathrm{e}^{-\lambda x}\,\mathrm{d}x^2 = 2\int_{0}^{+\infty}\mathrm{e}^{-\lambda x}x\,\mathrm{d}x$$

$$= -\frac{2}{\lambda}\int_{0}^{+\infty} x\,\mathrm{d}\mathrm{e}^{-\lambda x} = -\frac{2}{\lambda}\left(\mathrm{e}^{-\lambda x}x\Big|_{0}^{+\infty} - \int_{0}^{+\infty}\mathrm{e}^{-\lambda x}\,\mathrm{d}x\right) = \frac{2}{\lambda^2}$$

因此，正态变量的相对熵 $H_c(X) = \frac{1}{2}\log 2\pi \mathrm{e}\sigma^2 = \log\frac{2}{\lambda}\sqrt{\pi \mathrm{e}}$，大于语音信号样值 X 的相对熵 $H_c(X) = \log\frac{2\mathrm{e}}{\lambda}$。

注：本题考查的知识点是 2.4 节连续信源的熵和互信息。题解为：根据定义求连续信源的相对熵。

25. 设有随机变量 X，(1)随机变量 X 表示信号 $x(t)$ 的幅度，$-3\mathrm{V}\leqslant x(t)\leqslant 3\mathrm{V}$，均匀分布，求信源相对熵 $H_c(X)$；(2)若 X 在 $-5\mathrm{V}$ 和 $5\mathrm{V}$ 之间均匀分布，求信源相对熵 $H_c(X)$；(3)试解释(1)和(2)的计算结果。

解答：(1) 由题意，X 的概率密度函数 $p(x) = \frac{1}{6}$，$-3\leqslant x\leqslant 3$，幅值受限、均匀分布的连续信源 X 的相对熵 $H_c(X) = \log_2 6 = 2.58\ \mathrm{bit}/$自由度。

(2) 若 X 在 $-5\mathrm{V}$ 和 $5\mathrm{V}$ 之间均匀分布，则其相对熵
$$H_c(X) = \log_2 10 = 3.32\ \mathrm{bit}/\text{自由度}$$

(3) 从(1)和(2)的结果可见，当分布范围扩大后，连续信源的相对熵变大了。

注：本题考查的知识点是 2.4 节连续信源的熵和互信息。题解为：均匀分布的连续信源相对熵的计算方法。

26. 随机信号的样值 X 在 1V 和 7V 之间均匀分布，试：(1)计算信源相对熵 $H_c(X)$。

将此结果与题 25 中的(1)相比较,可得到什么结论？(2)计算期望值 $E(X)$ 和方差 $\mathrm{var}(X)$。

解答：(1) 信源 X 的相对熵

$$H_c(X) = -\int_1^7 p(x)\log p(x)\mathrm{d}x = -\int_1^7 \frac{1}{6}\log\frac{1}{6}\mathrm{d}x = \log 6 = 2.58\mathrm{bit}$$

计算结果与题 25(1)相同,说明均匀分布的连续信源熵只决定于变量分布范围,而与位置无关。

(2) 数学期望 $E(X) = \int_1^7 x p(x)\mathrm{d}x = \int_1^7 \frac{x}{6}\mathrm{d}x = 4$,方差

$$\mathrm{var}(X) = E[(x-4)]^2 = \int_1^7 (x-4)^2 p(x)\mathrm{d}x = \int_1^7 \frac{(x-4)^2}{6}\mathrm{d}x = \int_{-3}^3 \frac{y^2}{6}\mathrm{d}y = 3$$

注：本题考查的知识点是 2.4 节连续信源的熵和互信息。

27. 连续随机变量 X 和 Y 的联合概率密度

$$p(x,y) = \begin{cases} \dfrac{1}{\pi r^2}, & x^2 + y^2 \leqslant r^2 \\ 0, & \text{其他} \end{cases}$$

求 $H_c(X)$、$H_c(Y)$、$H_c(XY)$ 和 $I_c(X;Y)$。

解答：由联合概率密度函数求得 X 的概率密度分布

$$p(x) = \int_{-\sqrt{r^2-x^2}}^{\sqrt{r^2-x^2}} p(xy)\mathrm{d}y = \int_{-\sqrt{r^2-x^2}}^{\sqrt{r^2-x^2}} \frac{1}{\pi r^2}\mathrm{d}y = \frac{2\sqrt{r^2-x^2}}{\pi r^2} \quad (-r \leqslant x \leqslant r)$$

由相对熵的定义式,得

$$H_c(X) = -\int_{-r}^r p(x)\log p(x)\mathrm{d}x = -\int_{-r}^r p(x)\log\frac{2\sqrt{r^2-x^2}}{\pi r^2}\mathrm{d}x$$

$$= -\int_{-r}^r p(x)\log\frac{2}{\pi r^2}\mathrm{d}x - \int_{-r}^r p(x)\log\sqrt{r^2-x^2}\mathrm{d}x$$

$$= \log\frac{\pi r^2}{2} - \int_{-r}^r p(x)\log\sqrt{r^2-x^2}\mathrm{d}x$$

其中,

$$\int_{-r}^r p(x)\log\sqrt{r^2-x^2}\mathrm{d}x = \int_{-r}^r \frac{2\sqrt{r^2-x^2}}{\pi r^2}\log\sqrt{r^2-x^2}\mathrm{d}x$$

$$= \frac{4}{\pi r^2}\int_0^r \sqrt{r^2-x^2}\log\sqrt{r^2-x^2}\mathrm{d}x$$

令 $x = r\cos\theta$,则上式为 $\dfrac{4}{\pi r^2}\int_{\frac{\pi}{2}}^0 r\sin\theta\log r\sin\theta\, \mathrm{d}(r\cos\theta)$,继续化简得到

$$\frac{4}{\pi r^2}\int_{\frac{\pi}{2}}^0 r\sin\theta\log r\sin\theta\, \mathrm{d}(r\cos\theta) = -\frac{4}{\pi r^2}\int_{\frac{\pi}{2}}^0 r^2\sin^2\theta\log r\sin\theta\, \mathrm{d}\theta$$

$$= \frac{4}{\pi}\int_0^{\frac{\pi}{2}}\sin^2\theta\log r\sin\theta\, \mathrm{d}\theta = \frac{4}{\pi}\int_0^{\frac{\pi}{2}}\sin^2\theta\log r\, \mathrm{d}\theta + \frac{4}{\pi}\int_0^{\frac{\pi}{2}}\sin^2\theta\log\sin\theta\, \mathrm{d}\theta$$

$$\frac{4}{\pi}\int_0^{\frac{\pi}{2}}\sin^2\theta\log r\, \mathrm{d}\theta + \frac{4}{\pi}\int_0^{\frac{\pi}{2}}\sin^2\theta\log\sin\theta\, \mathrm{d}\theta$$

$$= \frac{4}{\pi}\log r\int_0^{\frac{\pi}{2}}\frac{1-\cos2\theta}{2}\mathrm{d}\theta + \frac{4}{\pi}\int_0^{\frac{\pi}{2}}\frac{1-\cos2\theta}{2}\log\sin\theta\mathrm{d}\theta$$

$$= \frac{2}{\pi}\log r\int_0^{\frac{\pi}{2}}\mathrm{d}\theta - \frac{2}{\pi}\log r\int_0^{\frac{\pi}{2}}\cos2\theta\mathrm{d}\theta + \frac{2}{\pi}\int_0^{\frac{\pi}{2}}\log\sin\theta\mathrm{d}\theta - \frac{2}{\pi}\int_0^{\frac{\pi}{2}}\cos2\theta\log\sin\theta\mathrm{d}\theta$$

$$= \log r - \frac{1}{\pi}\log r\int_0^{\frac{\pi}{2}}d\sin2\theta + \frac{2}{\pi}\left(-\frac{\pi}{2}\log_2 2\right) - \frac{2}{\pi}\int_0^{\frac{\pi}{2}}\cos2\theta\log\sin\theta\mathrm{d}\theta$$

$$= \log r - 1 - \frac{2}{\pi}\int_0^{\frac{\pi}{2}}\cos2\theta\log\sin\theta\mathrm{d}\theta$$

又由于

$$\frac{2}{\pi}\int_0^{\frac{\pi}{2}}\cos2\theta\log\sin\theta\mathrm{d}\theta = \frac{1}{\pi}\int_0^{\frac{\pi}{2}}\log\sin\theta\mathrm{d}\sin2\theta$$

$$= \frac{1}{\pi}\left(\sin2\theta\log\sin\theta\Big|_0^{\frac{\pi}{2}} - \int_0^{\frac{\pi}{2}}\sin2\theta\mathrm{d}\log\sin\theta\right)$$

$$= -\frac{1}{\pi}\int_0^{\frac{\pi}{2}}2\sin\theta\cos\theta\frac{\cos\theta\log_2 \mathrm{e}}{\sin\theta}\mathrm{d}\theta$$

$$= -\frac{2}{\pi}\log_2 \mathrm{e}\int_0^{\frac{\pi}{2}}\cos^2\theta\mathrm{d}\theta = -\frac{1}{2}\log_2 \mathrm{e}$$

所以, $H_\mathrm{c}(X) = \log\frac{\pi r^2}{2} - \log r + 1 - \frac{1}{2}\log_2 \mathrm{e} = \log_2 \pi r - \frac{1}{2}\log_2 \mathrm{e}$

由于 $p(y) = \int_{-\sqrt{r^2-y^2}}^{\sqrt{r^2-y^2}}p(xy)\mathrm{d}x = \int_{-\sqrt{r^2-y^2}}^{\sqrt{r^2-y^2}}\frac{1}{\pi r^2}\mathrm{d}x = \frac{2\sqrt{r^2-y^2}}{\pi r^2}(-r\leqslant y\leqslant r)$,则

$p(y) = p(x)$,所以 $H_\mathrm{c}(Y) = H_\mathrm{c}(X) = \left(\log_2\pi r - \frac{1}{2}\log_2 \mathrm{e}\right)$ bit。

则联合熵

$$H_\mathrm{c}(XY) = -\iint_R p(xy)\log p(xy)\mathrm{d}x\mathrm{d}y = -\iint_R p(xy)\log\frac{1}{\pi r^2}\mathrm{d}x\mathrm{d}y$$

$$= \log\pi r^2\iint_R p(xy)\mathrm{d}x\mathrm{d}y = \log_2 \pi r^2 \text{ bit}$$

则互信息

$$I_\mathrm{c}(X;Y) = H_\mathrm{c}(X) + H_\mathrm{c}(Y) - H_\mathrm{c}(XY) = 2\log_2\pi r - \log_2 \mathrm{e} - \log\pi r^2$$

$$= \log_2 \pi - \log_2 \mathrm{e} \text{ bit}$$

注：本题考查的知识点是 2.4 节连续信源的熵和互信息。提示：$\int_0^{\frac{\pi}{2}}\log_2\sin x\mathrm{d}x = -\frac{\pi}{2}\log_2 2$。题解为：(1)连续信源熵的计算；(2)连续信源的联合熵和互信息的计算公式。

28. 某一无记忆信源的符号集为 $X\in\{0,1\}$，已知 $p(0) = \frac{1}{4}, p(1) = \frac{3}{4}$。(1)求符号熵 $H(X)$；(2)由 100 个符号构成的序列，求某一特定序列 S(设其中有 m 个"0"和 $100-m$ 个"1")的自信息量表达式；(3)计算(2)中序列 S 的熵。

解答：(1) 符号的平均熵

$$H(X) = H\left(\frac{1}{4}, \frac{3}{4}\right) = 0.8113\text{bit}/\text{符号}$$

(2) 序列 S 的概率为 $P(S)=\left(\dfrac{1}{4}\right)^m\left(\dfrac{3}{4}\right)^{100-m}$，则该序列的自信息量

$$I(S)=-\log P(S)=(41+1.59m)\text{bit}$$

(3) 由于是无记忆信源，所以序列的熵 $H(S)=100\times H(X)=81.13\text{bit}/$序列。

注：本题考查的知识点是 2.2.2 节离散信源熵和 2.3.2 节离散有记忆信源的序列熵。解题方法为：(1) 计算平均每个符号的熵；(2) 计算多个符号组成的序列的熵。

29. 一个信源发出二重符号序列消息 X_1X_2，其中，第一个符号 X_1 可以是 A,B,C 中的任一个；第二个符号 X_2 可以是 D,E,F,G 中的任一个。已知各个概率 $p(x_{1i})$ 和 $p(x_{2j}|x_{1i})$ 的值如表 2.1 所示，求这个信源的熵（即联合熵 $H(X_1X_2)$）。

表 2.1　题 29 的概率

		A	B	C
$p(x_{1i})$		1/2	1/3	1/6
$p(x_{2j}|x_{1i})$	D	1/4	3/10	1/6
	E	1/4	1/5	1/2
	F	1/4	1/5	1/6
	G	1/4	3/10	1/6

解答：由题意，各条件概率已给出，可以求得联合概率，然后直接应用联合熵的定义式计算 $H(X_1X_2)$。X_1X_2 联合概率如表 2.2 所示。

表 2.2　题 29 的联合概率

		A	B	C
$p(X_{1i}X_{2j})$	D	1/8	1/10	1/36
	E	1/8	1/15	1/12
	F	1/8	1/15	1/36
	G	1/8	1/10	1/36

$$H(X_1X_2)=-\sum_{i=1}^4\sum_{j=1}^4 p(X_{1i}X_{2j})\log p(X_{1i}X_{2j})$$

$$=-\dfrac{4}{8}\log\dfrac{1}{8}-\dfrac{2}{10}\log\dfrac{1}{10}-\dfrac{2}{15}\log\dfrac{1}{15}-\dfrac{3}{36}\log\dfrac{1}{36}-\dfrac{1}{12}\log\dfrac{1}{12}$$

$$=3.415\text{bit}/\text{符号}$$

注：本题考查的知识点是 2.2.2 节离散信源熵。题解：(1) 计算 X_1X_2 的联合概率；(2) 计算联合熵。

30. 有一个马尔可夫信源，已知其状态转移概率为 $p(s_1|s_1)=\dfrac{2}{3}$，$p(s_2|s_1)=\dfrac{1}{3}$，$p(s_1|s_2)=1$，$p(s_2|s_2)=0$。试求信源的极限熵。

解答：该马尔可夫信源有两个状态，设其稳态概率为 $W=[w_1\ w_2]$。由状态转移概率可计算出 $H(X|s_1)=0.918\text{bit}/$符号，$H(X|s_2)=0\text{bit}/$符号。

列方程组 $\begin{cases}w_1=\dfrac{2}{3}w_1+w_2\\ w_2=\dfrac{1}{3}w_1\\ w_1+w_2=1\end{cases}$，求解得 $\begin{cases}w_1=\dfrac{3}{4}\\ w_2=\dfrac{1}{4}\end{cases}$

该信源的极限熵 $H_\infty = \sum_{i=1}^{2} w_i H(X|s_i) = 0.69\,\text{bit}/\text{符号}$。

注：本题考查的知识点是 2.1.3 节马尔可夫信源和 2.3.2 节离散有记忆信源的序列熵。一般马尔可夫信源信息熵的求解为：(1)判断该马尔可夫信源是否是齐次遍历的；(2)计算马尔可夫信源的稳态概率；(3)根据极限熵的计算公式求马尔可夫信源的极限熵。

31. 有两个随机变量 X 和 Y，它们的和为 $Z=X+Y$（一般加法），若 X 和 Y 相互独立，求证：$H(X) \leqslant H(Z), H(Y) \leqslant H(Z)$。

解答：证明：由 $Z=X+Y$，得到 $p(z_k|x_i) = p(z_k - x_i) = \begin{cases} p(y_j), & (z_k - x_i) \in Y \\ 0, & (z_k - x_i) \notin Y \end{cases}$，则

$$H(Z|X) = -\sum_i \sum_k p(x_i z_k) \log p(z_k|x_i) = -\sum_i p(x_i) \left[\sum_k p(z_k|x_i) \log p(z_k|x_i)\right]$$

$$= -\sum_i p(x_i) \left[\sum_j p(y_j) \log_2 p(y_j)\right] = H(Y)$$

因为 $H(Z) \geqslant H(Z|X)$，所以 $H(Z) \geqslant H(Y)$。
同理可得 $H(Z) \geqslant H(X)$。

注：本题考查的知识点是 2.2.2 节离散信源熵。题解为：条件熵的定义式。

32. 对某城市进行交通忙闲的调查，并把天气分成晴雨两种状态，气温分成冷暖两种状态，调查结果得到联合出现的相对频度如图 2.4 所示。若把这些频度看作概率测度，求：(1)忙闲的无条件熵；(2)天气状态和气温状态已知时忙闲的条件熵；(3)从天气状态和气温状态获得的关于忙闲的信息。

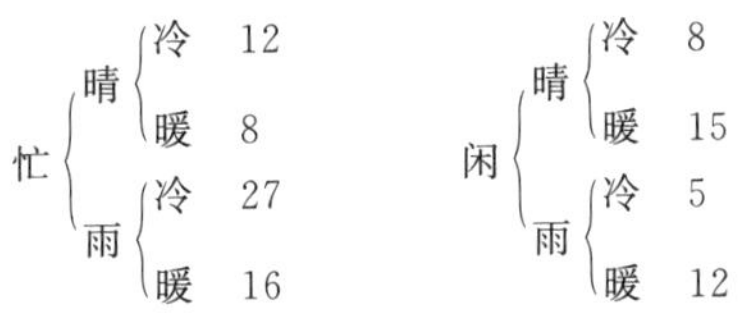

$$
\text{忙}\begin{cases}\text{晴}\begin{cases}\text{冷} & 12 \\ \text{暖} & 8\end{cases} \\ \text{雨}\begin{cases}\text{冷} & 27 \\ \text{暖} & 16\end{cases}\end{cases} \qquad \text{闲}\begin{cases}\text{晴}\begin{cases}\text{冷} & 8 \\ \text{暖} & 15\end{cases} \\ \text{雨}\begin{cases}\text{冷} & 5 \\ \text{暖} & 12\end{cases}\end{cases}
$$

图 2.4 题 32 的图

解答：(1) 根据忙闲的频率，得到忙闲的概率分布为 $\begin{bmatrix} X \\ P(X) \end{bmatrix} = \left\{\begin{matrix} x_1 = \text{忙} & x_2 = \text{闲} \\ \dfrac{63}{103} & \dfrac{40}{103} \end{matrix}\right\}$，

则 $H(X) = -\sum_{i}^{2} p(x_i) \log p(x_i) = -\left(\dfrac{63}{103} \log \dfrac{63}{103} + \dfrac{40}{103} \log \dfrac{40}{103}\right) = 0.964\,\text{bit}/\text{符号}$。

(2) 设忙闲为随机变量 X，天气状态为随机变量 Y，气温状态为随机变量 Z。要计算天气状态和气温状态已知时忙闲的条件熵，即求条件熵 $H(X|YZ)$。

设 $x=(0,1)$，其中，0 表示忙，1 表示闲；$y=(0,1)$，其中，0 表示晴，1 表示雨；$z=(0,1)$，其中，0 表示冷，1 表示暖，联合概率如表 2.3 所示。

表 2.3 题 32 随机变量 X、Y、Z 的联合概率

x \ yz	(0,0)	(0,1)	(1,0)	(1,1)
0	12/103	8/103	27/103	16/103
1	8/103	15/103	5/103	12/103

$$H(XYZ) = -\sum_i \sum_j \sum_k p(x_i y_j z_k) \log p(x_i y_j z_k)$$

$$= -\left(\frac{12}{103}\log\frac{12}{103} + \frac{8}{103}\log\frac{8}{103} + \frac{27}{103}\log\frac{27}{103} + \frac{16}{103}\log\frac{16}{103} + \right.$$

$$\left.\frac{8}{103}\log\frac{8}{103} + \frac{15}{103}\log\frac{15}{103} + \frac{5}{103}\log\frac{5}{103} + \frac{12}{103}\log\frac{12}{103}\right)$$

$$= 2.836 \text{ bit/符号}$$

$$H(YZ) = -\sum_j \sum_k p(y_j z_k) \log p(y_j z_k)$$

$$= -\left(\frac{20}{103}\log\frac{20}{103} + \frac{23}{103}\log\frac{23}{103} + \frac{32}{103}\log\frac{32}{103} + \frac{28}{103}\log\frac{28}{103}\right)$$

$$= 1.977 \text{ bit/符号}$$

$$H(X\mid YZ) = H(XYZ) - H(YZ) = 2.836 - 1.977 = 0.859 \text{ bit/符号}$$

(3) 从天气状态和气温状态获得关于忙闲的信息

$$I(X;YZ) = H(X) - H(X\mid YZ) = 0.964 - 0.859 = 0.159 \text{ bit/符号}$$

注：本题考查的知识点是 2.2.2 节离散信源熵和 2.2.3 节互信息。题解为：条件熵、联合熵的定义式，以及熵、联合熵和条件熵之间的关系。

33. 有一个存疑信道,已知输入 X 的概率分布为 $p(x=0)=\frac{2}{3}, p(x=1)=\frac{1}{3}$,转移概率如图 2.5 所示,求 $I(X;Y)$。

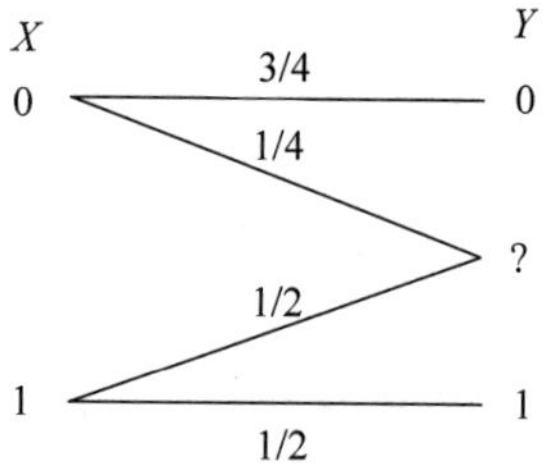

解答：$H(X) = H\left(\frac{2}{3}, \frac{1}{3}\right) = 0.918 \text{ bit/符号}$

图 2.5 题 33 的存疑信道

$$I(X;Y) = H(X) - H(X\mid Y)$$

$$H(X\mid Y) = -\sum p(x_i y_j)\log p(x_i\mid y_j) = -\sum p(x_i)p(y_j\mid x_i)\log p(x_i\mid y_j)$$

$$= -\frac{2}{3}\times\frac{3}{4}\log p(x=0\mid y=0) - \frac{2}{3}\times\frac{1}{4}\log p(x=0\mid y=?) -$$

$$\frac{1}{3}\times\frac{1}{2}\log p(x=1\mid y=?) - \frac{1}{3}\times\frac{1}{2}\log p(x=1\mid y=1)$$

下面用贝叶斯公式来求转移概率：

$$p(x=0\mid y=0) = \frac{\frac{2}{3}\times\frac{3}{4}}{\frac{2}{3}\times\frac{3}{4} + \frac{1}{3}\times 0} = 1$$

$$p(x=0\mid y=?) = \frac{\frac{2}{3}\times\frac{1}{4}}{\frac{2}{3}\times\frac{1}{4} + \frac{1}{3}\times\frac{1}{2}} = \frac{1}{2}$$

同理 $p(x=1\mid y=?) = \frac{1}{2}, p(x=1\mid y=1) = 1$。

所以,$H(X\mid Y) = \frac{1}{2}\times 0 + \frac{1}{6} + \frac{1}{6} + \frac{1}{6}\times 0 = \frac{1}{3} = 0.333 \text{ bit/符号}$

所以 $I(X;Y)=H(X)-H(X|Y)=0.918-0.333=0.583$ bit/符号

注：本题考查的知识点是2.2.2节离散信源熵和2.2.3节互信息。题解为：(1)条件熵的定义；(2)互信息与熵和条件熵之间的关系。

34. 设信源 $A=\{0,1,2,3\}$，且每个符号 a_i 等概率出现。$B=\{0,1\}$ 且 B 的符号 b_j 满足：$b_j=0$，如果 $a=0$ 或 $a=3$；$b_j=1$，如果 $a=1$ 或 $a=2$。求：$H(A)$、$H(B)$ 和 $H(AB)$。

解答：根据熵的定义很容易求出 $H(A)=2$ bit/符号，$H(B)=1$ bit/符号。而转移概率

$$p(b|a)=\begin{bmatrix}1 & 0\\0 & 1\\0 & 1\\1 & 0\end{bmatrix}, 则$$

$$H(B|A)=-\sum p_i\sum p_{ji}\log p_{ji}=4\times\frac{1}{4}(1\times\log 1-0\times\log 0)=0\text{bit/符号}$$

$$H(AB)=H(A)+H(B|A)=2+0=2\text{bit/符号}$$

注：本题考查的知识点是2.2.2节离散信源熵。题解为：(1)条件熵的定义式；(2)熵、联合熵和条件熵之间的关系。

35. 设一无记忆信源 $A=\{0,1\}$，以等概率发出6个符号的序列，这些符号是统计独立的。在第6个符号后发出第7个符号，第7个符号是用先前6个符号之和模2而产生的。求这7个符号的序列熵。

解答：设第7个符号为 b，则 $b=\sum_{i=0}^{5}a_i \bmod 2$。7个符号组成的序列熵为
$H(a_0a_1a_2a_3a_4a_5b)=H(a_0)+H(a_1|a_0)+\cdots+H(b|a_0a_1\cdots a_5)$。

因为这些符号是统计独立的，所以 $H(a_i|a_j)=H(a_i)$，则

$$H(a_0a_1a_2a_3a_4a_5b)=6\times\left(\frac{1}{2}\log 2+\frac{1}{2}\log 2\right)+H(b|a_0a_1a_2a_3a_4a_5)$$

6个符号 $a_0,a_1,\cdots,a_5$ 完全确定符号 b，则 $H(b|a_0a_1\cdots a_5)=0$。所以，7个符号的序列熵 $H(a_0a_1a_2a_3a_4a_5b)=6$。

注：本题考查的知识点是2.3.2节离散有记忆信源的序列熵。题解为：(1)无记忆信源的定义；(2)无记忆信源序列熵的计算。

36. 一个信源以相等的概率及1000码元/秒的速率把"0"和"1"码送入有噪声信道，有噪信道如图2.6所示。由于信道中噪声的影响，发送为"0"接收为"1"的概率是1/16，而发送为"1"接收为"0"的概率是1/32，求收信者接收的熵速率。

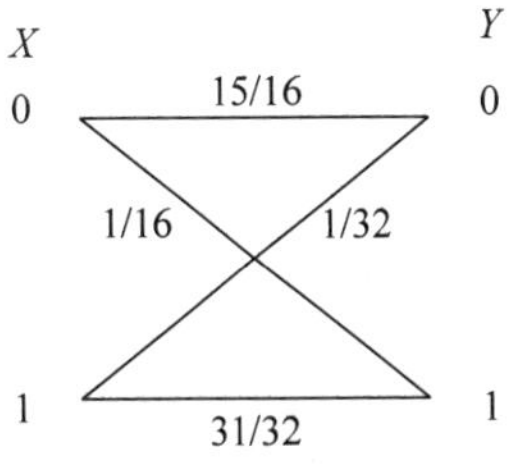

解答：由题意，$H(X)=H\left(\frac{1}{2}\right)=1$ bit/符号。

图2.6 题36的图

利用贝叶斯公式得

$$p(x=0|y=0)=\frac{p(x=0)p(y=0|x=0)}{p(y=0)}=\frac{\frac{1}{2}\times\frac{15}{16}}{\frac{1}{2}\times\frac{15}{16}+\frac{1}{2}\times\frac{1}{32}}=\frac{30}{31}$$

同理可得 $p(x=1|y=0)=\dfrac{1}{32}, p(x=1|y=1)=\dfrac{31}{33}, p(x=0|y=1)=\dfrac{2}{33}$，所以

$$H(X|Y) = -\sum\sum p(xy)\log p(x|y)$$
$$= -\dfrac{15}{32}\log\dfrac{30}{31} - \dfrac{1}{32}\log\dfrac{2}{33} - \dfrac{31}{64}\log\dfrac{31}{33} - \dfrac{1}{64}\log\dfrac{1}{31}$$
$$= 0.269 \text{bit/符号}$$

因此，熵速率 $R = n[H(X) - H(X|Y)] = 1000 \times (1 - 0.269) = 731 \text{bit/s}$。

注：本题考查的知识点是2.2.2节离散信源熵和2.2.3节互信息。题解为：熵速率为单位时间内的信息比特数。

37. 有一信源输出 $X \in \{0,1,2\}$，其概率为 $p(0) = \dfrac{1}{4}, p(1) = \dfrac{1}{4}, p(2) = \dfrac{1}{2}$。设计两个独立实验去观察它，结果分别为 $Y_1 \in \{0,1\}$ 和 $Y_2 \in \{0,1\}$。已知条件概率 $p(Y_1|X)$ 为

$$p(y_{1j}|x_i) = \begin{bmatrix} 1 & 0 \\ 0 & 1 \\ \dfrac{1}{2} & \dfrac{1}{2} \end{bmatrix}$$，条件概率 $p(Y_2|X)$ 为 $p(y_{2j}|x_i) = \begin{bmatrix} 1 & 0 \\ 1 & 0 \\ 0 & 1 \end{bmatrix}$。求：(1) $I(X;Y_1)$ 和 $I(X;Y_2)$，并判断哪一个实验好些；(2) 试求 $I(X;Y_1Y_2)$，并计算做 Y_1 和 Y_2 两个实验比做 Y_1 或 Y_2 中的任一个实验各可多得多少关于 X 的信息；(3) 求 $I(X;Y_1|Y_2)$ 和 $I(X;Y_2|Y_1)$。

解答：(1) 由题意得 Y_1 的概率分布为 $p(y_1=0) = \dfrac{1}{2}, p(y_1=1) = \dfrac{1}{2}$；$Y_2$ 的概率分布为 $p(y_2=0) = \dfrac{1}{2}, p(y_2=1) = \dfrac{1}{2}$。

$$H(Y_1) = H\left(\dfrac{1}{2}\right) = 1 \text{bit/符号}$$

$$H(Y_1|X) = \dfrac{1}{4} \times 0 + \dfrac{1}{4} \times 0 + \dfrac{1}{2} \times \left(\dfrac{1}{2}\log 2 + \dfrac{1}{2}\log 2\right) = \dfrac{1}{2} \text{bit/符号}$$

所以 $I(X;Y_1) = H(Y_1) - H(Y_1|X) = 0.5 \text{bit/符号}$；

同理，$I(X;Y_2) = H(Y_2) - H(Y_2|X) = 1 \text{bit/符号}$。

所以，第二个实验比第一个实验好。

(2) $H(X) = H\left(\dfrac{1}{4}, \dfrac{1}{4}, \dfrac{1}{2}\right) = 1.5 \text{bit/符号}$

$$I(X;Y_1Y_2) = H(X) - H(X|Y_1Y_2) = H(Y_1Y_2) - H(Y_1Y_2|X)$$

联合概率 $p(Y_1Y_2) = \left\{\dfrac{1}{4}, \dfrac{1}{4}, \dfrac{1}{4}, \dfrac{1}{4}\right\}$，则 $H(Y_1Y_2) = 4 \times \dfrac{1}{4}\log 4 = 2 \text{bit/符号}$。

$H(Y_1Y_2|X) = p(0)H(Y_1Y_2|x=0) + p(1)H(Y_1Y_2|x=1) + p(2)H(Y_1Y_2|x=2)$
$$= \dfrac{1}{4} \times 0 + \dfrac{1}{4} \times 0 + \dfrac{1}{2} \times \left(\dfrac{1}{2}\log 2 + \dfrac{1}{2}\log 2\right) = 0.5 \text{bit/符号}$$

所以 $I(X;Y_1Y_2) = 2 - 0.5 = 1.5 \text{bit/符号}$。

做两个实验比单做 Y_1 多获得的信息量 $I(X;y_1y_2) - I(X;y_1) = 1 \text{bit/符号}$；比单做 Y_2 多获得的信息量 $I(X;y_1y_2) - I(X;y_2) = 0.5 \text{bit/符号}$。

(3) $I(X;Y_1|Y_2)=I(X;Y_1Y_2)-I(X;Y_2)=1.5-1=0.5$bit/符号

$I(X;Y_2|Y_1)=I(X;Y_1Y_2)-I(X;Y_1)=1.5-0.5=1$bit/符号

注：本题考查的知识点是 2.2.3 节互信息。题解为：(1)互信息与熵、条件熵之间的关系；(2)互信息的定义式。

38. 设有一个信源，它产生 0,1 序列的信息。它在任意时间而且不论以前发出过什么符号，均按 $p(0)=0.4,p(1)=0.6$ 的概率发出符号。(1)试问这个信源是否是平稳的？(2)试计算 $H(X^2)$、$H(X_3|X_1X_2)$ 及 H_∞；(3)试计算 $H(X^4)$ 并写出 X^4 信源中可能有的所有符号。

解答：(1) 由题中的"它在任意时间而且不论以前发出过什么符号……"可知，该信源是平稳无记忆信源。

(2) $H(X^2)=2H(X)=-2\times(0.4\log 0.4+0.6\log 0.6)=1.942$bit/符号

$H(X_3|X_1X_2)=H(X_3)=H(0.4,0.6)=0.971$bit/符号

$H_\infty=\lim_{N\to\infty}H(X_N|X_1X_2\cdots X_{N-1})=H(X_N)=0.971$bit/符号

(3) X^4 的熵为 $H(X^4)=4H(X)=-4\times(0.4\log 0.4+0.6\log 0.6)=3.884$bit/符号。

X^4 信源中可能有的所有符号为(0000,0001,0010,0011,0100,0101,0110,0111,1000,1001,1010,1011,1100,1101,1110,1111)。

注：本题考查的知识点是 2.3.2 节离散有记忆信源的序列熵。题解为：(1)无记忆信源的定义；(2)无记忆信源序列熵的计算。

39. 证明：$H(X_1X_2\cdots X_n)\leqslant H(X_1)+H(X_2)+H(X_3)+\cdots+H(X_n)$。

解答：联合熵 $H(X_1X_2\cdots X_n)$ 的计算式

$H(X_1X_2\cdots X_n)=H(X_1)+H(X_2|X_1)+H(X_3|X_1X_2)+\cdots+H(X_n|X_1X_2\cdots X_{n-1})$

由 $I(X_2;X_1)\geqslant 0$ 可得 $H(X_2)\geqslant H(X_2|X_1)$；

由 $I(X_3;X_1X_2)\geqslant 0$ 可得 $H(X_3)\geqslant H(X_3|X_1X_2)$；

以此类推，由 $I(X_N;X_1X_2\cdots X_{N-1})\geqslant 0$ 可推出 $H(X_N)\geqslant H(X_N|X_1X_2\cdots X_{N-1})$；

所以，$H(X_1X_2\cdots X_n)\leqslant H(X_1)+H(X_2)+H(X_3)+\cdots+H(X_n)$。

注：本题考查的知识点是 2.2.6 节熵的性质。题解：(1)序列联合熵的计算方法；(2)条件熵总是小于无条件熵，且条件越多，熵越小。

40. 一个马尔可夫过程的基本符号集为{0,1,2}，这 3 个符号等概率出现，并且具有相同的转移概率，试：(1)求稳定状态下的一阶马尔可夫信源熵 H_1 和信源冗余度；(2)求稳定状态下二阶马尔可夫信源熵 H_2 和信源冗余度。

解答：(1) 3 符号的一阶马尔可夫过程，共 3 个状态，每个状态转移到其他状态的概率均为 $\frac{1}{3}$。设状态的平稳分布 $\boldsymbol{W}=[w_1 \ w_2 \ w_3]$，根据 $\begin{cases}\boldsymbol{W}\cdot\boldsymbol{P}=\boldsymbol{W}\\ \sum_i w_i=1\end{cases}$，可求得 $\boldsymbol{W}=\left(\frac{1}{3},\frac{1}{3},\frac{1}{3}\right)$。

一阶马尔可夫信源熵 $H_1=H\left(\frac{1}{3},\frac{1}{3},\frac{1}{3}\right)=1.585$bit/符号；

此信源的冗余度 $r=1-\dfrac{H_1}{H_0}=0$。

(2) 二阶马尔可夫信源有 9 种状态，同样根据上述方程组求得状态的平稳分布 $\boldsymbol{W} = \left(\frac{1}{9}, \frac{1}{9}, \frac{1}{9}, \frac{1}{9}, \frac{1}{9}, \frac{1}{9}, \frac{1}{9}, \frac{1}{9}, \frac{1}{9}\right)$，则二阶马尔可夫信源熵 $H_2 = 9 \times \frac{1}{9} \log 3 = 1.585$ bit/符号。

冗余度 $r = 1 - \frac{H_2}{H_0} = 0$。

注：本题考查的知识点是 2.3.2 节离散有记忆信源的序列熵和 2.5 节信源的冗余度。解题方法为：(1) 计算马尔可夫信源的稳态概率；(2) 根据冗余度的定义计算冗余度。

41. 某一阶马尔可夫信源的状态转移如图 2.7 所示，信源符号集为 $X = \{0, 1, 2\}$，并定义 $\bar{p} = 1 - p$。试求：(1) 信源的极限熵 H_∞；(2) p 取何值时 H_∞ 取最大值。

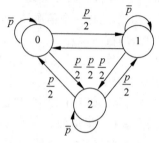

图 2.7 题 41 的图

解答：(1) 从图 2.7 可以看出，该马尔可夫信源的一步转移矩阵 $\boldsymbol{P} = \begin{bmatrix} \bar{p} & \frac{p}{2} & \frac{p}{2} \\ \frac{p}{2} & \bar{p} & \frac{p}{2} \\ \frac{p}{2} & \frac{p}{2} & \bar{p} \end{bmatrix}$，设

其状态的稳态概率 $\boldsymbol{W} = \begin{bmatrix} w_1 & w_2 & w_3 \end{bmatrix}$，求解方程组 $\begin{cases} w_1 = \bar{p} w_1 + \frac{p}{2} w_2 + \frac{p}{2} w_3 \\ w_2 = \frac{p}{2} w_1 + \bar{p} w_2 + \frac{p}{2} w_3 \\ w_3 = \frac{p}{2} w_1 + \frac{p}{2} w_2 + \bar{p} w_3 \\ w_1 + w_2 + w_3 = 1 \end{cases}$，求得 $w_1 = w_2 = w_3 = \frac{1}{3}$。

所以，信源的极限熵

$$H_\infty = \sum_{i=1}^{3} w_i H(X | s_i) = w_1 H(X | 0) + w_2 H(X | 1) + w_3 H(X | 2)$$

$$= \frac{1}{3} H\left(\bar{p}, \frac{p}{2}, \frac{p}{2}\right) + \frac{1}{3} H\left(\frac{p}{2}, \bar{p}, \frac{p}{2}\right) + \frac{1}{3} H\left(\frac{p}{2}, \frac{p}{2}, \bar{p}\right)$$

$$= (-\bar{p} \log \bar{p} - p \log p + p) \text{bit}/符号$$

(2) 因为 $H_\infty = -(1-p)\log(1-p) - p\log p + p$，等式两边对 p 求一阶导数得

$$\frac{\partial H_\infty}{\partial p} = \log(1-p) + \frac{1}{\ln 2} - \log p - \frac{1}{\ln 2} + 1 = \log(1-p) - \log p + \log 2 = \log \frac{2(1-p)}{p}$$

令 $\frac{\partial H_\infty}{\partial p} = 0$，得 $\log \frac{2(1-p)}{p} = 0$。所以当 $p = \frac{2}{3}$ 时，信源的极限熵达到最大值。

注：本题考查的知识点是 2.3.2 节离散有记忆信源的序列熵。解题方法为：(1) 计算马尔可夫信源的稳态概率；(2) 根据马尔可夫信源的极限熵公式求极限熵。

42. 三状态马尔可夫信源状态转移如图 2.8 所示,试:(1)列出状态转移概率矩阵;(2)列出符号条件概率矩阵;(3)求出稳定后的状态概率分布;(4)求出稳定后的符号概率分布;(5)计算极限熵 $H_\infty(X)$。

解答:(1)该马尔可夫信源的状态转移概率矩阵

$$\boldsymbol{P}=[p(s_j|s_i)]=\begin{bmatrix}0.1 & 0 & 0.9 \\ 0.5 & 0 & 0.5 \\ 0 & 0.2 & 0.8\end{bmatrix};$$

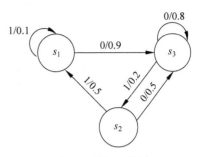

图 2.8 题 42 的图

(2)由图 2.8 可知,$p(0|s_1)=0.9, p(0|s_2)=0.5, p(0|s_3)=0.8, p(1|s_1)=0.1, p(1|s_2)=0.5, p(1|s_3)=0.2$,则符号状态概率矩阵 $[p(x_j|s_i)]=\begin{bmatrix}0.9 & 0.1 \\ 0.5 & 0.5 \\ 0.8 & 0.2\end{bmatrix}$;

(3)设稳定后的状态概率 $\boldsymbol{W}=\begin{bmatrix}w_1 & w_2 & w_3\end{bmatrix}$,列方程组 $\begin{cases}\boldsymbol{W}\cdot\boldsymbol{P}=\boldsymbol{W} \\ \sum_i w_i=1\end{cases}$,求稳定后的状态概率分布,得 $w_1=\dfrac{5}{59}, w_2=\dfrac{9}{59}, w_3=\dfrac{45}{59}$。

(4)由稳定后的状态概率和符号状态转移概率可以得到稳定后的符号概率分布 $p_0=0.9w_1+0.5w_2+0.8w_3=\dfrac{45}{59}, p_1=0.1w_1+0.5w_2+0.2w_3=\dfrac{14}{59}$。

(5)该信源的极限熵

$$H_\infty(X)=\sum_{i=1}^3 w_i H(X|s_i)=\dfrac{5}{59}H(0.9,0.1)+\dfrac{9}{59}H(0.5,0.5)+\dfrac{45}{59}H(0.8,0.2)$$
$$=0.743\text{bit/符号}$$

注:本题考查的知识点是 2.1.3 节马尔可夫信源、2.3.2 节离散有记忆信源的序列熵。题解为:(1)计算马尔可夫信源的稳态概率;(2)根据马尔可夫信源的极限熵公式求极限熵。

43. 已知一阶马尔可夫信源,其转移概率矩阵 $p(s_j|s_i)=\begin{bmatrix}\dfrac{2}{3} & \dfrac{1}{3} \\ 1 & 0\end{bmatrix}$,试:(1)求出稳定后的状态概率分布;(2)计算该马尔可夫信源的极限熵。

解答:(1)设该信源的稳定状态概率 $\boldsymbol{W}=\begin{bmatrix}w_1 & w_2\end{bmatrix}$,联立方程 $\begin{cases}\boldsymbol{W}=\boldsymbol{W}\cdot\boldsymbol{P} \\ w_1+w_2=1\end{cases}$,求解该方程组可以得到 $w_1=\dfrac{3}{4}, w_2=\dfrac{1}{4}$。

(2)该信源的符号状态转移概率矩阵 $[p(x_j|s_i)]=\begin{bmatrix}\dfrac{2}{3} & \dfrac{1}{3} \\ 1 & 0\end{bmatrix}$,所以 $H(X|s_1)=\dfrac{2}{3}\log_2\left(\dfrac{3}{2}\right)+\dfrac{1}{3}\log_2 3=0.918, H(X|s_2)=0$,根据马尔可夫信源极限熵的计算公式可得极限熵

$$H_\infty(X) = w_1 H(X \mid s_1) + w_2 H(X \mid s_2) = \frac{3}{4} \times 0.918 + \frac{1}{4} \times 0 = 0.688 \text{bit/符号}$$

注：本题考查的知识点是 2.1.3 节马尔可夫信源、2.3.2 节离散有记忆信源的序列熵。题解为：(1)计算马尔可夫信源的稳态概率；(2)根据马尔可夫信源的极限熵公式求极限熵。

44. 有两个同时输出消息的信源 X 和 Y，第一个信源 $X \in \{a,b,c\}$，第二个信源 $Y \in \{d,e,f,g\}$，信源 X 各消息出现的概率为 $p(x=a) = \frac{1}{2}$，$p(x=b) = \frac{1}{3}$，$p(x=c) = \frac{1}{6}$；信源 Y 各消息出现的条件概率 $p(y|x)$ 如表 2.4 所示，求联合信源的熵 $H(XY)$、条件熵 $H(Y|X)$、$H(Y)$ 和 $H(XY)_{\max}$。

表 2.4　题 44 的条件概率

$p(y_j\|x_i)$	X	a	b	c
Y	d	1/4	3/10	1/6
	c	1/4	1/5	1/2
	e	1/4	1/5	1/6
	f	1/4	3/10	1/6

解答：信源 X,Y 输出的每一对消息出现的联合概率 $p(xy) = p(x)p(y|x)$，由题意可得联合概率的计算结果如表 2.5 所示。

表 2.5　题 44 的联合概率 $p(xy)$

$p(x_iy_j)$	a	b	c
d	1/8	1/10	1/36
e	1/8	1/15	1/12
f	1/8	1/15	1/36
g	1/8	1/10	1/36

根据联合熵的计算公式可得

$$H(XY) = -\sum_i \sum_j p(x_iy_j) \log p(x_iy_j)$$

$$= -4 \times \frac{1}{8} \log \frac{1}{8} + 2 \times \frac{1}{10} \log \frac{1}{10} + 2 \times \frac{1}{15} \log \frac{1}{15} + \frac{1}{12} \log \frac{1}{12} + 3 \times \frac{1}{36} \log \frac{1}{36}$$

$$= 3.417 \text{bit/符号}$$

条件熵

$$H(Y \mid X) = -\sum_i \sum_j p(x_iy_j) \log p(y_j \mid x_i)$$

$$= 4 \times \frac{1}{8} \log 4 + 2 \times \frac{1}{10} \log \frac{10}{3} + 2 \times \frac{1}{15} \log 5 + \frac{1}{12} \log 2 + 3 \times \frac{1}{36} \log 6$$

$$= 1.956 \text{bit/符号}$$

信源 Y 输出符号 d 的概率

$$p(d) = \sum_i p(x_i,d) = \sum_i p(x_i)p(d \mid x_i)$$
$$= p(a)p(d \mid a) + p(b)p(d \mid b) + p(c)p(d \mid c)$$
$$= \frac{1}{2} \times \frac{1}{4} + \frac{1}{3} \times \frac{3}{10} + \frac{1}{6} \times \frac{1}{6} = \frac{91}{360}$$

同理,求出信源 Y 输出符号 e、f 和 g 的概率为

$$p(e) = \frac{1}{8} + \frac{1}{15} + \frac{1}{12} = \frac{33}{120}, \quad p(f) = \frac{1}{8} + \frac{1}{15} + \frac{1}{36} = \frac{79}{360}, \quad p(g) = \frac{1}{8} + \frac{1}{10} + \frac{1}{36} = \frac{91}{360}$$

因此,可计算得到

$$H(Y) = H\left(\frac{91}{360}, \frac{33}{120}, \frac{79}{360}, \frac{91}{360}\right) = 1.997 \text{bit/符号}$$

信源 X 的熵 $H(X) = H\left(\frac{1}{2}, \frac{1}{3}, \frac{1}{6}\right) = 1.416 \text{bit/符号}$

则 XY 集合上的联合熵 $H(XY)$ 的最大值

$$H(XY)_{\max} = H(X) + H(Y) = 3.458 \text{bit/符号}$$

注:本题考查的知识点是 2.3.2 节离散有记忆信源的序列熵。题解为:利用定义式计算信息熵、条件熵和联合熵。

第3章

信道与信道容量

本章学习重点:

- 信道的分类及参数表示。
- 信道容量的定义。
- 离散单个符号信道的定义及其容量计算方法。
- 离散序列信道的定义及其容量计算。
- 连续信道的定义及其容量计算。

3.1 知识点

3.1.1 信道和信道的数学模型

1. 信道

信道是传输信息的通道,其任务是以信号方式传输信息、存储信息,研究信道就是研究信道中理论上能够传输或存储的最大信息量,即信道的容量问题。

2. 信道的数学模型

设信道的输入矢量 $\boldsymbol{X}=(X_1,X_2,\cdots,X_i,\cdots)$,$X_i \in A=\{a_1,a_2,\cdots,a_n\}$;输出矢量 $\boldsymbol{Y}=(Y_1,Y_2,\cdots,Y_j,\cdots)$,$Y_j \in B=\{b_1,b_2,\cdots,b_m\}$,通常用条件概率 $p(\boldsymbol{Y}|\boldsymbol{X})$(又称信道的转移概率)描述信道输入、输出信号之间统计的依赖关系。

1) 无干扰信道

信道的输出与输入之间有确定的关系 $\boldsymbol{Y}=f(\boldsymbol{X})$,转移概率

$$p(\boldsymbol{Y}|\boldsymbol{X})=\begin{cases}1, & \boldsymbol{Y}=f(\boldsymbol{X})\\ 0, & \boldsymbol{Y}\neq f(\boldsymbol{X})\end{cases}$$

2) 有干扰无记忆信道

信道的输出与输入之间没有确定的关系,转移概率满足

$$p(\boldsymbol{Y}|\boldsymbol{X})=p(y_1|x_1)p(y_2|x_2)\cdots p(y_L|x_L)$$

按输入、输出符号数目,又可将这类信道分为

(1) 二进制离散信道;

(2) 离散无记忆信道;

(3) 离散输入、连续输出信道;

(4) 波形信道。

3) 有干扰有记忆信道

实际的数字信道中,信道特性不理想,存在码间干扰,当前输出不仅与当前的输入有关,还与以前的输入有关,处理较困难。

3. 信道容量的定义

信道能传送的最大信息量,即信道容量(channel capacity),定义为

$$C = \max_{p(a_i)} I(X;Y)$$

信息传输率:$R = I(X;Y)$

信息传输速率:$R_t = \frac{1}{t} I(X;Y)$

3.1.2 离散单符号信道及其容量

离散单符号信道中,信道输入 $X \in A = \{a_1, a_2, \cdots, a_n\}$,输出 $Y \in B = \{b_1, b_2, \cdots, b_m\}$。

1. 对称离散无记忆信道容量的计算

信道的转移概率矩阵行对称,列也对称,即离散无记忆信道(discrete memoryless channel,DMC)输入对称,输出也对称。输入分布等概率时,对称 DMC 信道的容量为

$$C = \log m - H(Y \mid a_i) = \log m + \sum_{j=1}^{m} p_{ij} \log p_{ij}$$

式中,m 为输出符号集中符号的个数;$p(b_j \mid a_i)$ 简写为 p_{ij}。

2. 准对称 DMC 信道

准对称 DMC 信道输入对称、输出不对称,此时信道容量 $C \leqslant \log m + \sum_{j=1}^{m} p_{ij} \log p_{ij}$。可将准对称的转移概率矩阵划分成若干互不相交的对称的子集,当输入分布等概率时,得到信道容量

$$C = \log n - H(p'_1, p'_2, \cdots, p'_s) - \sum_{k=1}^{r} N_k \log M_k$$

式中,n 是输入符号个数;$p'_1, p'_2, \cdots, p'_s$ 是转移概率矩阵 $\boldsymbol{P}$ 中一行的元素,即 $H(p'_1, p'_2, \cdots, p'_s) = H(Y \mid a_i)$;$N_k$ 是第 k 个子矩阵中行元素之和,$N_k = \sum_j p(b_j \mid a_i)$;$M_k$ 是第 k 个子矩阵中列元素之和,$M_k = \sum_i p(b_j \mid a_i)$;$r$ 是互不相交的子集个数。

3.1.3 离散序列信道及其容量

离散序列信道中,序列长度为 L,输入 $\boldsymbol{X} = (X_1, X_2, \cdots, X_L)$,输出 $\boldsymbol{Y} = (Y_1, Y_2, \cdots, Y_L)$。

如果信道无记忆,则 $I(\boldsymbol{X}; \boldsymbol{Y}) \leqslant \sum_{l=1}^{L} I(X_l; Y_l)$。

如果输入矢量 $\boldsymbol{X}$ 中的各个分量相互独立,则 $I(\boldsymbol{X};\boldsymbol{Y}) \geqslant \sum_{l=1}^{L} I(X_l;Y_l)$。

如果输入矢量 $\boldsymbol{X}$ 独立且信道无记忆,则等号成立。当输入矢量达到最佳分布时,

$$C = \max_{P_X} I(\boldsymbol{X};\boldsymbol{Y}) = \max_{P_X} \sum_{l=1}^{L} I(X_l;Y_l) = \sum_{l=1}^{L} \max_{P_X} I(X_l;Y_l) = \sum_{l=1}^{L} C(l)$$

当信道平稳时,$C_L = LC_1$。

3.1.4 连续信道及其容量

1. 连续单符号加性信道

输入 x、输出 y 都是取值连续的一维随机变量,加入信道的噪声是均值为零、方差为 σ^2 的加性高斯噪声,概率密度函数为 $p_n(n) = N(0, \sigma^2)$。由于 $y = x + n$,$p_Y(y) = N(0, P)$,所以 $p_X(x) = N(0, S)$,即当信道输入是均值为零、方差为 S 的高斯分布随机变量时,信息传输率达到最大值

$$C = \frac{1}{2}\log 2\pi eP - \frac{1}{2}\log 2\pi e\sigma^2 = \frac{1}{2}\log\left(1 + \frac{S}{\sigma^2}\right)$$

2. 多维无记忆加性连续信道

输入输出都是随机序列,由于信道无记忆,因此 L 维加性无记忆高斯加性信道可等价成 L 个独立的并联高斯加性信道。当且仅当输入矢量 $\boldsymbol{X}$ 中的各分量统计独立,且各分量均为均值为零、方差为 P_l 的高斯变量时,信道容量

$$C = \max_{p(x)} I(\boldsymbol{X};\boldsymbol{Y}) = \sum_{l=1}^{L} \frac{1}{2}\log\left(1 + \frac{P_l}{\sigma_l^2}\right) \text{bit}/L \text{ 维自由度}$$

式中,σ_l^2 是第 l 个单元时刻高斯噪声的方差。

3. 限时限频限功率加性高斯白噪信道

输入信号的平均功率限制为 P_s、噪声双边功率谱密度为 $\frac{N_0}{2}$、带宽为 W 的带限加性高斯白噪信道 T 秒内的信道容量

$$C = WT\log\left(1 + \frac{P_s}{N_0 W}\right) \text{bit}/L \text{ 维}$$

则每秒信道容量

$$C_t = W\log\left(1 + \frac{P_s}{N_0 W}\right) \text{bit/s}$$

这就是著名的香农公式。

当 $W \to \infty$ 时,

$$C_\infty = \frac{P_s}{N_0}\log_2 e \text{ bit/s}$$

上式说明,即使带宽无限,信道容量仍是有限的。当 $C_\infty = 1\text{bit/s}$ 时,$\frac{P_s}{N_0} = -1.6\text{dB}$,即带宽不受限制时,传送 1bit 信息,信噪比最低只需 -1.6dB,这就是香农限,是加性高斯噪声信道信息传输率的极限值,也是一切编码方式所能达到的理论极限。实际应用中,若要保证可靠通信,信噪比往往比这个值大得多。

3.2 习题详解

3.2.1 选择题

1. 在数字与数据通信中,通信的可靠性指标一般用(　　)来表示;在连续波形信道中,通信的可靠性指标一般用(　　)来表示。

　　A. 平均误码率　　　B. 误比特率　　　C. 信噪比　　　D. 平均信噪比

解答:A、C

2. 在有扰离散信道上传输符号 1 和 0,传输过程中每 100 个符号发生一个错传的符号。已知 $p(0)=0.5, p(1)=0.5$,信道每秒内允许传输 1000 个符号,则该信道的信道容量为(　　)。

　　A. 230bit/s　　　B. 460bit/s　　　C. 840bit/s　　　D. 920bit/s

解答:D。此时信道的转移概率矩阵 $\boldsymbol{P} = \begin{bmatrix} 0.99 & 0.01 \\ 0.01 & 0.99 \end{bmatrix}$,信道容量 $C = 1 - H(0.99, 0.01) = 0.92$ bit/符号。

3. 某一待传输的图片约含 2.25×10^6 个像素,为了很好地描述图片,每个像素有 12 个亮度电平值。假设所有这些亮度电平等概率出现,设信道中信噪比为 30dB,则用 3 分钟传送一张图片时所需的信道带宽约为(　　)。

　　A. 8.96kHz　　　B. 4.48kHz　　　C. 2.48kHz　　　D. 2.4kHz

解答:B。这幅图片包含的信息量为 $2.25 \times 10^6 \times \log_2 12$ bit,3 分钟传送,则信息传输速率为 $\frac{2.25 \times 10^6 \times \log_2 12}{180}$ bit/s $= 4.447 \times 10^4$ bit/s。由香农公式,可求得所需带宽 $W = \frac{4.47 \times 10^4}{\log_2(1+1000)} = 4.48 \times 10^3$ Hz。

4. 当 $\frac{E_b}{N_0} = -1.6$dB 时,归一化信道容量 $\frac{C}{W} = ($　　$)$。我们把 -1.6dB 称作香农限,是一切编码方式所能达到的理论极限。

　　A. -1　　　B. $+1$　　　C. 0　　　D. 不确定

解答:C。达到香农限时,归一化信道容量等于 0。

5. 已知一个 DMC 信道的转移概率矩阵为 $\begin{bmatrix} 0.5 & 0.3 & 0.2 \\ 0.3 & 0.5 & 0.2 \end{bmatrix}$,则该信道的信道容量为(　　)。

　　A. 0.036bit/符号　　　　　　B. 0.072bit/符号
　　C. 0.01bit/符号　　　　　　D. 0.032bit/符号

解答:A。利用准对称 DMC 信道的容量计算方法计算。

6. 二元删除信道的转移概率矩阵为 $\begin{bmatrix} 0.5 & 0.5 & 0 \\ 0 & 0.5 & 0.5 \end{bmatrix}$,则该信道的信道容量为(　　)。

　　A. 0bit/符号　　　B. 0.5bit/符号　　　C. 0.05bit/符号　　　D. 1bit/符号

解答：B。

7. 信道的输入集 X 的概率分布 $\boldsymbol{P}_X = \begin{bmatrix} \frac{1}{4} & \frac{3}{4} \end{bmatrix}$，信道的转移概率矩阵为 $\begin{bmatrix} \frac{1}{2} & \frac{1}{2} & 0 \\ 0 & \frac{1}{3} & \frac{2}{3} \end{bmatrix}$，则输出集 Y 的概率分布为(   )。

  A. $\boldsymbol{P}_Y = \begin{bmatrix} \frac{1}{8} & \frac{3}{8} & \frac{1}{2} \end{bmatrix}$ B. $\boldsymbol{P}_Y = \begin{bmatrix} \frac{1}{3} & \frac{1}{3} & \frac{1}{3} \end{bmatrix}$

  C. $\boldsymbol{P}_Y = \begin{bmatrix} \frac{1}{4} & \frac{3}{8} & \frac{1}{8} \end{bmatrix}$ D. $\boldsymbol{P}_Y = \begin{bmatrix} \frac{3}{8} & \frac{1}{2} & \frac{1}{8} \end{bmatrix}$

解答：A。由 p_X 和 $p(y|x)$ 计算联合概率 $p(xy)$，再计算出 p_Y。

8. 离散无损信道指的是熵(   )为 0 的信道。

  A. $H(Y|X)$ B. $H(XY)$ C. $H(X|Y)$ D. $H(Y)$

解答：C。$H(X|Y)$ 是损失熵，可看作由于信道上存在干扰和噪声而损失的平均信息量。

9. 离散无噪信道指的是熵(   )为 0 的信道。

  A. $H(Y|X)$ B. $H(XY)$ C. $H(X|Y)$ D. $H(Y)$

解答：A。$H(Y|X)$ 可看作唯一地确定信道噪声所需要的平均信息量，又称噪声熵。

10. 某 DMC 信道的转移概率矩阵 $\boldsymbol{P} = \begin{bmatrix} 0 & 0 & 1 & 0 \\ 1 & 0 & 0 & 0 \\ 0 & 0 & 0 & 1 \\ 0 & 1 & 0 & 0 \end{bmatrix}$，该信道的信道容量为(   )。

  A. 2bit/符号   B. 1.585bit/符号
  C. 1bit/符号   D. 0bit/符号

解答：A。直接使用对称信道的信道容量计算公式。

11. 信道是传递消息的通道，又是传送物理信号的设施。研究信道主要是研究(   )问题。

  A. 物理信号的形式   B. 信道容量的大小
  C. 输入信号的概率分布   D. 信道的转移函数矩阵

解答：B。

12. 描述信道的三要素是(   )。

  A. 信道输入、信道输出、信道的转移概率矩阵
  B. 信道输入的统计概率空间、信道输出的统计概率空间、信道本身的统计特性
  C. 信道输入的符号空间、信道输出的符号空间、信道的转移概率矩阵
  D. 信道的输入符号集、信道的输出符号集、信道本身的统计特性

解答：B。

13. 无干扰信道指的是信道的概率特性满足(   )。

  A. $p(x|y)=0$ B. $p(xy)=0$
  C. $p(y|x)=0$ D. 以上都不对

解答：C。

14. 根据香农公式，信道容量一定时，用信噪比换带宽，是（　　）的基本原理。
    A. 现代扩频通信　　　　　　　　B. 多进制多电平多维星座调制通信方式
    C. 弱信号累积接收　　　　　　　D. 脉冲编码调制

解答：B。由香农公式知，信道容量一定时，信噪比和带宽可以互换。信噪比大，所需带宽小，提高频带利用率。

15. 根据香农公式，信道容量一定时，用带宽换信噪比，是（　　）的基本原理。
    A. 现代扩频通信　　　　　　　　B. 多进制多电平多维星座调制通信方式
    C. 弱信号累积接收　　　　　　　D. 脉冲编码调制

解答：A。由香农公式知，信道容量一定时，信噪比和带宽可以互换。若有较大的带宽，则在保持信号功率不变的情况下，可允许较大的噪声，这是无线扩频系统的基本原理。

16. 下面关于均匀信道的说法，不正确的是（　　）。
    A. 均匀信道是对称信道的一个特例　　B. 输入符号数和输出符号数相等
    C. 信道矩阵的各行元素之和为1　　　D. 信道矩阵的各列元素之和不一定为1

解答：D。均匀信道是强对称信道，其信道矩阵的行列都对称，行列的元素和都为1。

17. 独立并联信道的信道容量 C 与各个独立信道的信道容量 C_i 之间的关系为（　　）。

    A. $C \leqslant \sum_{i=1}^{N} C_i$ 　　　　　　　　　　B. $C < \sum_{i=1}^{N} C_i$

    C. $C > \sum_{i=1}^{N} C_i$ 　　　　　　　　　　D. $C \geqslant \sum_{i=1}^{N} C_i$

解答：A。根据多维无记忆加性连续信道及其容量的计算可以得到。

3.2.2　判断题

1. 无记忆离散消息序列信道，其容量 $C \geqslant$ 各个单个消息信道容量之和。

解答：错。信道无记忆，则 $I(\boldsymbol{X};\boldsymbol{Y}) \leqslant \sum_{l=1}^{L} I(X_l;Y_l)$，此时 $C \leqslant$ 各个单个消息信道容量之和。

2. 信道容量 C 是 $I(X;Y)$ 关于 $p(x_i)$ 的条件极大值。

解答：对。

3. 信道无失真传递信息的条件是信息率小于信道容量。

解答：对。

4. 高斯加性信道的信道容量只与信道的信噪比有关。

解答：错。高斯加性信道的信道容量与信道的带宽和信噪比有关。

5. 离散无噪信道的信道容量等于 $\log_2 n$，其中 n 是信源 X 的消息个数。

解答：错。离散无噪信道 $H(Y|X)=0$，信道容量 $C = \max H(Y) = \log_2 m$。

6. 对于固定的信源分布，平均互信息量是信道转移概率的下凸函数。

解答：对。

7. 信道的输出仅与信道当前的输入有关，而与过去输入无关的信道称为无记忆信道。

解答：对。

8. 香农公式应用在波形信道中。

解答：对。

9. 对于准对称 DMC 信道，当 $p(y_j)=\dfrac{1}{m}$ 时，可达到信道容量 C。

解答：对。

10. 只要信息传输率 R 大于信道容量 C，就不可能存在任何一种信道编码能使差错概率任意小。

解答：对。

11. 信道容量随信源概率分布的变化而变化。

解答：错。信道容量只与信道自身的特性有关，不会随信源概率分布的变化而变化。

12. 由香农公式 $C=W\log(1+\text{SNR})$ 可看出，随着带宽无限增加，信道容量也可无限增大。

解答：错。带宽无限增加后，噪声功率也无限增大，信道容量不会无限增大。

13. 为了使系统的信息传输率 R 尽量接近信道容量 C，应使信道输入符号尽量等概率分布，信道尽量对称均衡。

解答：对。

14. 达到信道容量的最佳输入概率分布是唯一的。

解答：错。互信息仅仅与信道转移概率和输出概率分布有关，达到信道容量的输入概率分布不是唯一的，但输出概率分布是唯一的。

15. 独立并联信道的信道容量在输入相互独立时等于各个独立信道的信道容量之和。

解答：对。

3.2.3 填空题

1. 按照信道的物理性质对信道进行分类，可分为恒参信道和_____。

解答：变参信道。

2. 带限 AWGN 波形信道在平均功率受限条件下信道容量的基本公式，也就是有名的香农公式是_____。

解答：$C=W\log(1+\text{SNR})\text{bit/s}$。

3. 条件熵 $H(Y|X)$ 称为噪声熵，它反映了信道中_____。

解答：噪声源的不确定性。

4. 连续单符号加性信道中，平均功率受限的条件下，_____信道危害最大。

解答：高斯白噪声。

5. 设有两个二元信道，它们的信道转移概率矩阵分别为 $\boldsymbol{P}_1=\begin{bmatrix}1 & 0 & 0\\0 & 0 & 1\end{bmatrix}$ 和 $\boldsymbol{P}_2=\begin{bmatrix}\dfrac{1}{2} & \dfrac{1}{3} & \dfrac{1}{6}\\[4pt]\dfrac{1}{6} & \dfrac{1}{2} & \dfrac{1}{3}\\[4pt]\dfrac{1}{3} & \dfrac{1}{6} & \dfrac{1}{2}\end{bmatrix}$，则信道 1 的信道容量 $C_1=$_____，信道 2 的信道容量 $C_2=$_____。两

信道串联后,得到的信道转移概率矩阵为_____,此时的信道容量 $C=$ _____。

解答：1bit/符号；0.126bit/符号；$\boldsymbol{P}=\begin{bmatrix} \frac{1}{2} & \frac{1}{3} & \frac{1}{6} \\ \frac{1}{3} & \frac{1}{6} & \frac{1}{2} \end{bmatrix}$；0.09bit/符号。

6. 已知一个高斯信道,信噪比为 3,频带为 3kHz,此信道最大信息传输速率为_____,若信噪比提高到 15,则理论上传送同样的信息率所需的频带为_____。

解答：6000bit/s；1.5kHz。

3.2.4 名词解释

1. 信道容量

解答：对于某特定信道,若转移概率 $p(b_j|a_i)$ 已经确定,则互信息就是关于输入符号概率分布 $p(a_i)$ 的上凸函数,也就是能找到某种概率分布 $p(a_i)$,使 $I(X;Y)$ 达到最大,该最大值就是信道所能传送的最大信息量,即信道容量。

2. 离散输入对称信道

解答：若一个离散无记忆信道的信道矩阵中,每一行都是其他行的同一组元素的不同排列,则称此类信道为离散输入对称信道。

3. 离散输出对称信道

解答：若一个离散无记忆信道的信道矩阵中,每一列都是其他列的同一组元素的不同排列,则称该类信道为离散输出对称信道。

4. 限时限频限功率信道

解答：限时限频限功率信道指的是输入信号时间限时 t_B、限频 f_m 和平均功率 P_S 受限下的波形信道。

5. 高斯白噪声加性信道

解答：高斯白噪声加性波形信道是指加入信道的噪声是限带的加性高斯白噪声,其均值为 0,功率谱密度为 $\frac{N_0}{2}$。

6. 香农限

解答：带限 AWGN 波形信道在平均功率受限条件下信道容量的基本公式,也就是有名的香农公式 $C=W\log(1+\mathrm{SNR})\mathrm{bit/s}$；当归一化信道容量 $\frac{C}{W}$ 趋近于零时,也即信道完全丧失了通信能力,此时 $\frac{E_b}{N_0}$ 为 $-1.6\mathrm{dB}$,称作香农限,是一切编码方式所能达到的理论极限。

7. 频带利用率

解答：$\frac{C_t}{W}=\log(1+\mathrm{SNR})\mathrm{bit/(s \cdot Hz)}$ 称为单位频带的信息传输率,即频带利用率。该值越大,信道就利用得越充分。

3.2.5 问答题

1. 什么是损失熵、噪声熵？什么是无损信道和确定信道？如信道的转移概率矩阵大小

为 $r×s$，则无损信道和确定信道的信道容量分别为多少？

解答：条件熵 $H(X|Y)$ 称为信道的损失熵或疑义度，损失熵为 0 的信道就是无损信道，信道容量为 $\log r$。条件熵 $H(Y|X)$ 称为信道的噪声熵，噪声熵为 0 的信道就是确定信道，信道容量为 $\log s$。

2. 解释信息传输速率、信道容量、最佳输入分布的概念，说明平均互信息与信源的概率分布、信道的转移概率之间分别有什么关系。

解答：信息传输速率指的是每秒传输信息的量；信道容量是平均互信息在某个输入概率分布下的最大值；平均互信息取得最大值时的输入概率分布为最佳分布。平均互信息是关于信源概率分布的上凸函数，存在最大值；是信道转移概率的下凸函数，存在最小值。

3. 写出二进制均匀信道的转移概率矩阵，并分析输入和输出符号数 $n=2$ 时的信道容量 C。

解答：二进制均匀信道的转移概率矩阵 $\boldsymbol{P} = \begin{bmatrix} 1-\varepsilon & \frac{\varepsilon}{n-1} & \cdots & \frac{\varepsilon}{n-1} \\ \frac{\varepsilon}{n-1} & 1-\varepsilon & \cdots & \frac{\varepsilon}{n-1} \\ \cdots & \cdots & \ddots & \cdots \\ \frac{\varepsilon}{n-1} & \frac{\varepsilon}{n-1} & \cdots & 1-\varepsilon \end{bmatrix}$，信道的输入和输出符号个数相同，都为 n。可以看出，矩阵的对角线元素即为信道的正确传输概率，错误概率 ε 被对称地均分给 $n-1$ 个输出符号。因此，此信道为强对称信道，信道容量为

$$C = \log n - H\left(1-\varepsilon, \frac{\varepsilon}{n-1}, \cdots, \frac{\varepsilon}{n-1}\right)$$

当 $n=2$ 时，即为二进制均匀信道（BSC），信道容量 $C = \log 2 - H(1-\varepsilon, \varepsilon) = 1 - H(\varepsilon)$。

3.2.6 计算题

1. 设二进制对称信道的概率转移矩阵为 $\begin{bmatrix} \frac{2}{3} & \frac{1}{3} \\ \frac{1}{3} & \frac{2}{3} \end{bmatrix}$，(1) 若 $p(x_0) = \frac{3}{4}, p(x_1) = \frac{1}{4}$，求 $H(X)$、$H(X|Y)$、$H(Y|X)$ 和 $I(X;Y)$。(2) 求该信道的信道容量及达到信道容量时的输入概率分布。

解答：(1) 输入 X 的熵 $H(X) = H\left(\frac{3}{4}, \frac{1}{4}\right) = 0.815 \text{bit/符号}$。

联合概率矩阵 $[p(x_i y_j)] = \begin{bmatrix} \frac{1}{2} & \frac{1}{4} \\ \frac{1}{12} & \frac{1}{6} \end{bmatrix}$，由 $p(y_j) = \sum_i p(x_i y_j)$ 可得

$$p(y_0) = \frac{7}{12}, \quad p(y_1) = \frac{5}{12}$$

条件熵

$$H(Y|X) = \sum_{XY} -p(x_i y_j) \log_2 p(y_j|x_i) = \sum_{XY} -p(x_i) p(y_j|x_i) \log_2 p(y_j|x_i)$$
$$= 0.918 \text{bit/符号}$$

由 $p(x_i|y_j) = \dfrac{p(x_i y_j)}{p(y_j)}$ 可得 $[p(x_i|y_j)] = \begin{bmatrix} \dfrac{6}{7} & \dfrac{3}{5} \\ \dfrac{1}{7} & \dfrac{2}{5} \end{bmatrix}$，则

$$H(X|Y) = \sum -p(x_i y_j)\log_2 p(x_i|y_j) = 0.749 \text{bit/符号}$$

$$I(X;Y) = \sum p(x_i y_j)\log_2 \frac{p(x_i|y_j)}{p(x_i)} = 0.066 \text{bit/符号}$$

(2) 信道容量 $C = \log_2 2 - H\left(\dfrac{2}{3}, \dfrac{1}{3}\right) = 1 - 0.918 = 0.082 \text{bit/符号}$。

若要达到信道容量，那么输入应为等概率分布，即 $p(x_0) = p(x_1) = 0.5$。

注：本题考查的知识点是 2.2.3 节互信息和 3.2.2 节对称离散无记忆信道。题解为：(1)求互信息；(2)互信息的条件极值即为信道容量。

2. 某信源发送端发出 2 个符号 $\{x_1, x_2\}$，$p(x_1) = a$，每秒发出一个符号。接收端有 3 种符号 $\{y_1, y_2, y_3\}$，信道的转移概率矩阵 $\boldsymbol{P} = \begin{bmatrix} \dfrac{1}{2} & \dfrac{1}{2} & 0 \\ \dfrac{1}{2} & \dfrac{1}{4} & \dfrac{1}{4} \end{bmatrix}$。(1)计算接收端的平均不确定度；(2)计算由于噪声产生的不确定度 $H(Y|X)$；(3)计算该信道的信道容量。

解答：(1) 由 $p(x_i y_j) = p(y_j|x_i)p(x_i)$ 求出 $p(x_i y_j)$，再由 $p(y_j) = \sum_i p(x_i y_j)$ 求出 $p(y_j)$。

接收端的平均不确定度

$$H(Y) = \sum -p(y_j)\log_2 p(y_j) = \left[\frac{3}{2} - \frac{1+a}{4}\log(1+a) - \frac{1-a}{4}\log(1-a)\right] \text{bit/符号}$$

(2) 由于噪声产生的不确定度

$$H(Y|X) = \sum -p(x_i y_j)\log_2 p(y_j|x_i) = \sum -p(x_i)p(y_j|x_i)\log_2 p(y_j|x_i)$$

$$= \frac{3-a}{2} \text{bit/符号}$$

(3) 由信道容量的定义可得

$$C = I(X;Y)_{\max} = \max[H(Y) - H(Y|X)]$$

$$= \max\left[\frac{1}{2}a - \frac{1+a}{4}\log_2(1+a) - \frac{1-a}{4}\log_2(1-a)\right]$$

由 $\dfrac{\partial I(X;Y)}{\partial a} = 0$，可得 $a = 0.6$，则信道容量 $C = 0.16 \text{bit/符号}$。

注：本题考查的知识点是 2.2.3 节互信息和 3.2.2 节对称离散无记忆信道。题解为：(1)求互信息；(2)互信息的条件极值即为信道容量。

3. 已知信道的转移概率如图 3.1 所示，输入 X 等概率分布，求平均互信息。

解答：先求各个概率。

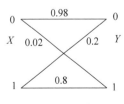

图 3.1　题 3 的图

由题意,信道的转移概率矩阵 $[p(y_j|x_i)] = \begin{bmatrix} 0.98 & 0.02 \\ 0.2 & 0.8 \end{bmatrix}$,$X$ 等概率分布,则联合概率矩阵 $[p(x_i y_j)] = \begin{bmatrix} 0.49 & 0.01 \\ 0.1 & 0.4 \end{bmatrix}$。

由 $p(y_j) = \sum_i p(x_i y_j)$,可得 $p(y_0) = 0.49 + 0.1 = 0.59$,$p(y_1) = 0.01 + 0.4 = 0.41$。

再求熵:
$$H(X) = H(0.5, 0.5) = 1\text{bit/符号}$$
$$H(Y) = H(0.59, 0.41) = 0.977\text{bit/符号}$$
$$H(XY) = -\sum_{XY} p(x_i y_j) \log p(x_i y_j) = 1.43\text{bit/符号}$$

则 $I(X;Y) = H(X) + H(Y) - H(XY) = 1 + 0.977 - 1.43 = 0.547\text{bit/符号}$。

注:本题考查的知识点是 2.2.3 节互信息和 3.2 节离散单个符号信道及其容量。题解为(1)求联合概率和输出符号概率分布;(2)根据熵和互信息的关系求互信息。

4. 求下列两个信道的信道容量,并加以比较。

(1) $\begin{bmatrix} 1-p-\varepsilon & p-\varepsilon & 2\varepsilon \\ p-\varepsilon & 1-p-\varepsilon & 2\varepsilon \end{bmatrix}$

(2) $\begin{bmatrix} 1-p-\varepsilon & p-\varepsilon & 2\varepsilon & 0 \\ p-\varepsilon & 1-p-\varepsilon & 0 & 2\varepsilon \end{bmatrix}$

解答:(1)将 $\begin{bmatrix} 1-p-\varepsilon & p-\varepsilon & 2\varepsilon \\ p-\varepsilon & 1-p-\varepsilon & 2\varepsilon \end{bmatrix}$ 分解,可得 $\begin{bmatrix} 1-p-\varepsilon & p-\varepsilon \\ p-\varepsilon & 1-p-\varepsilon \end{bmatrix}$ 和 $\begin{bmatrix} 2\varepsilon \\ 2\varepsilon \end{bmatrix}$。利用公式 $C = \log n - H(p_1', p_2', \cdots, p_s') - \sum_k N_k \log M_k$,可以求出该信道的信道容量

$$C_1 = 1 - H(1-p-\varepsilon, p-\varepsilon, 2\varepsilon) - [2\varepsilon \log 4\varepsilon + (1-2\varepsilon) \log(1-2\varepsilon)]$$

(2)将 $\begin{bmatrix} 1-p-\varepsilon & p-\varepsilon & 2\varepsilon & 0 \\ p-\varepsilon & 1-p-\varepsilon & 0 & 2\varepsilon \end{bmatrix}$ 分解,可得 $\begin{bmatrix} 1-p-\varepsilon & p-\varepsilon \\ p-\varepsilon & 1-p-\varepsilon \end{bmatrix}$ 和 $\begin{bmatrix} 2\varepsilon & 0 \\ 0 & 2\varepsilon \end{bmatrix}$,利用公式 $C = \log n - H(p_1', p_2', \cdots, p_s') - \sum_k N_k \log M_k$ 可以求出该信道的信道容量

$$C_2 = 1 - H(1-p-\varepsilon, p-\varepsilon, 2\varepsilon) - [2\varepsilon \log 2\varepsilon + (1-2\varepsilon) \log(1-2\varepsilon)]$$

由于 $0 < \varepsilon < 0.5$,所以 $C_1 < C_2$。

注:本题考查的知识点是 3.2.3 节准对称离散无记忆信道。题解为:(1)将准对称信道的转移概率矩阵 P 进行分解;(2)根据准对称 DMC 信道容量的计算公式求 C。

5. 设有扰离散信道的传输情况如图 3.2 所示。求出该信道的信道容量。

解答:由图中的转移概率可得该信道的概率转移矩阵

$$\boldsymbol{P} = \begin{bmatrix} 0.5 & 0.5 & 0 & 0 \\ 0 & 0.5 & 0.5 & 0 \\ 0 & 0 & 0.5 & 0.5 \\ 0.5 & 0 & 0 & 0.5 \end{bmatrix}$$

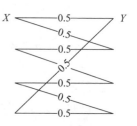

图 3.2 题 5 的图

可知,该信道为对称 DMC 信道,则该信道的信道容量

$$C = \log_2 4 - H(0.5, 0.5, 0, 0) = 2 - 1 = 1\text{bit/符号}$$

注：本题考查的知识点是 3.2.2 节对称离散无记忆信道。题解为：(1) 先求出信道的转移概率矩阵；(2) 根据对称 DMC 信道的信道容量计算公式求解 C。

6. 发送端发出 3 种等概率符号 (x_1, x_2, x_3)，接收端收到 3 种符号 (y_1, y_2, y_3)，信道转移概率矩阵 $\boldsymbol{P} = \begin{bmatrix} 0.5 & 0.3 & 0.2 \\ 0.4 & 0.3 & 0.3 \\ 0.1 & 0.9 & 0 \end{bmatrix}$。求：(1) 接收端收到一个符号后得到的信息量 $H(Y)$；(2) 计算噪声熵 $H(Y|X)$；(3) 计算当接收端收到一个符号 y_2 的错误概率；(4) 计算从接收端看的平均错误概率；(5) 计算从发送端看的平均错误概率；(6) 从转移矩阵中能看出该信道的好坏吗？(7) 计算发送端的 $H(X)$ 和 $H(X|Y)$。

解答：(1) 联合概率矩阵 $[p(x_i y_j)] = \begin{bmatrix} \dfrac{1}{6} & \dfrac{1}{10} & \dfrac{1}{15} \\ \dfrac{2}{15} & \dfrac{1}{10} & \dfrac{1}{10} \\ \dfrac{1}{30} & \dfrac{3}{10} & 0 \end{bmatrix}$，输出的概率分布为 $p(y_1) = \dfrac{1}{3}$，$p(y_2) = \dfrac{1}{2}, p(y_3) = \dfrac{1}{6}$，则 $H(Y) = H\left(\dfrac{1}{3}, \dfrac{1}{2}, \dfrac{1}{6}\right) = 1.46 \text{bit/符号}$。

(2) 噪声熵 $H(Y|X)$
$$H(Y|X) = \sum -p(x_i y_j) \log_2 p(y_j|x_i)$$
$$= \sum -p(x_i) p(y_j|x_i) \log_2 p(y_j|x_i) = 1.18 \text{bit/符号}$$

(3) 接收端收到一个符号 y_2 的正确概率为 $p(x_2|y_2) = \dfrac{p(x_2) p(y_2|x_2)}{p(y_2)} = 0.2$，相应的错误概率为 $p_{e2} = 1 - 0.2 = 0.8$。

(4) 同理，可计算出接收端收到符号 y_1 和 y_3 的正确概率分别为 $p_1 = 0.5, p_3 = 0$，则相应的错误概率分别为 $p_{e1} = 0.5, p_{e3} = 1$。

则从接收端看的平均错误概率 $p_{\text{eavg}} = E[p_{ej}] = \sum_j p(y_j)[1 - p(x_i|y_j)] = 0.73$。

(5) 类似地，从发送端看的平均错误概率为 $\sum p(x_i)[1 - p(y_j|x_i)] = 0.73$。

(6) 从转移概率 $p(x_3|y_3) = 0$ 可以看出，该信道传输的错误概率较大，所以较差。

(7) 发送端，$H(X) = \sum -p(x_i) \log_2 p(x_i) = 1.58 \text{bit/符号}$

由 $p(x_i|y_j) = \dfrac{p(x_i y_j)}{p(y_j)}$ 可得 $[p(x_i|y_j)] = \begin{bmatrix} \dfrac{1}{2} & \dfrac{1}{5} & \dfrac{2}{5} \\ \dfrac{2}{5} & \dfrac{1}{5} & \dfrac{3}{5} \\ \dfrac{1}{10} & \dfrac{3}{5} & 0 \end{bmatrix}$，则

$$H(X|Y) = \sum -p(x_i y_j) \log_2 p(x_i|y_j) = 1.3 \text{bit/符号}$$

注：本题考查的知识点是 2.2.2 节离散信源熵、2.2.3 节互信息和 3.1.3 节信道容量的定义。提示：(1) 本题中隐含的译码规则是，收到 y_1 则译码为 x_1，收到 y_2 则译码为 x_2，收

到 y_3 则译码为 x_3；(2)平均错误概率即为错误概率的数学期望。

7. 已知一个 DMC 信道的转移概率矩阵为 $\begin{bmatrix} 0.5 & 0.2 & 0.3 \\ 0.3 & 0.5 & 0.2 \\ 0.2 & 0.3 & 0.5 \end{bmatrix}$，传输一个符号所需的时间为 1ms，求该信道能通过符号的最大速率。

解答：从信道的转移概率矩阵知该信道为对称信道，则该信道的信道容量

$$C = \log_2 3 - H(Y|x_i) = 1.585 - (0.5 + 0.464 + 0.521) = 0.1 \text{bit/符号}$$

传输一个符号所需的时间为 1ms，则该信道能通过符号的最大速率为 $0.1 \times 1000 = 100$ bit/s。

注：本题考查的知识点是 3.2.2 节对称离散无记忆信道。题解：根据信道的转移概率矩阵 P 计算对称 DMC 信道的信道容量 C。

8. 电视图像由 30 万个像素组成，对于适当的对比度，一个像素可取 10 个可辨别的亮度电平，假设各个像素的 10 个亮度电平都以等概率出现，实时传送电视图像每秒发送 30 帧图像。为了获得满意的图像质量，要求信号与噪声的平均功率比值为 30dB，试计算在这些条件下传送电视的视频信号所需的带宽。

解答：由题意知每帧电视图像中各像素的变化有 $M = 10^{300\,000}$ 种，则每帧图像所包含的信息量

$$H(X) = \log M = 9.966 \times 10^5 \text{bit/帧}$$

每秒发送 30 帧图像，则信道容量为 $C = H(X) \times 30 = 2.9898 \times 10^7$ bit/s。

为获得满意的图像质量，信噪比要求为 30dB，则利用香农公式 $C = W\log_2(1+\text{SNR})$ 求出所需的带宽

$$W = \frac{C}{\log(1+\text{SNR})} = \frac{2.9898 \times 10^7}{\log(1+1000)} = 2.996 \times 10^6 \text{Hz}$$

注：本题考查的知识点是 3.4.3 节限时限频限功率加性高斯白噪声信道。题解：(1)写出香农公式；(2)将已知条件代入后计算各参数；(3)从计算结果可以看出，视频传输所需带宽较大。

9. 设某信源输出 A、B、C、D、E 五种符号，每个符号独立出现，出现的概率分别为 1/8，1/8，1/8，1/2，1/8。如果符号的码元宽度为 $0.5\mu s$。计算：(1)信息传输速率 R_t；(2)将这些数据通过一个带宽为 $B = 2000$kHz 的加性高斯白噪声信道传输，噪声的单边功率谱密度为 $n_0 = 10^{-6}$ W/Hz。试计算正确传输这些数据最少需要的发送功率 P。

解答：(1)信源为离散无记忆信源，则信息传输速率 $R_t = \frac{1}{t}[H(X)]$，其中 $H(X) = H\left(\frac{1}{8}, \frac{1}{8}, \frac{1}{8}, \frac{1}{2}, \frac{1}{8}\right) = 2$ bit/符号，则

$$R_t = \frac{2\text{bit}}{0.5\mu s} = 4 \times 10^6 \text{bit/s}$$

(2) 由香农公式 $C = W\log_2(1+\text{SNR})$，得 $4 \times 10^6 = 2 \times 10^6 \log(1+\text{SNR})$，所以 $1 + \frac{P}{2} = 4$，即正确传输这些数据至少需要的发送功率 $P = 6$W。

注：本题考查的知识点是 3.4.3 节限时限频限功率加性高斯白噪声信道。题解为：

(1)写出香农公式;(2)将已知条件代入后计算各参数。

10. 一个平均功率受限制的连续信道,其通频带为1MHz,信道上存在加性高斯白噪声。(1)已知信道上的信号与噪声的平均功率比值为10,求该信道的信道容量;(2)信道上的信号与噪声的平均功率比值降至5,要达到相同的信道容量,信道通频带应为多大?(3)若信道通频带减小为0.5MHz时,要保持相同的信道容量,信道上的信号与噪声的平均功率比值应为多大?

解答:(1)由题意知,信道上的信号与噪声的平均功率比值为10,即信噪比 SNR=10,带宽为 1MHz,代入香农公式 $C = W\log_2(1+\text{SNR})$,可得
$$C = 1 \times 10^6 \times \log_2(1+10) = 3.46 \text{Mbit/s}$$

(2)信道上的信噪比降为 5 后,由 $W = \dfrac{C}{\log_2(1+\text{SNR})}$ 可得
$$W = \frac{C}{\log_2(1+5)} = \frac{3.46 \times 10^6}{\log_2 6} = 1.34 \text{MHz}$$

(3)若信道通频带减小为 0.5MHz,此时要保持相同的信道容量,即 $C = W\log_2(1+\text{SNR}) = 3.46 \times 10^6$,可得此时所需的信噪比 SNR=120。

注:本题考查的知识点是 3.4.3 节限时限频限功率加性高斯白噪声信道。题解:(1)写出香农公式;(2)将已知条件代入后计算各参数。

11. 若信道的输入为二进符号 X,其概率空间为 $\begin{bmatrix} X \\ P \end{bmatrix} = \begin{bmatrix} 0 & 1 \\ \dfrac{3}{4} & \dfrac{1}{4} \end{bmatrix}$,经过转移概率矩阵为 $\begin{bmatrix} \dfrac{2}{3} & \dfrac{1}{3} \\ \dfrac{1}{3} & \dfrac{2}{3} \end{bmatrix}$ 的二元对称信道,输出为 Y。求 $H(X)$,$H(X|Y)$,$I(X;Y)$ 和信道容量 C。

解答:由 X 的概率空间,可得 $H(X) = H\left(\dfrac{3}{4}, \dfrac{1}{4}\right) = 0.811 \text{bit/符号}$。由信道的转移概率矩阵得 $H(X|Y) = 0.749 \text{bit/符号}$。

互信息量 $I(X;Y) = H(X) - H(X|Y) = 0.0616 \text{bit/符号}$

由题意知,该信道为对称 DMC 信道,则该信道的信道容量 $C = 0.082 \text{bit/符号}$。此时,输入概率分布为等概率分布。

注:本题考查的知识点是 3.2.2 节对称离散无记忆信道。题解为:根据强对称信道的信道容量计算公式,计算其信道容量。

12. 有一种有扰离散信道的传输情况如图 3.3 所示。(1)试写出信道的转移概率矩阵;(2)求出信道的信道容量。

解答:(1)根据图中信道的输入 X 和输出 Y,以及它们之间的转移概率,可写出信道的转移概率矩阵 $\boldsymbol{P} = \begin{bmatrix} \dfrac{1}{3} & \dfrac{1}{3} & \dfrac{1}{6} & \dfrac{1}{6} \\ \dfrac{1}{6} & \dfrac{1}{6} & \dfrac{1}{3} & \dfrac{1}{3} \end{bmatrix}$。

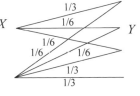

图 3.3 题 12 的图

(2) 从转移概率矩阵可以看出,该信道是强对称信道,利用强对称信道的信道容量计算公式,可得 $C = \log 4 + 2 \times \frac{1}{3} \log \frac{1}{3} + 2 \times \frac{1}{6} \log \frac{1}{6} = 0.0816 \text{bit}/符号$。

注:本题考查的知识点是3.2.2节对称离散无记忆信道。题解:(1)根据输入输出状态转移图,写出转移概率矩阵 P;(2)根据强对称信道的信道容量计算公式,计算其信道容量。

13. 设二元对称信道的转移概率矩阵为 $\begin{bmatrix} \frac{2}{3} & \frac{1}{3} \\ \frac{1}{3} & \frac{2}{3} \end{bmatrix}$,(1)若 $p(0) = \frac{3}{4}$,$p(1) = \frac{1}{4}$,求 $H(X)$、$H(X|Y)$、$H(Y|X)$ 和 $I(X;Y)$;(2)该信道的信道容量及达到信道容量时的输入概率分布。

解答:(1)信息熵 $H(X) = H\left(\frac{3}{4}, \frac{1}{4}\right) = 0.811 \text{bit}/符号$

条件概率 $p(x=0|y=0) = \frac{6}{7}$,$p(x=1|y=0) = \frac{1}{7}$,$p(x=0|y=1) = \frac{3}{5}$,$p(x=1|y=1) = \frac{2}{5}$,则条件熵 $H(X|Y) = 0.749 \text{bit}/符号$。

$$H(Y|X) = 0.918 \text{bit}/符号$$

求得 Y 的概率分布为 $p(y=0) = \frac{7}{12}$,$p(y=1) = \frac{5}{12}$,则

$$H(Y) = H\left(\frac{7}{12}, \frac{5}{12}\right) = 0.97 \text{bit}/符号$$

$$I(X;Y) = 0.062 \text{bit}/符号$$

(2) 此信道为二元对称信道,信道容量 $C = 1 - H(p) = 1 - H\left(\frac{2}{3}\right) = 0.082 \text{bit}/符号$。此时,输入概率为等概率分布,即 $p(0) = p(1) = \frac{1}{2}$。

注:本题考查的知识点是3.2.2节对称离散无记忆信道。题解:(1)根据输入输出状态转移图,写出转移概率矩阵 P;(2)根据强对称信道的信道容量计算公式,计算其信道容量。

14. 一离散信道的转移概率矩阵为 $\begin{bmatrix} 1-\varepsilon & \varepsilon & 0 \\ 0 & 1 & 0 \\ 0 & \varepsilon & 1-\varepsilon \end{bmatrix}$,试求:(1)达到容量 C 时的输入概率分布 $p(x)$;(2)信道容量 C。

解答:(1)设输入的概率分布为 $\{p_0, p_1, 1-p_0-p_1\}$。由信道转移概率矩阵,得信道输出端的概率分布为

$$q_0 = p_0(1-\varepsilon)$$
$$q_1 = p_0 \varepsilon + p_1 + (1-p_0-p_1)\varepsilon = p_1 + (1-p_1)\varepsilon$$
$$q_2 = (1-\varepsilon)(1-p_0-p_1)$$

由信道容量定义得
$$C = \max_{p(x)} I(X;Y) = \max_{p(x)} [H(Y) - H(Y|X)]$$
$$= \max_{p(x)} [H(q_0, q_1, q_2) + \sum_i \sum_j p_i P_{ji} \log P_{ji}]$$
$$= \max_{p(x)} [H(q_0, q_1, q_2) - p_0 H(\varepsilon, 1-\varepsilon) - (1-p_0-p_1) H(\varepsilon, 1-\varepsilon)]$$
$$= \max_{p(x)} [H(q_0, q_1, q_2) - (1-p_1) H(\varepsilon, 1-\varepsilon)]$$

令 $\dfrac{\partial I(X;Y)}{\partial p_0} = 0$，可得到 $-(1-\varepsilon)[\log p_0 (1-\varepsilon) - \log(1-p_0-p_1)(1-\varepsilon)] = 0$，则 $2p_0 = 1 - p_1$。

令 $\dfrac{\partial I(X;Y)}{\partial p_1} = 0$，则有
$$-(1-\varepsilon)\{\log[p_1 + (1-p_1)\varepsilon] - \log(1-p_0-p_1)(1-\varepsilon)\} + H(\varepsilon) = 0$$

可得 $\log \dfrac{p_1 + (1-p_1)\varepsilon}{(1-p_0-p_1)(1-\varepsilon)} = \dfrac{H(\varepsilon)}{1-\varepsilon}$。

联立求解可得
$$\begin{cases} p_0 = \dfrac{1}{(1-\varepsilon)\left[2 + 2^{\frac{H(\varepsilon)}{1-\varepsilon}}\right]} \\ p_1 = \dfrac{(1-\varepsilon) 2^{\frac{H(\varepsilon)}{1-\varepsilon}} - 2\varepsilon}{(1-\varepsilon)\left[2 + 2^{\frac{H(\varepsilon)}{1-\varepsilon}}\right]} \end{cases}$$
，则 $p_2 = 1 - p_0 - p_1 = \dfrac{1}{(1-\varepsilon)\left[2 + 2^{\frac{H(\varepsilon)}{1-\varepsilon}}\right]}$。

令 $2 + 2^{\frac{H(\varepsilon)}{1-\varepsilon}} = A$，则
$$\begin{cases} q_0 = \dfrac{1}{(1-\varepsilon)A} \\ q_1 = \dfrac{(1-\varepsilon)(A-2) - 2\varepsilon}{(1-\varepsilon)A} \\ q_2 = \dfrac{1}{(1-\varepsilon)A} \end{cases}$$

(2) 该信道的信道容量
$$C = H(q_0, q_1, q_2) - (1-p_1) H(\varepsilon, 1-\varepsilon)$$
$$= -\frac{2}{A} \log \frac{1}{A} - \frac{A-2}{A} \log \frac{A-2}{A} - \frac{2}{(1-\varepsilon)A} H(\varepsilon, 1-\varepsilon)$$

注：本题考查的知识点是 3.2.4 节一般 DMC 信道及其容量。题解：根据定义求解信道容量 C。

15. 设一时间离散、幅度连续的无记忆信道的输入是一个零均值、方差为 σ^2 的高斯随机变量，信道噪声为加性高斯噪声，方差为 $\sigma^2 = 1\mu W$，信道的符号传输速率为 $r = 8000$ 符号/s。如令一路电话通过该信道，电话机产生的信息速率为 64kbit/s，求输入信号功率 E 的最小值。

解答：由香农公式，该信道的信道容量 $C_t = \dfrac{r}{2} \log\left(1 + \dfrac{E}{\sigma^2}\right) = \dfrac{8000}{2} \log(1+E)$。

为使电话机产生的 64kbit/s 数据正确通过信道，要求该信道的信道容量 $C_t \geq 64$kbit/s。因此，$E \geq 1 \times (2^{16} - 1) = 65\,535\mu W = 65.535$mW。

注：本题考查的知识点是 3.4.3 节限时限频限功率加性高斯白噪声信道。题解：(1) 写

出香农公式;(2)将已知条件代入,得出所需输入信号的功率 E。

16. 设某一信号的信息输出率为 5.6kbit/s,噪声功率谱 $N=5\times10^{-6}$mW/Hz,在带宽 $B=4$kHz 的高斯信道中传输。试求无差错传输需要的最小输入功率 P 是多少?

解答:由信道容量和带宽、信号噪声比的关系式可得

$$C_t = B\log_2\left(1+\frac{P}{NB}\right) = 4\times 10^3 \log_2\left(1+\frac{P}{5\times 10^{-9}\times 4\times 10^3}\right)$$

即要求 $C_t \geqslant 5.6\times 10^3$ bit/s 才能使信号无差错传输,此时 $P \geqslant 3.28\times 10^{-5}$ mW。

注:本题考查的知识点是 3.4.3 节限时限频限功率加性高斯白噪声信道。题解:(1)写出香农公式;(2)将已知条件代入,得出所需输入信号的功率 P。

17. 图片传输中,每帧约为 2.25×10^6 个像素,为能很好地重现图像,需分 16 个亮度电平,并假设亮度电平等概率分布。试计算每秒传送 40 帧图片所需要的信道带宽(信噪功率比为 40dB)。

解答:亮度电平等概率分布,则每个像素携带的信息量为 log16bit,则每秒需传送的信息速率

$$R = 40\times 2.25\times 10^6\times \log 16 = 3.6\times 10^8 \text{ bit/s}$$

由题意知信噪功率比 $SNR=40dB=10^4$,信道容量为 $C=W\log(1+10^4)=3.6\times 10^8$,则每秒传送 40 帧图片所需的信道带宽 $W=2.7\times 10^7$ Hz。

注:本题考查的知识点是 3.4.3 节限时限频限功率加性高斯白噪声信道。题解:(1)写出香农公式;(2)将已知条件代入,得出所需带宽 W。

18. 若已知两信道 C_1 和 C_2 的信道转移概率矩阵分别为 $\begin{bmatrix}\frac{1}{3}&\frac{1}{3}&\frac{1}{3}\\0&\frac{1}{2}&\frac{1}{2}\end{bmatrix}$ 和 $\begin{bmatrix}1&0&0\\0&\frac{2}{3}&\frac{1}{3}\\0&\frac{1}{3}&\frac{2}{3}\end{bmatrix}$,试求:(1)$C_3=C_1\cdot C_2$ 时,信道转移概率矩阵 $\boldsymbol{P}=?$ 并问其容量是否发生变化?(2)$C_4=C_2\cdot C_1$ 时,它能否构成信道?为什么?

解答:(1)两信道 C_1 和 C_2 级联为 C_3 后,信道 C_3 的转移概率矩阵

$$\boldsymbol{P} = \begin{bmatrix}\frac{1}{3}&\frac{1}{3}&\frac{1}{3}\\0&\frac{1}{2}&\frac{1}{2}\end{bmatrix}\begin{bmatrix}1&0&0\\0&\frac{2}{3}&\frac{1}{3}\\0&\frac{1}{3}&\frac{2}{3}\end{bmatrix} = \begin{bmatrix}\frac{1}{3}&\frac{1}{3}&\frac{1}{3}\\0&\frac{1}{2}&\frac{1}{2}\end{bmatrix}$$

由此看出,转移概率矩阵 $\boldsymbol{P}$ 不变,所以信道容量不变。

(2) $C_2 C_1$ 不能级联构成信道,因为 C_2 的输出符号数不等于 C_1 的输入符号数。

注:本题考查的知识点是 3.3 节离散序列信道及其容量。题解:(1)求级联信道的转移概率矩阵;(2)求级联后的信道容量。

19. 有一加性噪声信道,输入符号 X 是离散的,取值为 +1 或 -1,噪声 N 的概率密度

为 $p(n)=\begin{cases}1/4, & |n|\leqslant 2\\ 0, & |n|>2\end{cases}$,输出 $Y=X+N$ 是一个半连续变量。试求:(1)该半连续信道的容量 C;(2)若在输出端接一检测器也作为信道的一部分,其输出为 Z,当 $Y>1$,则 $Z=1$;$-1\leqslant Y\leqslant 1$,则 $Z=0$;$Y<-1$,则 $Z=-1$。这样就成为一离散信道,求它的容量,并问加入检测器以后,是否带来信息损失?

解答:(1) 条件熵 $H(Y|X)=-\sum_X p(x)\int p(y|x)\log p(y|x)\mathrm{d}y$

噪声熵 $-\int_{-\infty}^{+\infty}p(n)\log p(n)\mathrm{d}n=-\int_{-2}^{2}\frac{1}{4}\log\frac{1}{4}\mathrm{d}n=2\,\mathrm{bit}$

由 $I(X;Y)=H(Y)-H(Y|X)$ 可知要使信道达到信道容量,须使 $H(Y)$ 取最大值。

设 X 的分布为(离散信道)$\begin{bmatrix}X\\P\end{bmatrix}=\begin{bmatrix}+1 & -1\\ p & 1-p\end{bmatrix}$

则 Y 的分布为(半连续信道)$\begin{cases}\dfrac{1}{4}(1-p), & Y\in[-3,-1]\\ \dfrac{1}{4}, & Y\in[-1,1]\\ \dfrac{p}{4}, & Y\in[1,3]\end{cases}$

所以

$$H(Y)=-\int_{-3}^{-1}\frac{1}{4}(1-p)\log\frac{1}{4}(1-p)\mathrm{d}y-\int_{-1}^{1}\frac{1}{4}\log\frac{1}{4}\mathrm{d}y-\int_{1}^{3}\frac{1}{4}p\log\frac{1}{4}p\,\mathrm{d}y$$

$$=-\frac{1}{2}(1-p)\log\frac{1}{4}(1-p)-\frac{1}{2}\log\frac{1}{4}-\frac{1}{2}p\log\frac{1}{4}p$$

$$=2+\frac{1}{2}H(p,1-p)$$

由熵的上凸性质可知,当 $p=\dfrac{1}{2}$ 时,$H(Y)$ 取极大值 $H(Y)_{\max}=2.5\,\mathrm{bit/符号}$,则信道容量 $C=2.5-2=0.5\,\mathrm{bit/符号}$。

(2) 由 Z 的判决规则可知 Z 的概率分布为

$$p(z=1)=p(y\geqslant 1)=\int_{1}^{3}\frac{1}{4}p\,\mathrm{d}y=\frac{1}{2}p$$

$$p(z=0)=p(-1\leqslant y<1)=\int_{-1}^{1}\frac{1}{4}\mathrm{d}y=\frac{1}{2}$$

$$p(z=-1)=p(-3\leqslant y<-1)=\int_{-3}^{-1}\frac{1}{4}(1-p)\mathrm{d}y=\frac{1}{2}(1-p)$$

即 Z 的概率空间 $[Z\quad P]=\begin{bmatrix}z=-1 & z=0 & z=1\\ \dfrac{1}{2}(1-p) & \dfrac{1}{2} & \dfrac{p}{2}\end{bmatrix}$

由 Z 与 X 之间的关系,得检测器(看成信道)的转移概率矩阵为 $\begin{bmatrix}\dfrac{1}{2} & \dfrac{1}{2} & 0\\ 0 & \dfrac{1}{2} & \dfrac{1}{2}\end{bmatrix}$,是准对

称信道,可得其信道容量 $C = \log_2 2 - H\left(\frac{1}{2}, \frac{1}{2}, 0\right) - \frac{1}{2}\log_2 1 - \frac{1}{2}\log_2 \frac{1}{2} = 0.5 \text{bit/符号}$,此时 $p = \frac{1}{2}$。

可见,加入检测器后,信道容量不变,没有带来信息损失。

注:本题考查的知识点是 3.2 节离散单个符号信道及其容量和 3.4 节连续信道及其容量。题解:(1)本题是一道综合题,考查半连续信道和信道的级联;(2)紧扣定义,分析和求解信道容量。

20. 设有一离散无记忆加性噪声信道,其输入随机变量 X 与噪声 Y 统计独立。$X \in \{0,1\}$,$Y \in \{0,a\}$,其中,$a \geq 1$。又 $p(y=0) = p(y=a) = \frac{1}{2}$。信道输出 $Z = X + Y$(一般加法)。试求此信道的信道容量,以及达到信道容量的最佳输入分布(提示:信道容量取决于 a 的取值,可分成 $a=1$ 和 $a>1$ 两种情况来讨论)。

解答:因为 X 和 Y 统计独立,则 $p(z|x) = \begin{cases} p(y), & z = x+y \\ 0, & z \neq x+y \end{cases}$。此时,$I(X;Z) = H(Z) - H(Y)$。

当 $a=1$ 时,Z 的样本空间为 $A = \{0, 1, 2\}$。

由于 X 和 Y 统计独立且 Y 等概率分布,则 $a=1$ 时,信道的转移概率矩阵 $\boldsymbol{P}_1 = \begin{bmatrix} \frac{1}{2} & \frac{1}{2} & 0 \\ 0 & \frac{1}{2} & \frac{1}{2} \end{bmatrix}$。此信道为准对称信道,输入等概率分布时,达到信道容量,即

$$C_1 = H(Z) - H(Y) = \frac{3}{2} - 1 = 0.5 \text{bit/符号}$$

此时,$p(z=0) = \frac{1}{4}$,$p(z=1) = \frac{1}{2}$,$p(z=2) = \frac{1}{4}$。

同理,当 $a>1$ 时,Z 的样本空间为 $A = \{0, 1, a, 1+a\}$,此时信道的转移概率矩阵 $\boldsymbol{P}_2 = \begin{bmatrix} \frac{1}{2} & 0 & \frac{1}{2} & 0 \\ 0 & \frac{1}{2} & 0 & \frac{1}{2} \end{bmatrix}$。由 $\boldsymbol{P}_2$ 可以看出,此时信道是无损信道,输入等概率分布时,达到信道容量,其信道容量 $C_2 = \max H(X) = 1 \text{bit/符号}$。

注:本题考查的知识点是 3.2 节离散单个符号信道及其容量。题解:紧扣定义,分析输入输出的关系,得到转移概率矩阵,计算离散无记忆加性噪声信道的容量。

21. 设某语音信号 $\{x(t)\}$,其最高频率为 4kHz,经取样、量化后编成等长码,设每个样本的分层数为 128。(1)求此语音信号的信息传输速率是多少(bit/s);(2)把这一语音信号送入一噪声功率谱为 5×10^{-6} mW/Hz,带宽为 4kHz 的高斯信道中传输,试求无差错传输时需要的最小输入功率。

解答:(1)考虑每一层是等概率分布,则平均每个采样点含有的信息量为 $I = \log 128 = 7 \text{bit/样点}$。

因为最高频率为4kHz,取样速率为8kHz,所以此语音信号的信息传输速率 $R=8\times 10^3\times 7=5.6\times 10^4\,\text{bit/s}$。

(2) 无差错传输时需要满足 $R\leqslant C=W\log\left(1+\dfrac{P}{N_0W}\right)$,则

$$5.6\times 10^4=4\times 10^3\times \log\left(1+\dfrac{P}{5\times 10^{-9}\times 4\times 10^3}\right)$$

所以,无差错传输时需要的最小输入功率 $P=(2^{14}-1)\times 2\times 10^{-5}=0.33\,\text{W}$。

注:本题考查的知识点是3.4.3节限时限频限功率加性高斯白噪信道。题解:香农公式。

22. 设有一离散级联信道如图3.4所示,求:(1)输入 X 与输出 Y 间的信道容量 C_1;(2) Y 与 Z 间的信道容量 C_2;(3) X 与 Z 间的信道容量 C_3 及输入概率分布。

解答:(1) X 和 Y 间的信道为对称信道,则 $C_1=1-H(0.8)=0.28\,\text{bit/符号}$。

(2) Y 和 Z 间的信道为准对称信道,则

$$C_2=H\left(\dfrac{3}{8},\dfrac{3}{8},\dfrac{1}{4}\right)-H\left(\dfrac{3}{4},\dfrac{1}{4}\right)=1.56-0.81=0.75\,\text{bit/符号}$$

(3) X 和 Z 间的信道也为准对称信道,则

$$C_3=H\left(\dfrac{3}{8},\dfrac{3}{8},\dfrac{1}{4}\right)-H\left(\dfrac{3}{4}\times 0.8,\dfrac{3}{4}\times 0.2,\dfrac{1}{4}\right)=1.56-1.35=0.21\,\text{bit/符号}$$

此时,信源输入概率为 $p(x_0)=p(x_1)=\dfrac{1}{2}$。

注:本题考查的知识点是级联信道的容量计算方法。

23. 考虑如图3.5所示的退化广播信道,试:(1)求从 X 到 Y_1 的信道容量;(2)求从 X 到 Y_2 的信道容量。

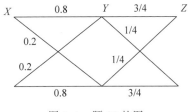

图3.4 题22的图

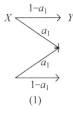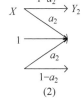

图3.5 题23的图

解答:(1) 由图3.5可得信道(1)的转移概率矩阵 $\boldsymbol{P}_1=\begin{bmatrix}1-a_1 & a_1 & 0\\ 0 & a_1 & 1-a_1\end{bmatrix}$,为准对称信道,则信道(1)的信道容量 $C_1=(1-a_1)\,\text{bit/符号}$,此时 $p(0)=p(1)=\dfrac{1}{2}$。

(2) 信道(2)的转移概率矩阵 $\boldsymbol{P}_2=\begin{bmatrix}1-a_2 & a_2 & 0\\ 0 & 1 & 0\\ 0 & a_2 & 1-a_2\end{bmatrix}$,则信道(2)的信道容量:$C_2=(1-a_1-a_2+a_1a_2)\,\text{bit/符号}$,此时 $p(0)=p(1)=\dfrac{1}{2}$。

注:本题考查的知识点是3.2.3节准对称离散无记忆信道。题解:准对称DMC的信

道容量计算公式。

24. 如图 3.6 所示的高斯白噪加性信道，输入信号 X_1, X_2，噪声信号 Z_1, Z_2，输出信号 $Y = X_1 + Z_1 + X_2 + Z_2$。输入和噪声均为相互独立的零均值的高斯随机变量，功率分别为 P_1, P_2 和 N_1, N_2。

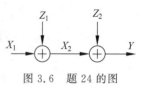

图 3.6 题 24 的图

(1) 求 $I(X_1; Y)$ 和 $I(X_2; Y)$；

(2) 求 $I(X_1 X_2; Y)$；

(3) 当输入信号的总功率受限 $P_1 + P_2 \leqslant P$ 时，求 $I(X_1; Y) + I(X_2; Y)$ 的最大值。

解答：(1) $Y - X_1 = X_2 + Z_1 + Z_2$ 是 3 个独立高斯随机变量的和，因此

$$H(Y \mid X_1) = H(Y - X_1) = \frac{1}{2} \log_2 [2\pi e(P_2 + N_1 + N_2)]$$

$$H(Y) = \frac{1}{2} \log_2 [2\pi e(P_1 + P_2 + N_1 + N_2)]$$

$$H(Y) - H(Y \mid X_1) = \frac{1}{2} \log_2 \left(\frac{P_1 + P_2 + N_1 + N_2}{P_2 + N_1 + N_2} \right) = \frac{1}{2} \log_2 \left(1 + \frac{P_1}{P_2 + N_1 + N_2} \right)$$

$$I(X_2; Y) = H(Y) - H(Y \mid X_2) = \frac{1}{2} \log_2 \left(1 + \frac{P_2}{P_1 + N_1 + N_2} \right)$$

(2) 当给定 X_1, X_2 的值 x_1 和 x_2 以后，Y 的条件概率密度是均值为 $(x_1 + x_2)$、方差为 $(N_1 + N_2)$ 的正态分布。

$$H(Y \mid X_1 X_2) = H(Y - X_1 - X_2) = \frac{1}{2} \log_2 [2\pi e(N_1 + N_2)]$$

$$I(X_1 X_2; Y) = H(Y) - H(Y \mid X_1 X_2) = \frac{1}{2} \log_2 \left(\frac{P_1 + P_2 + N_1 + N_2}{N_1 + N_2} \right)$$

$$= \frac{1}{2} \log_2 \left(1 + \frac{P_1 + P_2}{N_1 + N_2} \right)$$

(3) $I(X_1; Y)$ 和 $I(X_2; Y)$ 可以写成：

$$I(X_1; Y) = \frac{1}{2} \log_2 \left(\frac{P}{P_2 + N_1 + N_2} \right)$$

$$I(X_2; Y) = \frac{1}{2} \log_2 \left(\frac{P}{P_1 + N_1 + N_2} \right)$$

式中，$P = P_1 + P_2 + N_1 + N_2 = \mathrm{var}(Y)$ 是输出总功率，因此

$$I(X_1; Y) + I(X_2; Y) = \frac{1}{2} \log_2 \left(\frac{P}{P_2 + N_1 + N_2} \right) + \frac{1}{2} \log_2 \left(\frac{P}{P_1 + N_1 + N_2} \right)$$

$$= \frac{1}{2} \log_2 \left[\frac{P^2}{(P_2 + N_1 + N_2)(P_1 + N_1 + N_2)} \right]$$

要使 $I(X_1; Y) + I(X_2; Y)$ 得到最大值，$(P_2 + N_1 + N_2)(P_1 + N_1 + N_2)$ 的值须最小。因为这两个因子的和是个常数，所以当这两个因子相等时，$(P_2 + N_1 + N_2)(P_1 + N_1 + N_2)$ 最大，而这两个因子相差越大时，$(P_2 + N_1 + N_2)(P_1 + N_1 + N_2)$ 越小。即当 $P_1 = P$ 或 $P_2 = P$ 时，$I(X_1; Y) + I(X_2; Y)$ 得到最大值。

注：本题考查的知识点是 2.2.2 节离散信源熵、2.2.3 节互信息、2.2.4 节数据处理中

信息的变化、3.4.3 节限时限频限功率加性高斯白噪信道。题解：(1) 级联信道的输入输出分析；(2) 高斯白噪加性信道的输入输出分析；(3) 互信息的计算；(4) 信道容量的定义。

25. 积信道。有两个离散无记忆信道 $\{X_1, P(Y_1|X_1), Y_1\}$ 和 $\{X_2, P(Y_2|X_2), Y_2\}$，信道容量分别为 C_1 和 C_2。两个信道同时分别输入 X_1 和 X_2，输出 Y_1 和 Y_2，这两个信道组成一个新的信道，求这个新信道的容量。

解答：由于这两个离散无记忆信道相互独立，因此 $p(Y_1Y_2|X_1X_2) = p(Y_1|X_1)p(Y_2|X_2)$，则

$$\begin{aligned}
I(X_1X_2; Y_1Y_2) &= H(Y_1Y_2) - H(Y_1Y_2 | X_1X_2) \\
&= H(Y_1Y_2) - H(Y_1 | X_1X_2) - H(Y_2 | X_1X_2Y_1) \\
&= H(Y_1Y_2) - H(Y_1 | X_1) - H(Y_2 | X_2) \\
&\leqslant H(Y_1) + H(Y_2) - H(Y_1 | X_1) - H(Y_2 | X_2) \\
&= I(X_1; Y_1) + I(X_2; Y_2)
\end{aligned}$$

当 X_1 和 X_2 相互独立时，Y_1 和 Y_2 相互独立，因此

$$C = \max_{p(x_1x_2)} I(X_1X_2; Y_1Y_2) \leqslant \max_{p(x_1)} I(X_1; Y_1) + \max_{p(x_2)} I(X_2; Y_2) = C_1 + C_2$$

当 $p(X_1X_2) = p^*(X_1)p^*(X_2)$ 时等号成立，$p^*(X_1)$ 和 $p^*(X_2)$ 是使这两个信道分别达到信道容量 C_1 和 C_2 的最佳输入分布。

注：本题考查的知识点是 3.3 节离散序列信道及其容量。题解：(1) 积信道的信道容量计算；(2) 根据信道容量的定义计算。

26. 有记忆信道的信道容量高于无记忆信道的信道容量。考虑一个二元对称信道 $Y_i = X_i \oplus Z_i$，$\oplus$ 表示模 2 加，$X_i, Y_i \in \{0, 1\}$。假定 $Z_1, Z_2, \cdots, Z_n$ 有相同的边缘概率分布 $p(Z_i = 1) = p, p(Z_i = 0) = 1 - p$，但是并不相互独立，但是 Z_n 与输入 X_n 相互独立。如果记 $C = 1 - H(p, 1-p)$，证明：$\max\limits_{p(x_1x_2\cdots x_n)} I(X_1X_2\cdots X_n; Y_1Y_2\cdots Y_n) \geqslant nC$。

证明：由题意，$Z_i = \begin{cases} 1, & p \\ 0, & 1-p \end{cases}$。由于 $Y_i = X_i \oplus Z_i$，且 $Z_1, Z_2, \cdots, Z_n$ 并不相互独立，所以

$$\begin{aligned}
I(X_1\cdots X_n; Y_1\cdots Y_n) &= H(X_1\cdots X_n) - H(X_1\cdots X_n | Y_1\cdots Y_n) \\
&= H(X_1\cdots X_n) - H(Z_1\cdots Z_n | Y_1\cdots Y_n) \\
&\geqslant H(X_1\cdots X_n) - H(Z_1\cdots Z_n) \\
&\geqslant H(X_1\cdots X_n) - \sum_{i=1}^{n} H(Z_i)
\end{aligned}$$

将这个离散有记忆信道的信道容量记为 $C^{(n)}$，当 $\{X_i\}$ 为独立同分布且为 $p = \dfrac{1}{2}$ 的贝努利分布时，有

$$C^{(n)} \geqslant H(X_1\cdots X_n) - \sum_{i=1}^{n} H(Z_i) = n - nH(p) = n[1 - H(p)] = nC$$

从直觉上来说，由于噪声样值之间的相关性减小了有效噪声，使得有记忆信道的信道容量高于无记忆信道的信道容量。

注：本题考查的知识点是 3.1.3 节信道容量的定义。题解：(1) $H(Z_1\cdots Z_n)$ 小于或等于 Z_i 独立时的熵 $\sum_{i=1}^{n} H(Z_i)$；(2) 利用信道容量的定义分析有记忆信道的信道容量。

第4章

信息率失真函数

本章学习重点：
- 平均失真和信息率失真函数的定义。
- 信息率失真函数的性质，包括定义域、值域、连续性、凸性和单调性。
- 离散信源和连续信源的信息率失真函数计算。

4.1 知识点

4.1.1 信息率失真函数的定义

1. 失真函数和平均失真

1) 单符号离散信源

设某离散信源 X，输出样值为 $x_i, x_i \in \{x_1, x_2, \cdots, x_n\}$，经过有失真的信源编码器后输出 Y，样值为 $y_j, y_j \in \{y_1, y_2, \cdots, y_m\}$。如果 $x_i = y_j$，则认为没有失真；如果 $x_i \neq y_j$，则产生了失真。失真的大小用失真函数 $d(x_i, y_j)$ 来表示，定义为

$$d(x_i, y_j) = \begin{cases} 0, & x_i = y_j \\ \alpha, & \alpha > 0, x_i \neq y_j \end{cases}$$

失真矩阵是将所有的 $d(x_i, y_j)$ 排列起来的矩阵表示：

$$\boldsymbol{d} = \begin{bmatrix} d(x_1, y_1) & d(x_1, y_2) & \cdots & d(x_1, y_m) \\ d(x_2, y_1) & d(x_2, y_2) & \cdots & d(x_2, y_m) \\ \vdots & \vdots & \ddots & \vdots \\ d(x_n, y_1) & d(x_n, y_2) & \cdots & d(x_n, y_m) \end{bmatrix}_{n \times m}$$

离散信源的平均失真定义为失真函数的数学期望，即

$$\overline{D} = E[d] = \sum_{i=1}^{n} \sum_{j=1}^{m} p(x_i y_j) d(x_i, y_j) = \sum_{i=1}^{n} \sum_{j=1}^{m} p(x_i) p(y_j | x_i) d(x_i, y_j)$$

平均失真 $\overline{D}$ 是对给定信源分布 $\{p(x_i)\}$，在给定转移概率分布为 $\{p(y_j | x_i)\}$ 的假想信

道中传输时,失真的总体量度。

2) 多符号离散序列

设有 L 长度符号离散序列信源 $\boldsymbol{X}=(X_1,X_2,X_3,\cdots,X_L)$,其中 X_i 取自同一符号集 $X=\{x_1,x_2,\cdots,x_n\}$,$\boldsymbol{X}$ 共有 n^L 个不同的符号序列 $\boldsymbol{x}_i=(x_{i_1},x_{i_2},\cdots,x_{i_L})$。经信源编码后,输出符号序列为 $\boldsymbol{Y}=(Y_1,Y_2,Y_3,\cdots,Y_L)$,其中 Y_j 取自同一符号集 $Y\in\{y_1,y_2,\cdots,y_m\}$,$\boldsymbol{Y}$ 共有 m^L 个不同的符号序列 $\boldsymbol{y}_j=(y_{j_1},y_{j_2},\cdots,y_{j_L})$。信源序列的失真函数定义为

$$d(\boldsymbol{x}_i,\boldsymbol{y}_j)=\frac{1}{L}\sum_{l=1}^{L}d(x_{i_l},y_{j_l})$$

输入序列有 n^L 个,输出序列有 m^L 个,所以序列失真函数矩阵共有 $n^L\times m^L$ 个元素。
L 长度离散序列的平均失真定义为

$$\overline{D}_L=E[d_L]=\frac{1}{L}\sum_{l=1}^{L}E[d(\boldsymbol{x}_{i_l},\boldsymbol{y}_{j_l})]=\frac{1}{L}\sum_{l=1}^{L}\overline{D}_l$$

式中,$\overline{D}_l$ 是第 l 个符号的平均失真。

3) 连续信源

设 X 是连续信源,取值于实数域 $\mathbf{R}$,其概率密度分布为 $p(x)$。经信源编码后的输出为 Y,也取值于实数域 $\mathbf{R}$。连续信源的失真函数为 $d(x,y)\geqslant 0$ $x,y\in\mathbf{R}$,平均失真定义为 $\overline{D}=\int_{-\infty}^{+\infty}\int_{-\infty}^{+\infty}p(x)p(y\mid x)d(x,y)\mathrm{d}x\mathrm{d}y$。

2. 信息率失真函数

保真度准则:如果预先规定的平均失真度为 D^*,则称信源压缩后的平均失真度 $\overline{D}$ 不大于 D^* 的准则为保真度准则,即保真度准则满足 $\overline{D}\leqslant D^*$。

信息压缩问题就是对于给定的信源,在满足保真度准则的前提下,使信息率尽可能小。

允许试验信道:满足保真度准则的所有信道称为失真度 D^* 允许试验信道,也称假想信道,记为信道集合 $P_{D^*}=\{p(y|x):\overline{D}\leqslant D^*\}$。对于离散无记忆信道,相应有

$$P_{D^*}=\{p(y_i\mid x_i):\overline{D}\leqslant D^*, i=1,2,\cdots,n;j=1,2,\cdots,m\}$$

信息率失真函数:对于固定的信源分布,平均互信息量 $I(X;Y)$ 是信道转移概率 $p(y|x)$ 的下凸函数。在 D^* 允许信道 P_{D^*} 中可以寻找一个信道 $p(Y|X)$,使给定的信源经过此信道传输时,其信道传输率 $I(X;Y)$ 达到最小。这个最小值定义为信息率失真函数 $R(D)$,简称率失真函数,即

$$R(D)=\min_{P_{D^*}}I(X;Y)=\min_{p(y_j|x_i)\in P_{D^*}}\sum_{i=1}^{n}\sum_{j=1}^{m}p(x_i)p(y_j\mid x_i)\log\frac{p(y_j\mid x_i)}{p(y_j)}$$

信息率失真函数的意义:对于给定的信源,在满足保真度准则 $\overline{D}\leqslant D^*$ 的前提下,信息率失真函数 $R(D)$ 是信息率允许压缩到的最小值。

4.1.2 信息率失真函数的性质

1. $R(D)$ 函数的定义域 $D\in[D_{\min},D_{\max}]$

通常最小允许失真度 $D_{\min}=0$,此时因为不允许失真,所以 X 和 Y 集合的各个消息符号一一对应,这种假想信道上,$I(X;Y)=H(X)=H(Y)$,则

$$R(D_{\min})=R(0)=H(X)$$

最大允许失真度 D_{max} 是使 $I(X;Y)=0$ 时所允许的失真度,即 $R(D_{max})=0$。

$$D_{max} = \min_{j} \sum_{i} p(x_i) d(x_i, y_j)$$

2. $R(D)$ 函数的特性

无论是离散信源还是连续信源,$R(D)$ 均有以下特性:

(1) 信息率失真函数 $R(D)$ 有 $\begin{cases} R(D_{min}) \leqslant H(X) \\ R(D_{max}) = 0 \end{cases}$

只有当失真矩阵中每行至少有一个零元素,并且每一列最多只有一个零元素时,才有 $R(D_{min}=0)=H(X)$。

(2) $R(D)$ 函数是关于 D 的下凸函数。

(3) $R(D)$ 函数是 D 的连续函数。

(4) $R(D)$ 函数是关于 D 的严格递减函数。

4.1.3 信息率失真函数的计算

略

4.2 习题详解

4.2.1 选择题

1. 已知某无记忆三符号信源 a,b,c 等概分布,编码后的输出为二符号集,其失真矩阵为 $d = \begin{bmatrix} 1 & 2 \\ 1 & 1 \\ 2 & 1 \end{bmatrix}$,则信源的最大平均失真度 D_{max} 为( )。

    A. 1/3   B. 2/3   C. 3/3   D. 4/3

解答:D。由 $D_{max} = \min_{j} \sum_{i} p(x_i) d(x_i, y_j)$ 计算 D_{max}。

2. 离散信源的信息率失真函数的下限为( )。

    A. $H(X)$ B. 0   C. $I(X;Y)$ D. 没有下限

解答:B。信息率失真函数的值域为 $[0, H(X)]$。

3. 若信源要求无失真地传输,则信息传输率至少应( )。

    A. 大于 0   B. 等于信源的信息熵

    C. 大于信源的信息熵   D. 以上都不正确

解答:B。要求无失真传输,信息传输率 $R \geqslant H(X)$。

4. 以下关于 $R(D)$ 函数的说法,不正确的是( )。

    A. $R(D)$ 是关于 D 的上凸函数

    B. $R(D)$ 在区间 $(0, D_{max})$ 上是严格递减函数

    C. $R(D)$ 是非负函数

    D. $R(D)$ 的值域为 $[0, H(X)]$

解答:A。$R(D)$ 是关于 D 的下凸函数。

5. 信源编码器编码后所需的信息传输率 R 越小,则引起的平均失真就(　　)。

　　A. 越小　　　　　B. 越大　　　　　C. 不变　　　　　D. 以上都不对

解答:B。信息传输率越小,引起的平均失真就越大。

6. 失真函数 $d(x,y)$ 具有(　　)。

　　A. 对称性　　　　B. 相对性　　　　C. 非负性　　　　D. 下凸性

解答:C。失真函数具有非负性。

7. 信息率失真函数 $R(D)=0$ 时,平均互信息量 $I(X;Y)$ 的值是(　　)。

　　A. 0

　　C. $H(Y)$

　　B. $H(X)$

　　D. $H(XY)-H(X)$

解答:A。$R(D)=0$ 时,$I(X;Y)=0$。

8. 以下有关信息率失真函数和信道容量的说法,错误的是(　　)。

　　A. 信道不同,信道容量就不同

　　B. 信源不同,信息率失真就不同

　　C. 信道中由于噪声干扰消失的信息量为 $H(Y|X)$,信源压缩损失的信息量为 $H(Y|X)$

　　D. 信道中由于噪声干扰消失的信息量为 $H(X|Y)$,信源压缩损失的信息量为 $H(X|Y)$

解答:C。由 $I(X;Y)=H(X)-H(X|Y)$,损失的信息量为 $H(X|Y)$。

4.2.2　填空题

1. 香农引入了失真度量准则,研究了当有差错时,如何使其影响尽可能小,以及在限失真平均失真的条件下尽可能地降低传信率的问题,这就是_____理论,它是_____的理论基础。

解答:率失真;数据压缩。

2. 失真函数的_____称为平均失真。

解答:数学期望。

3. 对于固定的信源分布,平均互信息量 $I(X;Y)$ 是条件概率 $p(y|x)$ 的_____函数。

解答:下凸。

4. 信息率失真函数 $R(D)$ 的意义是,对于给定的信源,在满足保真度准则_____的前提下,信息率失真函数 $R(D)$ 是信息率允许_____。

解答:$\overline{D}\leqslant D^*$;压缩的最小值。

5. 信息率失真函数 $R(D)$ 的定义是_____,其物理意义是_____。

解答:$R(D)=\min\limits_{P_{ij}\in P_D}\sum\limits_{i=1}^{n}\sum\limits_{j=1}^{m}p(a_i)p(b_j|a_i)\log\dfrac{p(b_j|a_i)}{p(b_j)}$;对于给定的信源,在满足保真度准则 $\overline{D}\leqslant D^*$ 的前提下,信息率失真函数 $R(D)$ 是信息率允许压缩的最小值。

6. 信息率失真函数的定义域为 $[0,D_{\max}]$,其中 $D_{\max}$ 是_____。

解答:所有满足 $R(D)=0$ 中 D 的最小值。

7. 信息率失真函数 $R(D)$ 是关于 D 的_____函数。

解答:下凸。

4.2.3 判断题

1. $R(D)$被定义为在限定失真为D的条件下,信源的最小信息率。

解答:对。

2. 信息率失真函数$R(D)$的定义域为$[0, H(X)]$。

解答:错。信息率失真函数的值域为$[0, H(X)]$。

3. 信息率失真函数$R(D)$的定义域为$[D_{\min}, D_{\max}]$,其中$D_{\min} = 0$,$D_{\max}$是满足$R(D) = 0$的所有D中最大的。

解答:错。$D_{\max}$是满足$R(D) = 0$的所有D中最小的。

4. 为了使系统的信息传输率R尽量接近信道容量C,应使信道输入符号等概分布,信道对称。

解答:对。

5. 信息率失真函数的最小值是0。

解答:对。信息率失真函数具有非负性。

6. 信息率失真函数的值与信源的输入概率无关。

解答:错。信息率失真函数的值与信源的输入概率有关。

7. 信息率失真函数是在保真度条件下信源信息率能被压缩的最低限度,与信道无关。

解答:对。

4.2.4 计算题

1. 设有一个二元等概率信源$X = \{0, 1\}$,$p_0 = p_1 = \dfrac{1}{2}$,通过一个二进制对称信道(BSC),其失真函数定义为$d_{ij} = \begin{cases} 1, & i \neq j \\ 0, & i = j \end{cases}$,信道的转移概率为$p(y_j \mid x_i) = P_{ij} = \begin{cases} \varepsilon, & i \neq j \\ 1-\varepsilon, & i = j \end{cases}$。试求失真矩阵$d$和平均失真$\overline{D}$。

解答:由题中给出的失真函数,可得失真矩阵$d = \begin{bmatrix} 0 & 1 \\ 1 & 0 \end{bmatrix}$。

联合概率矩阵$[p(x_i y_j)] = \begin{bmatrix} \dfrac{1-\varepsilon}{2} & \dfrac{\varepsilon}{2} \\ \dfrac{\varepsilon}{2} & \dfrac{1-\varepsilon}{2} \end{bmatrix}$,根据平均失真的定义,得平均失真$\overline{D} = \sum_{i=1}^{2} \sum_{j=1}^{2} p(x_i y_j) d(x_i, y_j) = \dfrac{1-\varepsilon}{2} \times 0 + \dfrac{\varepsilon}{2} \times 1 + \dfrac{\varepsilon}{2} \times 1 + \dfrac{1-\varepsilon}{2} \times 0 = \varepsilon$。

注:本题考查的知识点是4.1.1节失真函数和平均失真。题解:(1)由失真函数得出失真矩阵;(2)由平均失真的定义计算平均失真。

2. 设输入符号表为$X = \{0, 1\}$,输出符号表为$Y = \{0, 1\}$。输入符号等概率,失真函数为$d(0,0) = d(1,1) = 0$,$d(0,1) = 1$,$d(1,0) = 2$。试求$D_{\min}$、$D_{\max}$和$R(D_{\min})$、$R(D_{\max})$以及相应的编码器转移概率矩阵。

解答：由题意得失真矩阵 $\boldsymbol{d} = \begin{bmatrix} 0 & 1 \\ 2 & 0 \end{bmatrix}$，则 $D_{\min} = 0$。

$R(D_{\min}) = R(0) = H(X) = \log_2 2 = 1\text{bit}/$符号，相应的转移概率矩阵 $\boldsymbol{P} = \begin{bmatrix} 1 & 0 \\ 0 & 1 \end{bmatrix}$；

$D_{\max} = \min_j \sum_i p_i d_{ij} = \min\left\{1, \frac{1}{2}\right\} = \frac{1}{2}$，$R(D_{\max}) = 0$。此时 $j = 2$，则相应的转移概率矩阵 $\boldsymbol{P} = \begin{bmatrix} 0 & 1 \\ 0 & 1 \end{bmatrix}$。

注：本题考查的知识点是 4.1.2 节信息率失真函数、4.1.3 节信息率失真函数的性质。题解：(1) 由失真矩阵计算平均失真；(2) 由信息率失真函数的性质得出其定义域和值域，以及相应的转移概率矩阵。

3. 设输入符号表与输出符号表为 $X = Y = \{0, 1, 2, 3\}$，且输入符号等概率分布。设失真矩阵 $\boldsymbol{d} = \begin{bmatrix} 0 & 1 & 1 & 1 \\ 1 & 0 & 1 & 1 \\ 1 & 1 & 0 & 1 \\ 1 & 1 & 1 & 0 \end{bmatrix}$，求 $D_{\min}$、$D_{\max}$ 和 $R(D_{\min})$、$R(D_{\max})$ 以及相应的编码器转移概率矩阵。

解答：由失真矩阵 $\boldsymbol{d} = \begin{bmatrix} 0 & 1 & 1 & 1 \\ 1 & 0 & 1 & 1 \\ 1 & 1 & 0 & 1 \\ 1 & 1 & 1 & 0 \end{bmatrix}$，可得最小失真度 $D_{\min} = 0$。

$R(D_{\min}) = H(X) = \log_2 4 = 2\text{bit}/$符号，相应的转移概率矩阵 $\boldsymbol{P} = \begin{bmatrix} 1 & 0 & 0 & 0 \\ 0 & 1 & 0 & 0 \\ 0 & 0 & 1 & 0 \\ 0 & 0 & 0 & 1 \end{bmatrix}$。

最大失真度

$$D_{\max} = \min_j \sum_{i=1}^4 p_i d_{ij}$$
$$= \min_j \left\{\frac{1}{4}(0+1+1+1), \frac{1}{4}(1+0+1+1), \frac{1}{4}(1+1+0+1), \frac{1}{4}(1+1+1+0)\right\}$$
$$= \frac{3}{4}$$

$R(D_{\max}) = 0$，相应的转移概率矩阵 $\boldsymbol{P} = \begin{bmatrix} 1 & 0 & 0 & 0 \\ 1 & 0 & 0 & 0 \\ 1 & 0 & 0 & 0 \\ 1 & 0 & 0 & 0 \end{bmatrix}$（只是其中的一种）。

注：本题考查的知识点是 4.1 节信息率失真函数的概念和性质。题解：(1) 由失真矩阵计算平均失真；(2) 由信息率失真函数 $R(D)$ 的性质得出其定义域和值域，以及相应的转移概率矩阵。

4. 设输入信号的概率分布为 $P=\left(\dfrac{1}{2},\dfrac{1}{2}\right)$，失真矩阵 $\boldsymbol{d}=\begin{bmatrix} 0 & 1 & \dfrac{1}{4} \\ 1 & 0 & \dfrac{1}{4} \end{bmatrix}$。试求 $D_{\min}$、$D_{\max}$ 和 $R(D_{\min})$、$R(D_{\max})$ 以及相应的编码器转移概率矩阵。

解答：由失真矩阵可得最小失真度 $D_{\min}=0$。

$R(D_{\min})=H(X)=\log_2 2=1\text{bit}/\text{符号}$，相应的转移概率矩阵 $\boldsymbol{P}=\begin{bmatrix} 1 & 0 & 0 \\ 0 & 1 & 0 \end{bmatrix}$；

最大失真度 $D_{\max}=\min\limits_j \sum\limits_{i=1}^{2} P_i d_{ij}=\min\limits_j\left\{\dfrac{1}{2}(0+1),\dfrac{1}{2}(1+0),\dfrac{1}{2}\left(\dfrac{1}{4}+\dfrac{1}{4}\right)\right\}=\dfrac{1}{4}$，

$R(D_{\max})=0,j=3$，相应的转移概率矩阵 $\boldsymbol{P}=\begin{bmatrix} 0 & 0 & 1 \\ 0 & 0 & 1 \end{bmatrix}$。

注：本题考查的知识点是 4.1.1 节失真函数和平均失真、4.1.3 节信息率失真函数的性质。题解：(1)由失真矩阵计算平均失真；(2)由信息率失真函数 $R(D)$ 的性质得出其定义域和值域，以及相应的转移概率矩阵。

5. 具有符号集 $U=\{u_0,u_1\}$ 的二元信源，信源发生概率为：$p(u_0)=p,p(u_1)=1-p$，其中，$0<p\leqslant\dfrac{1}{2}$。Z 信道如图 4.1 所示，接收符号集 $V=\{v_0,v_1\}$，转移概率为：$q(v_0|u_0)=1$，$q(v_1|u_1)=1-q$。发出符号与接收符号的失真为 $d(u_0,v_0)=d(u_1,v_1)=0,d(u_1,v_0)=d(u_0,v_1)=1$。(1)计算平均失真；(2)信息率失真函数 $R(D)$ 的最大值是什么？当 q 为何值时可达到该最大值？此时平均失真是多大？(3)信息率失真函数 $R(D)$ 的最小值是什么？当 q 为何值时可达到该最小值？此时平均失真是多大？(4)画出 $R(D)$-D 的曲线。

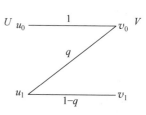

图 4.1 题 5 的图

解答：(1) 由题意，转移概率矩阵 $[p(v_j|u_i)]=\begin{bmatrix} 1 & 0 \\ q & 1-q \end{bmatrix}$，则联合概率矩阵 $[p(u_iv_j)]=\begin{bmatrix} p & 0 \\ (1-p)q & (1-p)(1-q) \end{bmatrix}$。

失真矩阵 $\boldsymbol{d}=\begin{bmatrix} 0 & 1 \\ 1 & 0 \end{bmatrix}$，则平均失真 $\overline{D}=\sum\limits_{i=0}^{1}\sum\limits_{j=0}^{1}p(u_i,v_j)d(u_i,v_j)=q(1-p)$。

(2) 信息率失真函数定义为 $R(D)=\min\limits_{\overline{D}\leqslant D}I(U;V)$，则 $R(D)$ 的最大值

$$R(D)_{\max}=H(U)=-p\log p-(1-p)\log(1-p)$$

当信源符号和接收符号之间存在一一对应关系时达到这个最大值，此时的转移概率应为 $q(v_1|u_1)=1$。

因而有 $1-q=1$，则 $q=0$。此时平均失真 $\overline{D}=0$。

(3) 由于互信息 $I(U;V)$ 的最小值为 0，因而信息率失真函数的最小值也为 0。如果接收的符号不能对信源发出的符号提供任何信息，则出现最小值情况。此时不管发出 u_0 还是 u_1，都收到相同符号，则 $q(v_1|u_1)=0$，即 $1-q=0,q=1$。平均失真 $\overline{D}=1-p$。

(4) $R(D)$-D 的曲线如图 4.2 所示。

注：本题考查的知识点是 4.1.1 节失真函数和平均失真、4.1.3 节信息率失真函数的性质。题解：(1)由平均失真的定义计算平均失真；(2)由信息率失真函数 $R(D)$ 的性质得出其定义域和值域，以及相应的转移概率矩阵；(3)根据计算结果和信息率失真函数的特性画变化曲线。

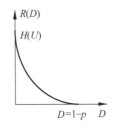

图 4.2 题 5 的 $R(D)$ 函数曲线

6. 已知信源的符号集合 $X=\{0,1\}$，它们等概率出现，信宿的符号集合 $Y=\{0,1,2\}$，失真函数如图 4.3 所示，其中连线上的值为失真函数，无连线表示失真函数为无限大，即 $d(0,1)=d(1,0)=\infty$，且有 $p(y_1|x_0)=p(y_0|x_1)=0$，求该信源的信息率失真函数 $R(D)$。

解答：由题意，失真矩阵 $[d]=\begin{bmatrix}0 & 1 & \infty \\ \infty & 1 & 0\end{bmatrix}$，则 $D_{\min}=0$，$D_{\max}=\min\left\{\dfrac{\infty}{2},\dfrac{\infty}{2},1\right\}=1$，所以平均失真 $\overline{D}\in[0,1]$。

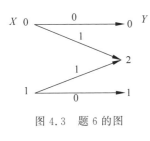

图 4.3 题 6 的图

根据信息率失真函数的定义 $R(D)=\min\limits_{p(y_j|x_i)\in P_D}I(X;Y)$，而 $P_D=\{p(y_j|x_i):\overline{D}\leqslant D^*\}$。允许失真度 $\overline{D}\in[0,1]$，所以满足 $\overline{D}\leqslant D^*$ 的信道一定满足 $p(y_2|x_1)=p(y_1|x_2)=0$。这是因为如果这两个条件概率不等于 0，平均失真 $\overline{D}=\sum\limits_{i=1}^{2}\sum\limits_{j=1}^{3}p(x_i)p(y_j|x_i)d(x_i,y_j)>1$，超出了允许失真的范围。所以，满足 $\overline{D}\leqslant D^*$ 的允许试验信道集合 P_D 一定是二元删除信道。

设二元删除信道矩阵 $\boldsymbol{P}=\begin{bmatrix}1-p & 0 & p \\ 0 & 1-q & q\end{bmatrix}$，则平均失真 $\overline{D}=\dfrac{1}{2}(p+q)$。因为 $p\leqslant 1$，$q\leqslant 1$，有 $\dfrac{1}{2}(p+q)\leqslant D_{\max}\leqslant 1$。此时，只需在二元删除信道中寻找 $I(X;Y)$ 达到最小值。

先计算 $p(y)$，得 $p(y_1)=\dfrac{1-p}{2}$，$p(y_2)=\dfrac{1-q}{2}$，$p(y_3)=\dfrac{p+q}{2}$

再计算 $p(x|y)$，得 $[p(x_i|y_j)]=\begin{bmatrix}1 & 0 & \dfrac{p}{p+q} \\ 0 & 1 & \dfrac{q}{p+q}\end{bmatrix}$。

$$H(X|Y)=-\sum_{i=1}^{2}\sum_{j=1}^{3}p(y_j)p(x_i|y_j)\log p(x_i|y_j)$$
$$=p(y_3)\left[-\sum_{i=1}^{2}p(x_i|y_3)\log p(x_i|y_3)\right]$$
$$\leqslant p(y_3)\max\left[-\sum_{i=1}^{2}p(x_i|y_3)\log p(x_i|y_3)\right]$$
$$\leqslant p(y_3)\times 1$$
$$\leqslant \dfrac{1}{2}(p+q)=D=D^*$$

二元删除信道集 P_D 中,有 $I(X;Y)=H(X)-H(X|Y) \geqslant (1-D)$ bit/符号,那么一定存在一个二元删除信道,其平均互信息达到这个最小值,即在这个信道中满足 $p(x_1|y_3)=p(x_2|y_3)$,则 $\dfrac{p}{p+q}=\dfrac{q}{p+q}$,所以 $p=q$。此时,信道矩阵 $\boldsymbol{P}=\begin{bmatrix} 1-p & 0 & p \\ 0 & 1-p & p \end{bmatrix}$。这个信道中,

$$\begin{cases} \overline{D}=D^*=p \\ I(X;Y)=1-\overline{D} \end{cases}$$

根据信息率失真函数的定义,可得 $R(D)=\min\limits_{P_D} I(X;Y)=1-\overline{D}, 0\leqslant \overline{D}\leqslant 1$。

注:本题考查的知识点是 4.2 节离散信源和连续信源的率失真函数计算。题解:紧扣信息率失真函数的定义,充分理解假想信道的概念。

7. 设某一离散泊松信源的概率分布为 $p_i=\dfrac{\lambda^i}{i!}e^{-\lambda}$,且 $\sum\limits_{i=0}^{\infty} \dfrac{\lambda^i}{i!}e^{-\lambda}=1$,设其失真函数为 $d_{ij}=1-\delta_{ij}=\begin{cases} 0, & i=j \\ 1, & i\neq j \end{cases}$,试求:(1)信源 $R(D)$ 函数的定义域;(2)若令参数 $\lambda=1$,求 D 的取值范围。

解答:(1)由 $R(D)$ 函数性质可得其定义域 $[D_{\min}, D_{\max}]$ 为

$$D_{\min}=0$$

$$D_{\max}=\min_j\left(\sum_i p_i d_{ij}\right)=\min_j\left(\sum_i \dfrac{\lambda^i}{i!}e^{-\lambda}d_{ij}\right)$$

由失真矩阵的定义得 $[d_{ij}]=\begin{bmatrix} 0 & 1 & 1 & \cdots \\ 1 & 0 & 1 & \cdots \\ 1 & 1 & 0 & \cdots \\ \vdots & \vdots & \vdots & \ddots \end{bmatrix}$,由泊松分布性质可知 $\lambda\leqslant 1$,则

当 $j=0$ 时,$D_{\max}=\lambda e^{-\lambda}+\dfrac{\lambda^2}{2!}e^{-\lambda}+\cdots$

当 $j=1$ 时,$D_{\max}=e^{-\lambda}+\dfrac{\lambda^2}{2!}e^{-\lambda}+\cdots$

当 $j=2$ 时,$D_{\max}=e^{-\lambda}+\lambda e^{-\lambda}+\cdots$

比较前三项,并考虑 $\lambda\leqslant 1$,得到 $R(D)$ 函数的定义域为 $[0, \lambda e^{-\lambda}]$。

(2)令 $\lambda=1$,则 $R(D)$ 函数的定义域为 $[0, e^{-1}]$。

注:本题考查的知识点是 4.1.3 节信息率失真函数的性质。题解:根据定义计算信息率失真函数的定义域。

8. 无记忆信源 $X\in\{-1,0,+1\}$,信源符号等概率出现;信宿 $Y\in\left\{-\dfrac{1}{2},+\dfrac{1}{2}\right\}$,失真矩阵 $[d]=\begin{bmatrix} 1 & 2 \\ 1 & 1 \\ 2 & 1 \end{bmatrix}$。试求:(1)信源的最大平均失真度及相应的转移概率矩阵;(2)信源的最小平均失真及相应的转移概率矩阵。

解答：(1) 最大失真度 $D_{\max} = \min_j \left(\sum_i p_i d_{ij} \right) = \min_j \left\{ \frac{1}{3}(1+1+2), \frac{1}{3}(2+1+1) \right\} = \frac{4}{3}$。此时，$j=1$ 或 $j=2$ 都可以，相应的转移概率矩阵为 $[p(y|x)] = \begin{bmatrix} 1 & 0 \\ 1 & 0 \\ 1 & 0 \end{bmatrix}$，或

$[p(y|x)] = \begin{bmatrix} 0 & 1 \\ 0 & 1 \\ 0 & 1 \end{bmatrix}$，或 $[p(y|x)] = \begin{bmatrix} a & 1-a \\ a & 1-a \\ a & 1-a \end{bmatrix}$，$0 < a < 1$。

(2) 最小失真度 $D_{\min} = \sum_{i=1}^{3} p(x_i) \min_j d(x_i, y_j) = \frac{1}{3}[1+1+1] = 1$。此时，相应的转移概率矩阵为 $[p(y|x)] = \begin{bmatrix} 1 & 0 \\ 0 & 1 \\ 0 & 1 \end{bmatrix}$，或 $[p(y|x)] = \begin{bmatrix} 1 & 0 \\ 1 & 0 \\ 0 & 1 \end{bmatrix}$，或 $[p(y|x)] = \begin{bmatrix} 1 & 0 \\ b & 1-b \\ 0 & 1 \end{bmatrix}$，$0 < b < 1$。

注：本题考查的知识点是 4.1.1 节失真函数和平均失真。题解：(1) 最小失真度不一定都为 0，它与定义的失真函数有关。只有当失真矩阵中每行至少有一个零元素时，信源的最小失真度才能达到零值；(2) 最大失真度是使得 $R(D)=0$ 的最小 D 值。

9. 输入符号集为 (x_1, x_2)，$p(x_1) = \frac{1}{4}$；输出符号集为 (y_1, y_2)；转移概率 $q(y_1|x_1) = \frac{3}{5}$，$q(y_1|x_2) = \frac{3}{10}$。符号失真函数为 $d(x_1, y_1) = 0$，$d(x_1, y_2) = a$，$d(x_2, y_1) = 5-a$，$d(x_2, y_2) = 0$，$0 < a \leq 5$。试：(1) 计算信道输出的信息量；(2) 计算平均失真，最小平均失真如何得到？(3) 计算 $R(0)$ 和对应的转移概率矩阵。(4) 计算 $D_{\max}$，即当从信源得不到任何信息时的最小失真。a 为何值时可达到 $D_{\max}$？

解答：(1) 由题意，失真矩阵 $[d] = \begin{bmatrix} 0 & a \\ 5-a & 0 \end{bmatrix}$，假想信道的转移概率矩阵 $[p(y_j|x_i)] = \begin{bmatrix} \frac{3}{5} & \frac{2}{5} \\ \frac{3}{10} & \frac{7}{10} \end{bmatrix}$，联合概率矩阵 $[p(x_i y_j)] = \begin{bmatrix} \frac{3}{20} & \frac{1}{10} \\ \frac{9}{40} & \frac{21}{40} \end{bmatrix}$。

输出符号的概率分布

$$q(y_1) = \sum_{i=1}^{2} p(x_i) q(y_1|x_i) = \frac{1}{4} \times \frac{3}{5} + \frac{3}{4} \times \frac{3}{10} = \frac{3}{8}, \quad q(y_2) = 1 - \frac{3}{8} = \frac{5}{8}$$

信道输出的信息量等于其信息熵：$H(Y) = H\left(\frac{3}{8}, \frac{5}{8} \right) = 0.954 \text{bit/符号}$。

(2) 平均失真

$$E(D) = \sum_{i=1}^{2} \sum_{j=1}^{2} p(x_i y_j) d(x_i, y_j) = \frac{1}{10} \times a + \frac{9}{40} \times (5-a) = \frac{9-a}{8}$$

由 $0 < a \leq 5$ 得，当 $a = 5$ 时，达到最小平均失真 $\min_a E(D) = \frac{1}{2}$。

（3）如果 $D=0$，则信息率失真函数为最大值 $H(X)=H\left(\dfrac{1}{4},\dfrac{3}{4}\right)=0.811\text{bit}/符号$，对应的转移概率矩阵为 $[p(y_j|x_i)]=\begin{bmatrix}1&0\\0&1\end{bmatrix}$，此时输入和输出符号之间有一一对应的关系。

（4）由 $D_{\max}=\min\limits_{j}\sum\limits_{i=1}^{2}p(x_i)d(x_i,y_j)=\min\left\{\dfrac{1}{4}a,\dfrac{3}{4}(5-a)\right\}$，可得

$$\begin{cases}D_{\max}=\dfrac{1}{4}a, & 当\ 0\leqslant a\leqslant\dfrac{15}{4}\\ D_{\max}=\dfrac{3}{4}(5-a), & 当\ \dfrac{15}{4}\leqslant a\leqslant 5\end{cases}$$

当 $a=\dfrac{15}{4}$ 时，D 达到最大值 $D_{\max}=\dfrac{15}{16}\approx 0.938$。

注：本题考查的知识点是 4.1.2 节信息率失真函数、4.1.3 节信息率失真函数的性质。题解：(1) 紧扣失真函数和平均失真的定义；(2) 信息率失真函数的定义域。

10. 设信源输出符号有两种 $X\in\{u_1,u_2\}$，接收端收到的符号有三种 $Y\in\{v_1,v_2,v_3\}$，信源符号等概率，失真矩阵 $\boldsymbol{d}=\begin{bmatrix}0&1&3\\3&1&0\end{bmatrix}$。设可允许的平均符号失真 $D\leqslant 0.45$，问两种转移概率矩阵 $\boldsymbol{P}'_{ij}=\begin{bmatrix}0.7&0.2&0.1\\0.1&0.2&0.7\end{bmatrix}$ 和 $\boldsymbol{P}''_{ij}=\begin{bmatrix}0.8&0.1&0.1\\0.1&0.1&0.8\end{bmatrix}$ 是否满足这个限失真要求？

解答：转移概率矩阵 $\boldsymbol{P}'_{ij}$ 下的平均失真

$$D_1=\sum_{i=1}^{2}\sum_{j=1}^{3}p(u_i)p(v_j\mid u_i)d(u_i,v_j)$$
$$=0.5\times(0.7\times 0+0.2\times 1+0.1\times 3+0.1\times 3+0.2\times 1+0.7\times 0)=0.5$$

转移概率矩阵 $\boldsymbol{P}''_{ij}$ 下的平均失真

$$D_2=\sum_{i=1}^{2}\sum_{j=1}^{3}p(u_i)p(v_j/u_i)d(u_i,v_j)=0.4$$

可见 $\boldsymbol{P}'_{ij}$ 不满足 $D\leqslant 0.45$ 这个要求，而 $\boldsymbol{P}''_{ij}$ 满足这个限失真要求，所以 $\boldsymbol{P}''_{ij}$ 属于 P_D 集合。

由 $p(v_j)=\sum\limits_{i=1}^{2}p(u_i)P(v_j\mid u_i)$ 得 $p(v_1)=\dfrac{9}{20}$，$p(v_2)=\dfrac{1}{10}$，$p(v_3)=\dfrac{9}{20}$。根据互信息计算公式，得 $I(\boldsymbol{P}''_{ij})=\sum\limits_{i=1}^{2}\sum\limits_{j=1}^{3}p(u_i)P(v_j\mid u_i)\log\dfrac{P(v_j\mid u_i)}{p(v_j)}=0.45$，该值不一定是满足 "$\boldsymbol{P}_{ij}$ 属于 P_D 集合" 条件中的最小的，即当 $D=0.45$ 时的 $R(D)$ 值也许小于 0.45。

注：本题考查的知识点是 4.1.3 节信息率失真函数的性质。题解：(1) 平均失真的定义式；(2) 假想信道集合 P_D 的物理含义。

11. 对于等概率离散信源，如果失真函数矩阵具有准对称性，求证：在保持同样平均失真 D 的条件下，使 $I(U;V)$ 达到极小的试验信道矩阵 $\boldsymbol{P}_{ij}$ 必须具有相同的准对称性，即对于相同 d_{ij} 的 $\boldsymbol{P}_{ij}$ 必相同（提示：将相同 d_{ij} 的 $\boldsymbol{P}_{ij}$ 均匀化，D 不变，而将 $I(U;V)$ 取极小值）。

解答：不失一般性，设矩阵 $[d_1]$ 是失真矩阵 $[d]$ 的前 n 列组成的子阵，具有可排列性，

即 $[d_1] = \begin{bmatrix} d_{11} & d_{12} & \cdots & d_{1n} \\ d_{21} & d_{22} & \cdots & d_{2n} \\ \vdots & \vdots & \ddots & \vdots \\ d_{n1} & d_{n2} & \cdots & d_{nn} \end{bmatrix}$。

设平均失真限于 D 时,达到 $R(D)$ 的试验信道的条件概率矩阵是 $[P_{ij}]$,其前 n 列组成的子矩阵记为 $[P_1^{(1)}]$,$[P_1^{(1)}] = \begin{bmatrix} P_{11} & P_{21} & \cdots & P_{n1} \\ P_{12} & P_{22} & \cdots & P_{n2} \\ \vdots & \vdots & \ddots & \vdots \\ P_{1n} & P_{2n} & \cdots & P_{nn} \end{bmatrix}$。

由 $[P_1^{(1)}]$ 可导出另外 $(n-1)$ 个子阵 $[P_1^{(2)}], [P_1^{(3)}], \cdots, [P_1^{(n)}]$。其中,$[P_1^{(2)}]$ 是由 $[P_1^{(1)}]$ 的第 K 行与第 $K-1$ 行 ($K=2,3,\cdots,n$) 置换,第 1 行与第 n 行置换。置换时,用 d_{ij} 相同位置上的 $\boldsymbol{P}_{ij}$ 去置换上一行相应的条件概率值。由于 $[d_1]$ 的行、列的可排列性,故每一个置换都是使 $[P_1]$ 的列重新置换一次,则有

(1) 由每个 $[P_1^{(i)}], i=1,2,\cdots,n$,计算出的平均失真都是相等的。

(2) 互信息值不变,即 $I(P_{ij}^{(i)})(i=1,2,\cdots,n)$ 均等于 $R(D)$。这是因为各 $[P_{ij}^{(i)}]$ 由相同的元素组成,只是排列不同。又由于可排列性,原来在同一列上的 $\boldsymbol{P}_{ij}$ 经每次置换后仍在同一列上,而输入是等概率的。故 q_j 也重新排列一次,但是 $H(V)$ 不变,若取 $[\widetilde{P}_1] = \frac{1}{n}\sum_{i=1}^{n}[P_1^{(i)}]$,则由 $[\widetilde{P}_1]$ 计算得的 D 仍为原来的值,由于互信息的下凸性,$I[\widetilde{P}_i] \leqslant R(D)$。这与 $R(D)$ 定义矛盾,故 $[P_1]$ 只能也具有与 $[d_1]$ 对应的平均排列特性。即相同的 d_{ij} 所对应的 $\boldsymbol{P}_{ij}$ 相等。

上述结论亦可推广到整个 $[d]$ 和 $[P_{ij}]$。

注:本题考查的知识点是 4.1.2 节信息率失真函数、4.1.3 节信息率失真函数的性质。

12. 设信源 X 输出符号有三种 $\{x_1, x_2, x_3\}$,三符号等概率出现,失真矩阵 $[d] = \begin{bmatrix} 1 & 2 \\ 1 & 1 \\ 2 & 1 \end{bmatrix}$,试求:(1) $D_{\min}$ 和 $D_{\max}$;(2) 信源的信息率失真函数 $R(D)$。

解答:(1) 由失真矩阵,易得

$$D_{\min} = \frac{1}{3}(1+1+1) = 1, \quad D_{\max} = \min\left\{\frac{1}{3} \times 4, \frac{1}{3} \times 4\right\} = \frac{4}{3}$$

(2) 信源等概率,若失真矩阵具有对称性,则在 $p(y|x)$ 具有对称性时求出的 $I(X;Y)$ 就等于信息率失真函数。因此,根据失真矩阵的对称性,可假想一条信道,其转移概率矩阵

$$\boldsymbol{P} = \begin{bmatrix} 1-\alpha & \alpha \\ \dfrac{1}{2} & \dfrac{1}{2} \\ \alpha & 1-\alpha \end{bmatrix}, 0 < \alpha < \frac{1}{2}。$$

先计算 $p(y)$,得 $p(y_1) = p(y_2) = \dfrac{1}{2}$。

该假想信道的互信息

$$I(X;Y) = H(Y) - H(Y|X) = \log 2 + \frac{1}{3}\sum_{XY} p(y|x)\log p(y|x)$$

$$= \log 2 + \frac{1}{3} \times 2 \times \left[(1-\alpha)\log(1-\alpha) + \alpha\log\alpha + \frac{1}{2}\log\frac{1}{2}\right]$$

$$= \frac{2}{3}[\log 2 - H(\alpha)]$$

这条假想信道的平均失真 $D = \sum_{XY} p(xy)d(x,y) = 1 + \frac{2}{3}\alpha$，因为 $D \leqslant D^*$，所以 $\alpha \leqslant \frac{3}{2}(D^*-1)$。又因为 $0 < \alpha < 1$，则 $\frac{3}{2}(D-1) < 1$，可得 $D_{\max} = \frac{4}{3}$。

将 $\alpha \leqslant \frac{3}{2}(D^*-1)$ 代入 $I(X;Y)$，得 $I(X;Y) \geqslant \frac{2}{3}\left\{\log 2 - H\left[\frac{3}{2}(D-1)\right]\right\}$。这样，得到该信源的信息率失真函数

$$R(D) = \begin{cases} \frac{2}{3}\left\{\log 2 - H\left[\frac{3}{2}(D-1)\right]\right\}, & 1 \leqslant D \leqslant \frac{4}{3} \\ 0, & D < 1, D > \frac{4}{3} \end{cases}$$

注：本题考查的知识点是 4.1.3 节信息率失真函数的性质、4.2 节离散信源和连续信源的率失真函数计算。题解：紧扣信息率失真函数的定义，充分理解假想信道的概念。

13. 三元信源的概率分别为 $p(0)=0.4, p(1)=0.4, p(2)=0.2$，失真函数 d_{ij}：当 $i=j$ 时，$d_{ij}=0$；当 $i \neq j$ 时，$d_{ij}=1 (i,j=0,1,2)$。求信息率失真函数 $R(D)$。

解答：该三元信源的熵 $H(X) = H(0.4, 0.4, 0.2) = 1.522$ bit/符号

由题意，失真矩阵为 $\begin{bmatrix} 0 & 1 & 1 \\ 1 & 0 & 1 \\ 1 & 1 & 0 \end{bmatrix}$

采用参量法求信息率失真函数，参量法参见参考书目[2]。
列出求解 λ_1、λ_2 和 λ_3 的方程：

$$\begin{cases} 0.4\lambda_1 + 0.4\lambda_2 e^s + 0.2\lambda_3 e^s = 1 \\ 0.4\lambda_1 e^s + 0.4\lambda_2 + 0.2\lambda_3 e^s = 1 \\ 0.4\lambda_1 e^s + 0.4\lambda_2 e^s + 0.2\lambda_3 = 1 \end{cases}$$

可得 $\lambda_1 = \lambda_2 = \dfrac{1}{0.4(1+2e^s)}$，$\lambda_3 = \dfrac{1}{0.2(1+2e^s)}$

列出求解 $p(y_1)$、$p(y_2)$ 和 $p(y_3)$ 的方程：

$$\begin{cases} p(y_1) + p(y_2)e^s + p(y_3)e^s = \dfrac{1}{\lambda_1} \\ p(y_1)e^s + p(y_2) + p(y_3)e^s = \dfrac{1}{\lambda_2} \\ p(y_1)e^s + p(y_2)e^s + p(y_3) = \dfrac{1}{\lambda_3} \end{cases}$$

可得 $p(y_1) = p(y_2) = \dfrac{0.2(2-e^s)}{1-e^s}$，$p(y_3) = \dfrac{0.2(1-3e^s)}{1-e^s}$

将上述结果代入以 s 为参数的失真函数 $D(s)$,可得

$$\begin{aligned}D(s)&=\sum_i\sum_j p(x_i)p(y_j)d(x_i,y_j)\lambda_i\mathrm{e}^{sd(x_i,y_j)}\\&=\frac{0.4(2-\mathrm{e}^s)\mathrm{e}^s}{(1-\mathrm{e}^s)(1+2\mathrm{e}^s)}+\frac{0.4(1-3\mathrm{e}^s)\mathrm{e}^s}{(1-\mathrm{e}^s)(1+2\mathrm{e}^s)}+\frac{0.4(2-\mathrm{e}^s)\mathrm{e}^s}{(1-\mathrm{e}^s)(1+2\mathrm{e}^s)}\\&=\frac{2\mathrm{e}^s}{(1+2\mathrm{e}^s)}\end{aligned}$$

解出参量 $s=\ln\dfrac{D}{2(1-D)}$

因为参量 s 取负值,所以 $\mathrm{e}^s<1$,则 $1-\mathrm{e}^s>0$。因为 $p(y_j)>0(j=0,1,2)$,由输出符号 Y 的概率分布可知 $p(y_1)=p(y_2)>0$(因为 $2-\mathrm{e}^s>0$),要使 $p(y_3)>0$,则必须 $1-3\mathrm{e}^s\geqslant 0$,即 $\mathrm{e}^s\leqslant\dfrac{1}{3}$。

此时有,$\mathrm{e}^s=\dfrac{D}{2(1-D)}\leqslant\dfrac{1}{3}$,则 $D\leqslant\dfrac{2}{5}=0.4$。

由题中给出的失真函数,可知 $D_{\min}=0$,$D_{\max}=\min\{0.6,0.6,0.8\}=0.6$。所以,当 $D>0.4$ 时,必须有 $p(y_3)=0$。因此,需要分两个区域来计算信息率失真函数。

(1) $0\leqslant D\leqslant 0.4$

此时,$p(y_3)\neq 0$,由前面计算得到的 $D(s)=\dfrac{2\mathrm{e}^s}{(1+2\mathrm{e}^s)}$ 和 $s=\ln\dfrac{D}{2(1-D)}$,可得

$$\begin{aligned}R(D)&=sD+\sum_i p(x_i)\ln\lambda_i\\&=D\ln\frac{D}{2(1-D)}+2\times 0.4\ln\frac{5}{2}(1-D)+0.2\ln 5(1-D)\\&=\ln 5-(D+0.8)\ln 2-H(D)\quad\text{nat/符号}\end{aligned}$$

因为 $H(X)=-0.8\log 0.4-0.2\log 0.2=\log 5-0.8\log 2$,所以 $R(D)$ 也可写成

$$R(D)=H(X)-D\ln 2-H(D)\quad\text{nat/符号}$$

当 $D=0$ 时,$R(0)=H(X)=\ln 5-0.8\ln 2$ nat/符号

当 $D=0.4$ 时,$R(0.4)=0.6\ln 3-0.8\ln 2$ nat/符号

(2) $0.4<D<0.6$

此时,必须有 $p(y_3)=0$。由前面的计算知 $p(y_1)=p(y_2)$,则 $p(y_1)=p(y_2)=0.5$。此时,

$$\begin{cases}0.5+0.5\mathrm{e}^s+0\times\mathrm{e}^s=\dfrac{1}{\lambda_1}\\0.5\mathrm{e}^s+0.5+0\times\mathrm{e}^s=\dfrac{1}{\lambda_2}\\0.5\mathrm{e}^s+0.5\mathrm{e}^s+0=\dfrac{1}{\lambda_3}\end{cases}$$

求得 $\lambda_1=\lambda_2=\dfrac{2}{1+\mathrm{e}^s}$,$\lambda_3=\dfrac{1}{\mathrm{e}^s}$,则

$$D(s) = 2 \times \left[0.4 \times \frac{1}{2} \times \frac{2}{1+e^s} e^s + 0.2 \times \frac{1}{2} \times \frac{1}{e^s} e^s \right] = \frac{0.2 + e^s}{1 + e^s}$$

所以，$e^s = \dfrac{D - 0.2}{1 - D}$，$1 + e^s = \dfrac{0.8}{1 - D}$，$s = \ln\dfrac{D - 0.2}{1 - D}$

此时，信息率失真函数

$$\begin{aligned} R(D) &= sD + 2 \times 0.4\ln\lambda_1 + 0.2\ln\lambda_2 \\ &= (1 - D)\ln(1 - D) + (D - 0.2)\ln(D - 0.2) - 0.8\ln 0.4 \quad \text{nat/符号} \end{aligned}$$

当 $D = 0.4$ 时，$R(0.4) = 0.6\ln 3 - 0.8\ln 2$ nat/符号

当 $D = 0.4$ 时，$R(0.6) = 0.4\ln 0.4 + 0.4\ln 0.4 - 0.8\ln 0.4 = 0$

综合上述两种情况，信息率失真函数

$$R(D) = \begin{cases} \ln 5 - (D + 0.8)\ln 2 - H(D), & 0 \leqslant D \leqslant 0.4 \\ (1 - D)\ln(1 - D) + (D - 0.2)\ln(D - 0.2) + 0.8\ln 0.4, & 0.4 \leqslant D \leqslant 0.6 \\ 0, & D > 0.6 \end{cases}$$

注：本题考查的知识点是 4.2 节离散信源和连续信源的 $R(D)$ 计算。题解：(1) 参考书目中的参量计算法；(2) 根据信息率失真函数的定义域区间来计算信息率失真函数。

14. 设某语音信号 $\{x(t)\}$，其频率范围为 $0 \sim 4$ kHz，经采样、量化、二元编码。如每个样本的分层数为 $m = 128$，且每个分层等概率分布，则每个样本编码为 7 位二元码。求：(1) 此语音信号的信息传输速率；(2) 现采用以下方法对该语音信号进行压缩：压缩器选择二元码中的 16 个长 7 位的二元序列组成一个汉明码，其码字 $W = (c_6 c_5 c_4 c_3 c_2 c_1 c_0)$，它们满足汉明关系式 $\begin{cases} c_2 = c_5 \oplus c_4 \oplus c_3 \\ c_1 = c_6 \oplus c_4 \oplus c_3 \\ c_0 = c_6 \oplus c_5 \oplus c_3 \end{cases}$，$\oplus$ 为模二加。压缩器将这 128 个二元信源序列全部映射成对应的码字，而且映射成与它距离最近的那个码字（即原信源序列与映射成的码字只有 1 位码元不同）。这样经过压缩器后只输出 16 个 4 位长的二元序列（即压缩器的输出为 $(c_6 c_5 c_4 c_3)$），又假设信源失真度为汉明失真，即 $d(0,1) = d(1,0) = 1$，$d(0,0) = d(1,1) = 0$，试求：① 在这种压缩编码方法下，该语音信号的信息传输速率；② 在这种压缩编码方法下，平均每个二元符号的失真度 $d(C)$；③ 在允许失真等于上述所述 $d(C)$ 失真下，二元信源的信息率失真函数 $R(D)$。并说明此时语音信号的信息传输速率最大可压缩到多少。

解答：(1) 该语音信号的最高频率为 4 kHz，按照奈奎斯特采样定理，采样频率为信号最高频率的 2 倍，为 8 kHz，即每秒采样 8000 个样本值。由题意，每个样本的分层数为 128，若每个分层是等概率分布，则每个样本含有的信息量为 $\log_2 128 = 7$ bit/样本。则该语音信号的信息传输速率 $R_t = 8000 \times 7 = 5.6 \times 10^4$ bit/s。

(2) 该语音信号经采样、量化后，每个样本值需用 7 位二元码编码。每个 7 位二元码表示不同的分层值。现将 7 位二元码序列通过一个压缩器，使每个 7 位二元码压缩成 4 位长的二元码。也就是将这 128 个不同的 7 位二元码映射成 16 个 4 位二元码，其映射方法是首先选用 16 个 7 位长的二元序列组成一组汉明码，将原来 128 个不同的 7 位二元码信源序列分成 16 个集合。这 16 个集合互不相交。在每个集合中包含 1 个汉明码的码字，而其他 15 个 7 位长的二元序列与这个汉明码的码字距离最近。然后，每个集合就只输出这个汉明码的码字，16 个集合就输出 16 个码字。这样，经压缩器后只输出 16 个 4 位长的二元序列，

每个7位长的样本值就被压缩成4位长的二元序列了。

① 因现在每个样本值只需要4位长的二元序列来表示，每个样本的分层值是等概率分布的，所以压缩后该语音信号的信息传输速率 $R_t = 8000 \times 4 = 3.2 \times 10^4 \text{bit/s}$。

② 这种压缩方法会带来失真，假设失真度为汉明失真，由于每个集合中16个7位长的信源序列，除了1个是汉明码字外，其他15个信源序列都与所映射的这个码字距离最近，即距离为1（只有1位码元不同）。所以，除了16个汉明码字与所映射的7位长二元信源序列无失真外，其他(128-16)个7位长二元信源序列映射成对应的码字都有1位码元不同。这种压缩方法，可看成是一种特殊的试验信道

$$p(b_j \mid a_i) = \begin{cases} 1, & b_j \in C, b_j = f(a_i) \\ 0, & b_j \neq f(a_i) \end{cases}$$

式中，C 表示汉明码；$f(\cdot)$ 表示映射关系。

因为 $d(a_i, b_j) = \begin{cases} 1, & a_i \neq b_j, b_j = f(a_i) \\ 0, & b_j \neq f(a_i) \end{cases}$，则有

$$d(C) = \frac{1}{N} \sum_{i=1}^{128} \sum_{j=1}^{128} p(a_i) p(b_j \mid a_i) d(a_i, b_j) = \frac{1}{7} \times \frac{1}{128}(128-16) = \frac{1}{8}$$

③ 原信源是二元信源，且等概率分布，失真度为汉明失真，则有

$$R(D) = 1 - H(D) \text{bit/二元符号}$$

当允许失真 $D = d(C) = \frac{1}{8}$ 时，$R\left(\frac{1}{8}\right) = 1 - H\left(\frac{1}{8}\right) \approx 1 - 0.5436 \approx 0.4564 \text{bit/二元符号}$

可见，在允许失真 $D = \frac{1}{8}$ 时，每个二元信源符号只需用0.4564二元码符号来描述，则此时，该语音信号的传输速率最大可压缩到 $R_t = 5.6 \times 10^4 \times R(D) \approx 2.556 \times 10^4 \text{bit/s}$。

注：本题是一道综合应用题，考查的知识点是4.1节信息率失真函数的概念和性质。题解：充分理解信源压缩的概念和方法、失真函数的定义和应用，以及信息率失真函数。

第5章 信源编码

本章学习重点：
- 信源编码的目的和码的定义。
- 无失真信源编码定理。
- 无失真信源编码方法。
- 常用的无失真信源编码方法。
- 限失真信源编码定理。
- 常用的限失真信源编码方法。

5.1 知识点

5.1.1 信源编码

1. 信源编码

分组码：信源输出符号序列 $\boldsymbol{X}=(X_1,X_2,\cdots,X_L)$，序列长度为 L，$X_1\in\{a_1,a_2,\cdots,a_n\}$；每个符号序列 $\boldsymbol{X}_i$ 依照码表映射成一个码字 $\boldsymbol{Y}_i$，这种码也称为分组码或块码，$\boldsymbol{Y}=(Y_1,Y_2,\cdots,Y_K)$，$Y_k\in\{b_1,b_2,\cdots,b_m\}$。

非分组码：不存在码表。

2. N 次扩展码

分组码的 N 次扩展码：设信源符号 s_i，$i=1,2,\cdots,q$，映射为一个固定的码字 W_i，$i=1,2,\cdots,q$，则码 $\alpha_j=(s_{j1},s_{j2},\cdots,s_{jN})$ 映射为 $W_j=(W_{j1},W_{j2},\cdots,W_{jN})$ 的分组码称为原分组码的 N 次扩展。

3. 分组码的性质

1) 非奇异性

若一种分组码中的所有码字都互不相同，则称此分组码为非奇异码，否则称为奇异码。

分组码是非奇异码只是正确译码的必要条件。

2) 唯一可译性

一个分组码若对于任意有限的整数 N，其 N 阶扩展码均为非奇异的，则称为唯一可译码。

分组码是唯一可译的，这是分组码正确译码的充要条件。

3) 即时码

无须考虑后续的码符号即可以从码符号序列中译出码字，这样的唯一可译码称为即时码。

即时码的条件：设 $W_i = W_{i1}W_{i2}\cdots W_{il}$ 为一个码字，对于任意的 $1 \leqslant j \leqslant l$，称码符号序列的前 j 个元素 $W_{i1}W_{i2}\cdots W_{ij}$ 为码字 W_i 的前缀。

唯一可译码成为即时码的充要条件是码组中任何一个码字都不是其他码字的前缀。

5.1.2 无失真信源编码

1. 定长编码

离散无记忆信源 $\begin{bmatrix} X \\ P \end{bmatrix} = \begin{bmatrix} x_1 & x_2 & \cdots & x_n \\ p(x_1) & p(x_2) & \cdots & p(x_n) \end{bmatrix}$ 的熵为 $H(X)$，由 L 个符号组成的平稳序列 $(X_1, X_2, \cdots, X_L)$，可用 K 个符号 $(Y_1, Y_2, \cdots, Y_K)$，$y_k \in \{y_1, y_2, \cdots, y_m\}$ 进行定长编码。对于 $\forall \varepsilon > 0, \delta > 0$，只要满足 $\frac{K}{L}\log m \geqslant H_L(\boldsymbol{X}) + \varepsilon$，则当 L 足够大时，必可使译码差错小于 δ。

反之，若 $\frac{K}{L}\log m \leqslant H_L(\boldsymbol{X}) - 2\varepsilon$，译码差错一定是有限值，且当 L 足够大时，译码错误概率趋于 1。

2. 变长编码

为了能够即时译码，变长码必须是即时码，且变长码一般也要为唯一可译码，所以需要先判断唯一可译码的充要条件。

克拉夫特(Kraft)不等式：设信源符号集 $S = (s_1, s_2, \cdots, s_q)$，码符号集 $X = (x_1, x_2, \cdots, x_r)$，对信源进行编码，相应的码字 $W = (W_1, W_2, \cdots, W_q)$，分别对应的码长为 $l_1, l_2, \cdots, l_q$，则唯一可译码存在的充要条件是 $\sum_{i=1}^{q} r^{-l_i} \leqslant 1$。

单个符号变长编码定理：若离散无记忆信源的符号熵为 $H(X)$，每个信源符号用 m 进制码元进行变长编码，一定存在一种无失真编码方法，其码字平均长度 $\overline{K}$ 满足下列不等式

$$\frac{H(X)}{\log m} \leqslant \overline{K} \leqslant \frac{H(X)}{\log m} + 1$$

离散平稳无记忆序列变长编码定理：对于平均符号熵为 $H_L(\boldsymbol{X})$ 的离散平稳无记忆信源，必存在一种无失真编码方法，使平均信息率 $\overline{K}$ 满足不等式

$$H_L(\boldsymbol{X}) \leqslant \overline{K} \leqslant H_L(\boldsymbol{X}) + \varepsilon$$

式中，ε 为任意小的正数。

5.1.3 无失真信源编码方法

1. 香农编码

香农编码是一种常见的可变长编码，其理论基础是符号的码字长度完全由该符号出现

的概率来决定。

2. 哈夫曼编码

哈夫曼编码也是一种常见的可变长编码,依据各符号出现的概率来构造码字,其基本原理是基于二叉树的编码思想,所有可能的输入符号在哈夫曼树上对应为一个节点,节点的位置就是该符号的哈夫曼编码。

3. 算术编码

算术编码是非分组码的编码方法,它从全信源序列出发,考虑符号之间的依赖关系直接对信源符号序列进行编码。

5.1.4 限失真信源编码

限失真信源编码定理:设离散无记忆信源 X 的信息率失真函数为 $R(D)$,则当信息传输率 $R > R(D)$ 时,只要信源序列长度 L 足够长,一定存在一种编码方法,其译码失真小于或等于 $D+\varepsilon$,ε 为任意小的正数;反之,若 $R < R(D)$,则无论采用什么样的编码方法,其译码失真必大于 D。

该定理也称香农第三极限定理。在允许一定失真的情况下,信源的信息率失真函数 $R(D)$ 可以作为衡量各种压缩编码方法性能优劣的一种尺度。

5.1.5 限失真信源编码方法

1. 矢量量化编码

矢量量化编码的原理是将输入的 k 维矢量 X_i 通过一个矢量量化器 $Q(X)$,映射成对应的 k 维输出矢量 Y_i,$Y=\{Y_1,Y_2,\cdots,Y_N\}$,共有 N 种矢量组成的集合 Y 称为码书。矢量量化编码的设计关键是码书设计和码字搜索。

2. 预测编码

预测编码是利用信源的相关性来压缩码率,它从已收到的符号中提取关于未收到符号的信息,从而预测最可能的值作为预测值,并对预测值和实际值之差进行编码。

3. 变换编码

变换编码通过变换来解除或减弱信源符号间的相关性,再将变换后的样值进行标量量化,或采用对于独立信源符号的编码方法,以达到压缩码率的目的。

5.2 习题详解

5.2.1 选择题

1. 下列组合中不属于即时码的是(   )。
   A. {0,01,011}   B. {0,10,110}
   C. {00,10,11}   D. {1,01,00}

解答:A。A 中的 0 码字是 01 和 011 的前缀,01 又是 011 的前缀,所以不是即时码。

2. 为提高通信系统传输消息的有效性,信源编码采用的方法是(   )。
   A. 压缩信源的冗余度   B. 在信息比特中适当加入冗余比特

C. 设计码的生成矩阵　　　　　　　D. 对多组信息进行交织处理

解答：A。

3. 关于克拉夫特不等式，正确的是（　　）。

   A. 如果编出的码字长度满足克拉夫特不等式，则该码字是唯一可译码
   B. 克拉夫特不等式是唯一可译码的充要条件
   C. 定长码一定满足克拉夫特不等式
   D. 即时码有时不满足克拉夫特不等式

解答：D。

4. 根据树图法构成规则，正确的是（　　）。

   A. 在树根上安排码字　　　　　　　B. 在树枝上安排码字
   C. 在中间节点上安排码字　　　　　D. 在终端节点上安排码字

解答：D。

5. 下列说法正确的是（　　）。

   A. 奇异码是唯一可译码　　　　　　B. 非奇异码是唯一可译码
   C. 非奇异码不一定是唯一可译码　　D. 非奇异码不是唯一可译码

解答：C。

6. 有关哈夫曼编码，以下（　　）不是哈夫曼编码需要进一步研究的问题。

   A. 误差扩散　　B. 速率匹配　　C. 概率匹配　　D. 方差匹配

解答：D。

7. 信源编码中，编码效率与（　　）无关。

   A. 平均码长　　　　　　　　　　　B. $H(X)$
   C. 信源符号的概率分布　　　　　　D. 码长的方差

解答：D。

8. 以下关于哈夫曼编码方法的说法中，错误的是（　　）。

   A. 哈夫曼编码需要精确测定信源的概率特性
   B. 对于二元信源进行哈夫曼编码时，需要多个符号合起来编码
   C. 由哈夫曼编码方法得到的码字集合是唯一的
   D. 哈夫曼编码是用概率匹配方法进行信源编码

解答：C。哈夫曼编码方法得到的码字集合并不唯一。

5.2.2　名词解释

1. 最佳变长码

解答：凡是能载荷一定的信息量，且码字的平均长度最短，可分离的变长码的码字集合称为最佳变长码。

2. 算术编码

解答：从全序列出发，将各信源序列的概率映射到[0,1]区间，使每个序列对应到区间上的一点，这些点将区间分成若干小段，每段的长度对应某一序列的概率。再在段内取一个二进制小数，其长度与该序列的概率匹配，达到高效率编码的目的。

3. 变换编码

解答：变换编码是一种限失真信源编码方法，经变换后的信号的样值能更有效地编码，

即通过变换解除或减弱信源符号间的相关性,再将变换后的样值进行标量量化,从而达到压缩码率的目的。

4. 非奇异码

解答:非奇异码是信源编码中信源符号和编出的码字是一一对应的一类码。

5.2.3 判断题

1. 异前置码一定是唯一可译码。

解答:对。

2. 信源编码通常是通过压缩信源的冗余度来实现的。

解答:对。

3. 香农编码、费诺编码和哈夫曼编码中,编码方法唯一的是香农编码。

解答:对。

4. 非奇异码一定是唯一可译码,唯一可译码不一定是非奇异码。

解答:错。非奇异码并不一定是唯一可译码,唯一可译码一定是非奇异码。

5. 哈夫曼编码是用概率匹配方法进行信源编码。

解答:对。

6. 一个唯一可译码成为即时码的充要条件是其中任何一个码字都不是其他码字的前缀。

解答:对。

7. 对于独立信源,不可能进行预测编码。

解答:对。

8. 对某 7 符号信源进行编码,编出的一组码组为{a,c,bad,ad,abb,deb,bbcde},这组码是唯一可译码。

解答:错。码组中的 ad 在该码的后缀集合中,所以不是唯一可译码。

9. 哈夫曼编码在编码时充分考虑了信源符号分布的不均匀性和符号之间的相关性。

解答:错。哈夫曼编码完全依据符号出现的概率,即信源符号的概率分布来进行编码。

10. 存在长度为(1,2,3,3,3,4,4)的二进制唯一可译码。

解答:错。由克拉夫特不等式得 $\sum_{i=1}^{7} 2^{-K_i} = 2^{-1} + 2^{-2} + 3 \times 2^{-3} + 2 \times 2^{-4} = \frac{5}{4} > 1$,则不存在长度为(1,2,3,3,3,4,4)的二进制唯一可译码。

11. 变长编码的核心问题是寻找紧致码(最佳码),而哈夫曼编码方法构造的是最佳码。

解答:对。

12. 算术编码是一种无失真的分组信源编码,其基本思想是将一定精度的数值作为序列的编码,是以另外一种形式实现的最佳统计匹配编码。

解答:错。算术编码不是统计匹配编码。

13. 即时码的任意一个码字都不是其他码字的前缀部分。

解答:对。

14. 游程序列的熵("0"游程序列的熵与"1"游程序列的熵的和)大于或等于原二元序列的熵。

解答：错。游程序列的熵小于或等于原二元序列的熵。

15. 克拉夫特不等式是唯一可译码的充要条件。

解答：错。克拉夫特不等式是唯一可译码存在的充要条件。

5.2.4 填空题

1. 游程编码比较适用于_____序列。

解答：二元。

2. 即时码又称为_____，有时也称为_____。

解答：非延长码；异前缀码。

3. 唯一可译码可分为两大类，_____码和_____码。

解答：即时码；非即时码。

4. 无失真的信源中，信源输出由_____来度量，在有失真的信源中，信源输出由_____来度量。

解答：$H(X)$；$R(D)$。

5. 无失真信源编码的中心任务是编码后的信息传输率压缩接近_____；限失真压缩的中心任务是在给定的失真度条件下，信息传输率压缩接近到_____。

解答：$H(X)$；$H(X)-\varepsilon$。

6. 若一离散无记忆信源的信息熵 $H(X)$ 等于 2.5bit/符号，对信源进行等长的无失真二进制编码，则编码的长度至少为_____bit。

解答：3。

7. 变长无失真信源编码定理，又称为_____定理，定理说明了只要平均码长_____信源熵，就可以实现唯一可译码。

解答：香农第一；不小于。

5.2.5 问答题

1. 简述保真度准则下的信源编码定理及其物理意义。

解答：保真度准则下的信源编码定理：设离散无记忆信源 X 的信息率失真函数为 $R(D)$，当信息传输率 $R>R(D)$ 时，只要信源序列长度 L 足够长，一定存在一种编码方法，其译码失真小于或等于 $D+\varepsilon$，ε 为任意小的正数；反之，若 $R<R(D)$，则无论采用什么样的编码方法，其译码失真必大于 D。

2. 试写出香农的三个编码定理的主要内容。

解答：香农第一定理：设离散无记忆信源 S 的信源熵为 $H(S)$，它的 N 次扩展信源 $S^N=\{s_1,s_2,\cdots,s_m\},m=q^N$，其熵为 $H(S^N)$。并用码符号 $X=\{x_1,x_2,\cdots,x_r\}$ 对信源 S^N 进行编码，总可以找到一种唯一可译码，使信源 S 中每个符号所需的平均码长满足 $\frac{H(S)}{\log r} \leqslant \frac{\overline{L_N}}{N} \leqslant \frac{H(S)}{\log r}+\frac{1}{N}$。

香农第二定理：设有一个离散无记忆信源平稳信道，其信道容量为 C。当信息传输率 $R<C$ 时，只要码长足够长，则总存在一种编码，可以使平均译码错误概率任意小。

香农第三定理：设 $R(D)$ 是离散无记忆信源的信息率失真函数且为有限值，对于任意的允许失真度 $D \geqslant 0$ 和任意小的正数 ε，当信源序列长度 N 足够长时，一定存在一种编码 C_k，其码字个数 $M \leqslant \exp\{N[R(D)+\varepsilon]\}$，而编码后的平均失真度 $\overline{D} \leqslant D+\varepsilon$。

3. 简述信源编码的主要作用。

解答：信源编码的主要作用有：(1)符号变换，使信源的输出符号与信道的输入符号相匹配；(2)冗余度压缩，编码之后的新信源概率均匀化，信息含量效率等于或接近100%。

4. 简述信源译码的错误扩展现象。

解答：变长码经由信道传送时，由于信道的干扰作用，造成了一定的错误，这些错误在译码时又造成了更多的错误，这就是信源译码的错误扩展现象。

5. 在哈夫曼编码过程中，对缩减信源符号按概率由大到小的顺序重新排列时，应将合并后的新符号排在同概率大小信源符号的前面还是后面？并说明原因。

解答：合并后的新符号应排在同概率大小信源符号的前面，这样可以使合并的信源符号位于缩减信源序列尽可能高的位置上，减少了概率的合并次数，充分利用了短码。这样编出的码字长度的方差最小，从而提高哈夫曼编码的质量。

6. 预测编码的原理是什么？要实现预测编码，需要考虑哪几个方面的问题？

解答：预测编码是通过解除信源符号在时域上的相关性来实现信源匹配编码的方法。实现预测编码，还要考虑3个方面的问题：(1)预测误差准则的选取，决定预测质量标准；(2)预测函数的选取，决定预测质量好坏；(3)预测器的输入数据的选取，决定预测质量好坏。

5.2.6 计算题

1. 将某六进制信源进行二进制编码如表5.1所示。(1)这些码中哪些是唯一可译码？(2)哪些码是非延长码（即时码）？(3)对所有唯一可译码求出它们的平均码长和编码效率。

表 5.1 题 1 的表

消 息	概 率	C_1	C_2	C_3	C_4	C_5	C_6
u_1	1/2	000	0	0	0	1	01
u_2	1/4	001	01	10	10	000	001
u_3	1/16	010	011	110	1101	001	100
u_4	1/16	011	0111	1110	1100	010	101
u_5	1/16	100	01111	11110	1001	110	110
u_6	1/16	101	011111	111110	1111	110	111

解答：(1) 唯一可译码有 C_1、C_2、C_3、C_6。

(2) 非延长码（即时码）有 C_1、C_3、C_6。

(3) $H_L(\boldsymbol{X}) = \sum -p_i \log p_i = 2\text{bit/符号}$

C_1 码组是定长码，平均码长即为编码长度，$\overline{K}_1 = 3\text{bit/符号}$，编码效率 $\eta_1 = \dfrac{H_L(\boldsymbol{X})}{K_1} = \dfrac{2}{3} = 66.7\%$。

C_2 码组是变长码，$\overline{K}_2 = 1 \times \dfrac{1}{2} + 2 \times \dfrac{1}{4} + \dfrac{1}{16} \times (3+4+5+6) = 2.125$ bit/符号，编码效率 $\eta_2 = \dfrac{H_L(\boldsymbol{X})}{\overline{K}_2} = \dfrac{2}{2.125} = 94.1\%$。

C_3 码组是变长码，平均码长 $\overline{K}_2 = \overline{K}_3 = 2.125$ bit/符号，编码效率也为 94.1%。

C_6 码组是变长码，平均码长 $\overline{K}_6 = 2 \times \dfrac{1}{2} + 3 \times \dfrac{1}{4} + 3 \times \dfrac{4}{16} = 2.5$ bit/符号，编码效率 $\eta_6 = \dfrac{H_L(\boldsymbol{X})}{\overline{K}_6} = \dfrac{2}{2.5} = 80\%$。

注：本题考查的知识点是 5.1 节编码的概念，题解：(1)应用克拉夫特不等式和唯一可译码的判别方法判断唯一可译码；(2)根据平均码长的定义计算平均码长。

2. 已知信源的字母消息集为 $X \in \{A, B, C, D\}$，现用二进制码元对消息字母作信源编码，A→00,B→01,C→10,D→11，每个二进制码元的长度为 5ms。(1)若各个字母以等概率出现，计算在无扰离散信道上的平均信息传输速率。(2)若各个字母消息的出现概率分别为 $p(A) = \dfrac{1}{5}$，$p(B) = \dfrac{1}{4}$，$p(C) = \dfrac{1}{4}$，$p(D) = \dfrac{3}{10}$，再计算在无扰离散信道上的平均信息传输速率。(3)若字母消息改用四进制码元作信源编码，码元幅度分别为 0V,1V,2V,3V，码元长度为 10ms。重新计算(1)和(2)两种情况下的平均信息传输速率。

解答：(1) 4 个字母等概率出现时，$H(X) = \log_2 4 = 2$ bit/字母，平均信息传输速率 $v_1 = \dfrac{H(X)}{t} = \dfrac{2}{2 \times 5 \times 10^{-3}} = 200$ bit/s。

(2) 各字母不等概率出现时，$H(X) = H\left(\dfrac{1}{5}, \dfrac{1}{4}, \dfrac{1}{4}, \dfrac{3}{10}\right) = 1.985$ bit/字母，平均信息传输速率 $v_2 = \dfrac{H(X)}{t} = \dfrac{1.985}{2 \times 5 \times 10^{-3}} = 198.5$ bit/s。

(3) 当字母消息改用四进制码元时，各字母消息等概率出现时，$H(X) = \log_2 4 = 2$ 四进制码元/字母，码元长度为 10ms，则平均信息传输速率

$$v'_1 = \dfrac{H(X)}{t} = \dfrac{2}{2 \times 10 \times 10^{-3}} = 100 \text{ 四进制码元} /s = 200 \text{ bit/s}$$

同理，各字母不等概率出现时，平均信息传输速率仍为 198.5 bit/s。

注：本题考查的知识点是 5.1 节编码的概念。题解：(1)平均信息传输速率的概念；(2)平均信息传输速率与编码进制的关系。

3. 设信道的基本符号集合 $A = \{a_1, a_2, a_3, a_4, a_5\}$，它们的时间长度分别为 $t_1 = 1, t_2 = 2, t_3 = 3, t_4 = 4, t_5 = 5$ (个码元时间)。用这样的信道基本符号编成消息序列，且不能出现 $a_1 a_1, a_2 a_2, a_1 a_2, a_2 a_1$ 这四种符号相连的情况。(1)若信源的消息集合 $X = \{x_1, x_2, \cdots, x_7\}$，它们的出现概率分别为 $p(x_1) = \dfrac{1}{2}$，$p(x_2) = \dfrac{1}{4}$，$p(x_3) = \dfrac{1}{8}$，$p(x_4) = \dfrac{1}{16}$，$p(x_5) = \dfrac{1}{32}$，$p(x_6) = p(x_7) = \dfrac{1}{64}$。试按最佳编码原则利用上述信道来传输这些消息时的信息传输速率；(2)求上述信源编码的编码效率。

解答:(1)因为规定 a_1 和 a_2 不能连用,故不能用 a_1 和 a_2 单独作为消息的代码组,且在用这2个符号时,a_1 和 a_2 要么都在开头,要么都在结尾,以避免头尾相连时出现上述情况。这样,可以编出如表 5.2 所示(这只是符合要求的一种)的码字来传输消息。

表 5.2 题 3 的编码表

消息 x_i	代码组 a_i	码元数 k_i	码元时长 t_i	概率 $p(x_i)$
x_1	a_3	1	3	1/2
x_2	a_4	1	4	1/4
x_3	$a_1 a_3$	2	4	1/8
x_4	a_5	1	5	1/16
x_5	$a_1 a_4$	2	5	1/32
x_6	$a_2 a_3$	2	5	1/64
x_7	$a_2 a_4$	2	6	1/64

信源熵 $H(X) = H\left(\dfrac{1}{2}, \dfrac{1}{4}, \dfrac{1}{8}, \dfrac{1}{16}, \dfrac{1}{32}, \dfrac{1}{64}, \dfrac{1}{64}\right) = 1.969 \text{bit}/消息$

代码组的平均时长 $\overline{T} = \sum_i p(x_i) \cdot t_i = 3.641$ 码元时间/消息

此时,信息传输速率 $R = \dfrac{H(X)}{\overline{T}} = \dfrac{1.969}{3.641} = 0.541 \text{bit}/$码元时间。

(2)编码后的平均码长 $\overline{K} = \sum_i p(x_i) \cdot k_i = 1.1875$ 码元/消息

则编码效率 $\eta = \dfrac{H(X)}{\overline{K} \log_2 5} = \dfrac{1.969}{1.1875 \times \log_2 5} = 71.4\%$。

注:本题考查的知识点是 5.1 节编码的概念。题解:(1)编码的基本方法;(2)平均码长的定义;(3)考虑编码时的特殊要求,如某些符号的特殊位置等,编码赋码元时要注意。

4. 若消息符号、对应概率分布和二进制编码如表 5.3 所示。试求:(1)消息符号熵;(2)每个消息符号所需的平均二进制码个数;(3)若各消息符号间相互独立,求编码后对应的二进制码序列中出现"0"和"1"的无条件概率 p_0 和 p_1,并求相邻码间的条件概率 $p(0|0)$,$p(0|1)$,$p(1|0)$ 和 $p(1|1)$。

表 5.3 题 4 的表

消息符号	概率	编码
u_0	1/2	0
u_1	1/4	10
u_2	1/8	110
u_3	1/8	111

解答:(1)该信源的熵 $H(U) = H\left(\dfrac{1}{2}, \dfrac{1}{4}, \dfrac{1}{8}, \dfrac{1}{8}\right) = \dfrac{7}{4} \text{bit}/$符号

(2)平均码长 $\overline{K} = \dfrac{1}{2} + \dfrac{2}{4} + \dfrac{3}{8} + \dfrac{3}{8} = \dfrac{7}{4}$ 二进制码元/符号

(3)若各消息符号间相互独立,编码后对应的二进制码序列中出现"0"和"1"的无条件

概率为

$$p_0 = \left(\frac{1}{2} + \frac{1}{4} + \frac{1}{8}\right) \div \frac{7}{4} = \frac{1}{2}, p_1 = \left(\frac{1}{4} + \frac{2}{8} + \frac{3}{8}\right) \div \frac{7}{4} = \frac{1}{2}$$

$$p(0 \mid 0) = p(u_0 \mid u_0) = p(u_0) = \frac{1}{2}$$

$$p(0 \mid 1) = p(u_0 \mid u_3) = p(u_0) = \frac{1}{2}$$

$$p(1 \mid 0) = p(u_1 \mid u_0) + p(u_2 \mid u_0) + p(u_3 \mid u_0) = p(u_1) + p(u_2) + p(u_3)$$

$$= \frac{1}{4} + \frac{1}{8} + \frac{1}{8} = \frac{1}{2}$$

$$p(1 \mid 1) = p(u_1 \mid u_3) + p(u_2 \mid u_3) + p(u_3 \mid u_3) = p(u_1) + p(u_2) + p(u_3) = \frac{1}{2}$$

注：本题考查的知识点是 5.1 节编码的概念。题解：(1)编码的基本方法；(2)有特殊要求的编码。

5. 设信源 U 可能发出的数字有 1、2、3、4、5、6、7，对应的概率分别为 $p(1) = p(2) = \frac{1}{3}$，$p(3) = p(4) = \frac{1}{9}$，$p(5) = p(6) = p(7) = \frac{1}{27}$。在二进制或三进制无噪信道中传输，二进制信道中传输一个码字需要 1.8 元，三进制信道中传输一个码字需要 2.7 元。试：(1)编出二进制符号的哈夫曼码，求其编码效率；(2)编出三进制符号的费诺码，求其编码效率；(3)根据(1)和(2)的结果，确定在哪种信道中传输的花费较小？

解答：(1) 二进制符号的哈夫曼编码过程如图 5.1 所示。

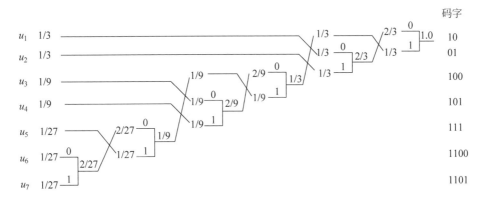

图 5.1 题 5 的哈夫曼编码

信源熵 $H(U) = \frac{2}{3}\log_2 3 - \frac{2}{9}\log_2 9 - \frac{3}{27}\log_2 27 = 2.29 \text{bit/符号}$

平均码长 $\bar{K}_H = \frac{1}{3} \times 2 \times 2 + \frac{1}{9} \times 2 \times 3 + \frac{1}{27} \times 3 + \frac{1}{27} \times 2 \times 4 = \frac{65}{27} = 2.41$ 二进制码元/符号

编码效率 $\eta_H = \frac{H(U)}{\bar{K}_H} = \frac{2.29}{2.41} = 0.95$

(2) 如用三进制码元(0,1,2)来进行费诺编码,三次分组及编出的码字如表 5.4 所示。

表 5.4 题 5 的三进费诺编码

符号	概率	第一次分组	第二次分组	第三次分组	三进制码字
u_1	1/3	0			0
u_2	1/3	1			1
u_3	1/9		0		20
u_4	1/9	2	1		21
u_5	1/27			0	220
u_6	1/27		2	1	221
u_7	1/27			2	222

平均码长 $K_F = \frac{1}{3} \times (1+1) + \frac{1}{9} \times (2+2) + \frac{1}{27} \times (3+3+3) = 1.44$ 三进制码元/符号编码效率 $\eta_F = \frac{H(U)}{K_F} = \frac{2.29}{1.44 \times \log_2 3} = 1$

(3) 二进制哈夫曼码的花费为 $\frac{65}{27} \times 1.8 = 4.33$ 元/码字,三进制费诺码的花费为 $\frac{13}{9} \times 2.7 = 3.9$ 元/码字。由此可见,三进制费诺码的花费较小。

注:本题考查的知识点是 5.2.2 节变长编码、5.4.1 节哈夫曼编码。题解:(1)二进制最佳编码方法进行编码,并计算其编码效率;(2)多进制编码方法在二进制编码上变化一下。

6. 有一 9 个符号的信源,概率分别为 1/4、1/4、1/8、1/8、1/16、1/16、1/16、1/32、1/32,用三进制符号(a、b、c)编码。试:(1)编出三进制哈夫曼码,并求编码效率;(2)若要求符号 c 后不能紧跟另一个 c,编出一种有效码,其编码效率是多少?

解答:(1)分别用两种方法对信源进行三进制符号哈夫曼编码,编出的码字如图 5.2 和图 5.3 所示。从图中所示的编码过程可以看出,图 5.2 编出的码字充分利用了短码。两种方法编出的码字平均码长一样,但图 5.2 编出码字的方差较小。

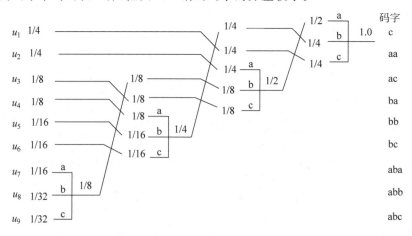

图 5.2 题 6 的三进制哈夫曼编码 1

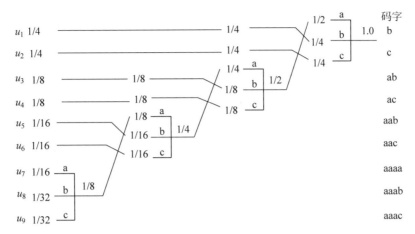

图 5.3 题 6 的三进制哈夫曼编码 2

信源熵
$$H(U) = H\left(\frac{1}{4}, \frac{1}{4}, \frac{1}{8}, \frac{1}{8}, \frac{1}{16}, \frac{1}{16}, \frac{1}{16}, \frac{1}{32}, \frac{1}{32}\right) = 2.81 \text{bit}/\text{符号}$$

三进制哈夫曼编码的平均码长
$$\overline{K} = \sum_{i=1}^{9} p(u_i) K_i = \frac{15}{8} = 1.875 \text{ 三进制码元}/\text{符号}$$

编码效率 $\eta = \dfrac{2.81}{1.875 \times \log_2 3} = 0.94$

(2) 若要求符号 c 后不跟 c, 则有两种情况必须禁止:
- 在一个码字中出现 cc 组合;
- 若有一个或多个码字是以符号 c 开始的, 则码字结尾出现 c。

在如图 5.2 和图 5.3 的编码过程中, 避免这两种情况就可以得到满足条件的编码, 表 5.5 中给出了满足条件的其中一种可能编码。

表 5.5 题 6 的编码

符 号	概 率	三进制码字
u_1	1/4	a
u_2	1/4	ba
u_3	1/8	bb
u_4	1/8	caa
u_5	1/16	cab
u_6	1/16	cba
u_7	1/16	cbb
u_8	1/32	cbca
u_9	1/32	cbcb

该码的平均码长
$$\overline{K} = \frac{1}{4} + 2 \times \left(\frac{1}{4} + \frac{1}{8}\right) + 3 \times \left(\frac{1}{8} + \frac{3}{16}\right) + 4 \times \left(\frac{1}{32} + \frac{1}{32}\right) = 2.1875 \text{ 三进制码元}/\text{符号}$$

此时的编码效率 $\eta = \dfrac{H(U)}{\overline{K} \times \log_2 3} = \dfrac{2.81}{2.1875 \times \log_2 3} = 0.81$。

还有两种可能的编码如表 5.6 所示。

表 5.6 题 6 的三进制哈夫曼编码

符 号	概 率	三进制码字 1	三进制码字 2
u_1	1/4	a	c
u_2	1/4	ca	ba
u_3	1/8	cb	bb
u_4	1/8	baa	aa
u_5	1/16	bab	aba
u_6	1/16	bba	abb
u_7	1/16	bbb	aca
u_8	1/32	bca	acba
u_9	1/32	bcb	acbb

码字 1 的平均码长 $\overline{K}_1 = 2.125$ 三进制码元/符号

编码效率 $\eta_1 = \dfrac{H(U)}{\overline{K}_1 \times \log_2 3} = \dfrac{2.82}{2.125 \times \log_2 3} = 0.84$

码字 2 的平均码长 $\overline{K}_2 = 2.0625$ 三进制码元/符号

编码效率 $\eta_2 = \dfrac{H(U)}{\overline{K}_2 \times \log_2 3} = \dfrac{2.82}{2.0625 \times \log_2 3} = 0.87$

注：本题考查的知识点是 5.4.1 节哈夫曼编码。题解：(1) 多进制哈夫曼编码方法；(2) 多进制编码的编码效率计算；(3) 特殊要求的哈夫曼编码方法。

7. 某信源有 8 个符号 $\{u_1, u_2, \cdots, u_8\}$，概率分别为 1/2、1/4、1/8、1/16、1/32、1/64、1/128、1/128，编成这样的码：000,001,010,011,100,101,110,111。试：(1) 求信源的符号熵 $H(U)$；(2) 求出现一个"1"或一个"0"的概率；(3) 求这种码的编码效率；(4) 如采用香农编码方法，求编出的香农码及编码效率。

解答：(1) 信源熵为 $H(U) = H\left(\dfrac{1}{2}, \dfrac{1}{4}, \dfrac{1}{8}, \dfrac{1}{16}, \dfrac{1}{32}, \dfrac{1}{64}, \dfrac{1}{128}, \dfrac{1}{128}\right) = 1.98$ bit/符号

(2) 由题意，编码为定长码，$L = 3$。出现一个"0"的概率

$$p(0) = \dfrac{\sum_i p(u_i) c_{i0}}{L} = \dfrac{\dfrac{1}{2} \times 3 + \dfrac{1}{4} \times 2 + \dfrac{1}{8} \times 2 + \dfrac{1}{16} \times 1 + \dfrac{1}{32} \times 2 + \dfrac{1}{64} \times 1 + \dfrac{1}{128} \times 1}{3}$$
$$= 0.8$$

出现一个"1"的概率 $p(1) = 1 - p(0) = 1 - 0.8 = 0.2$。

(3) 该定长码的编码效率 $\eta = \dfrac{H(U)}{L} = \dfrac{1.98}{3} = 0.66$。

(4) 根据所给的概率，编出的香农码如表 5.7 所示。

表 5.7　题 7 的香农码

符　　号	符号概率	累加概率	$-\log p(x_i)$	码字长度	码　　字
u_1	1/2	0	1	1	0
u_2	1/4	1/2	2	2	10
u_3	1/8	3/4	3	3	110
u_4	1/16	7/8	4	4	1110
u_5	1/32	15/16	5	5	11110
u_6	1/64	31/32	6	6	111110
u_7	1/128	63/64	7	7	1111110
u_8	1/128	127/128	7	7	1111111

平均码长

$$\bar{K} = \frac{1}{2} \times 1 + \frac{1}{4} \times 2 + \frac{1}{8} \times 3 + \frac{4}{16} + \frac{5}{32} + \frac{6}{64} + 2 \times \frac{7}{128} = 1.98 \text{ 二进制码元/符号}$$

编码效率 $\eta = \dfrac{H(U)}{\bar{K}} = \dfrac{1.98}{1.98} = 1.00$。

注：本题考查的知识点是 5.5.1 节定长编码、5.2.2 节变长编码。题解：(1)应用香农编码的方法进行编码；(2)计算其编码效率。

8. 设无记忆二元信源，概率为 $p_0 = 0.005, p_1 = 0.995$。信源输出 $N = 100$ 的二元序列。在长为 $N = 100$ 的信源序列中只对含有 3 个或小于 3 个"0"的各信源序列构成一一对应的一组定长码。(1)求码字所需的最小长度。(2)考虑没有给予编码的信源序列出现的概率，该定长码引起的错误概率 P_e 是多少？

解答：(1) 由题意，含有 3 个或小于 3 个"0"的信源序列共有 $\begin{bmatrix}100\\0\end{bmatrix} + \begin{bmatrix}100\\1\end{bmatrix} + \begin{bmatrix}100\\2\end{bmatrix} + \begin{bmatrix}100\\3\end{bmatrix} = 166\,751$ 种，若用二进制码元构成定长码，则需最小长度为 $\log_2 166\,751 = 17.347\,\text{bit}$，取整后定长码所需最小长度为 18bit。

(2) 由题意，只对含有 3 个或小于 3 个"0"的信源序列编出了一一对应的一组定长码。因为是定长码，所以这些序列一一对应编码后，对应于正确概率。因此，剩下没有给予编码的信源序列出现的概率，是该定长码引起的错误概率。

$$P_e = 1 - \begin{bmatrix}100\\0\end{bmatrix} \times 0.995^{100} - \begin{bmatrix}100\\1\end{bmatrix} \times 0.995^{99} \times 0.005 - \begin{bmatrix}100\\2\end{bmatrix} \times 0.995^{98} \times 0.005^2 -$$

$$\begin{bmatrix}100\\3\end{bmatrix} \times 0.995^{97} \times 0.005^3 = 0.0016$$

注：本题考查的知识点是 5.2.1 节定长编码。题解：(1)计算所需最小定长编码的长度；(2)错误概率 = 1 − 正确概率。

9. 已知符号集合 $\{x_1, x_2, x_3, \cdots, x_i, \cdots\}$ 为无限离散消息集合，它们的出现概率分别为 $p(x_1) = \dfrac{1}{2}, p(x_2) = \dfrac{1}{2^2}, p(x_3) = \dfrac{1}{2^3}, \cdots, p(x_i) = \dfrac{1}{2^i}, \cdots$。试：(1)用香农编码方法编出各个符号消息的码字；(2)计算码字的平均信息传输速率；(3)计算信源编码效率。

解答：(1) 由香农编码方法可得各个符号消息的码字如表 5.8 所示。

表 5.8 题 9 的香农编码

信源符号	符号概率	累加概率 P_i	$-\log p(x_i)$	码字长度	码 字
x_1	1/2	0	1	1	1
x_2	1/4	0.5	2	2	01
x_3	1/8	0.75	3	3	001
⋮	⋮	⋮	⋮	⋮	⋮
x_i	$1/2^i$	$1-1/2^{i-1}$	i	i	0000⋯1

所以，码字为 $1, 01, 001, 0001, \cdots, 0\cdots01$（$i-1$ 个"0"和 1 个"1"），⋯

(2) 码字的平均信息传输速率

$$\overline{K} = \sum_i p(x_i) K_i = \frac{1}{2} + \frac{2}{4} + \frac{3}{8} + \cdots + \frac{i}{2^i} + \cdots = 2 \text{ 二进制码元/符号}$$

(3) 由于 $H(X) = -\sum_i p(x_i) \log p(x_i) = 2 \text{ bit/符号}$，所以信源编码效率 $\eta = \frac{H(X)}{\overline{K}} = \frac{2}{2} = 1.00$。

注：本题考查的知识点是 5.2.2 节变长编码。题解：(1) 应用香农编码的方法进行编码；(2) 计算其编码效率。

10. 若某一信源有 N 个符号，并且每个符号均以等概率出现，对此信源用最佳哈夫曼二元编码，问当 $N = 2^i$ 和 $N = 2^i + 1$（i 为正整数）时，每个码字的长度等于多少？平均码长是多少？

解答：当信源具有 $N = 2^i$ 个符号时，每个符号等概率，采用哈夫曼二元编码时，为每个符号编出的码字长度相等，且均为 i 个二进制码元。此时，平均码长即为 i 二进制码元/符号。

当信源具有 $N = 2^i + 1$ 个符号时，其中 $2^i - 1$ 个符号的码字长度为 i 二进制码元，2 个符号的码字长度为 $(i+1)$ 二进制码元，平均码长为 $\left(i + \frac{2}{2^i + 1}\right)$ 二进制码元/符号。

注：本题考查的知识点是 5.4.1 节哈夫曼编码。

11. 设有离散无记忆信源 $P(X) = \{0.37, 0.25, 0.18, 0.10, 0.07, 0.03\}$。(1) 求该信源符号的熵 $H(X)$。(2) 用哈夫曼编码编成二元变长码，计算其编码效率。(3) 要求译码错误小于 10^{-3}，采用定长二元码要达到 (2) 中哈夫曼编码的效率，问需要多少个信源符号一起编码？

解答：(1) 该信源符号熵 $H(X) = H(0.37, 0.25, 0.18, 0.10, 0.07, 0.03) = 2.23 \text{ bit/符号}$。

(2) 哈夫曼编码编成的二元变长码如表 5.9 所示。

平均码长 $\overline{K} = \sum_{i=1}^{6} p(x_i) K_i = 2.3$ 二进制码元/符号

编码效率 $\eta = \frac{H(X)}{\overline{K}} = \frac{2.23}{2.3} = 0.97$

表 5.9 题 11 的哈夫曼编码

符　　号	概　　率	二进制码字
x_1	0.37	00
x_2	0.25	01
x_3	0.18	11
x_4	0.01	100
x_5	0.07	1010
x_6	0.03	1011

(3) 要求译码错误小于 10^{-3}，采用定长二元码，此时

$$\sigma^2(x) = E\{[I(x_i) - H(X)]^2\} = 0.7916$$

由编码效率 $\eta = \dfrac{H(X)}{H(X)+\varepsilon} = 0.97$ 求得 $\varepsilon = 0.069$，由 $L \geqslant \dfrac{\sigma^2(x)}{\varepsilon^2 \delta}$ 可得 $L \geqslant 1.66 \times 10^5$。

注：本题考查的知识点是 5.2.1 节定长编码、5.4.1 节哈夫曼编码。题解：(1) 应用哈夫曼编码的方法进行编码，并计算编码效率；(2) 比较定长编码和变长编码的效率。

12. 信源符号 X 有 6 种字母，概率分布为 $\{0.32, 0.22, 0.18, 0.16, 0.08, 0.04\}$。试：(1) 求符号熵 $H(X)$。(2) 用香农编码编成二进制变长码，计算其编码效率。(3) 用哈夫曼编码编成二进制变长码，计算其编码效率。(4) 用哈夫曼编码编成三进制变长码，计算其编码效率。(5) 若用逐个信源符号来编定长二进制码，要求不出差错译码，求所需要的每个符号的平均信息传输率和编码效率。(6) 当译码差错小于 10^{-3} 的定长二进制码要达到(3)中哈夫曼编码的效率时，估计要多少个信源符号一起编才能办到？

解答：(1) 符号熵 $H(X) = H(0.32, 0.22, 0.18, 0.16, 0.08, 0.04) = 2.35\,\text{bit}/$符号。

(2) 香农编码编成二进制变长码，如表 5.10 所示。

表 5.10 题 12 的香农编码

符号概率 $p(x_i)$	累加概率 P_i	$-\log p(x_i)$	码字长度 K_i	码　　字
0.32	0	1.644	2	00
0.22	0.32	2.184	3	010
0.18	0.54	2.474	3	100
0.16	0.72	2.644	3	101
0.08	0.88	3.644	4	1110
0.04	0.96	4.644	5	11110

平均码长 $\overline{K_1} = \sum_{i=1}^{6} p(x_i) K_i = 2.84$ 二进制码元/符号

编码效率 $\eta_1 = \dfrac{H(X)}{\overline{K_1}} = \dfrac{2.35}{2.84} = 0.83$

(3) 哈夫曼编码编成二进制变长码，编出的码字如表 5.11 所示。

表 5.11 题 11 的二进制哈夫曼编码

符 号	概 率	码字(二进制)
x_1	0.32	10
x_2	0.22	00
x_3	0.18	01
x_4	0.16	110
x_5	0.08	1110
x_6	0.04	1111

平均码长 $\overline{K_2}=2.4$ 二进制码元/符号,则编码效率 $\eta_2=\dfrac{H(X)}{\overline{K_2}}=0.98$。

(4) 哈夫曼编码编成三进制变长码,编出的码字如表 5.12 所示。

表 5.12 题 11 的三进制哈夫曼编码

符 号	概 率	码字(三进制)
x_1	0.32	1
x_2	0.22	2
x_3	0.18	00
x_4	0.16	01
x_5	0.08	021
x_6	0.04	022

平均码长 $\overline{K_3}=\sum\limits_{i=1}^{6}p(x_i)K_i=1.58$ 三进制码元/符号

编码效率 $\eta_3=\dfrac{H(X)}{\overline{K_3}\log_2 3}=0.94$

(5) 若用逐个信源符号来编定长二进制码,且要求不出差错译码,所需要的每个符号的平均信息传输率为 3bit/符号,此时编码效率为 78.3%。

(6) 当译码差错小于 10^{-3} 的定长二进制码要达到(3)中哈夫曼编码的效率时,此时方差 $\sigma^2(x)=E\{[I(x_i)-H(X)]^2\}=0.535$,由 $\eta=\dfrac{H(X)}{H(X)+\varepsilon}=0.98$,得 $\varepsilon=0.05$,则 $L \geqslant \dfrac{\sigma^2(x)}{\varepsilon^2\delta}=2.1\times 10^5$,即需要 210 000 个符号一起编码才能达到 98% 的编码效率。

注:本题考查的知识点是 5.2.1 节定长编码、5.2.2 节变长编码、5.4.1 节哈夫曼编码。
题解:(1) 熟悉编码方法及其编码效率的计算,注意多进制编码的效率计算;(2) 比较定长编码和变长编码。

13. 有二元独立序列,已知 $p_0=0.9,p_1=0.1$,求这序列的符号熵。当用哈夫曼编码时,以三个二元符号合成一个新符号,求这种符号的平均代码长度和编码效率。设输入二元符号的速率为每秒 100 个,要求 3min 内溢出和取空的概率均小于 0.01,求所需的信道码率(bit/s)和存储器容量(比特数)。若信道码率已规定为 50bit/s,存储器容量将如何选择?

解答:符号熵 $H(X)=H(0.9,0.1)=0.47$bit/符号。

三个二元符号合成一个新符号,记为 U,各符号的概率(按从大到小的顺序排列)和哈夫曼编码的结果如表 5.13 所示。

表 5.13 题 13 的新符号概率和哈夫曼编码

新 符 号	三个二元符号	概 率	哈夫曼编码
u_1	000	0.729	0
u_2	001	0.081	100
u_3	010	0.081	101
u_4	100	0.081	110
u_5	011	0.009	11100
u_6	101	0.009	11101
u_7	110	0.009	11110
u_8	111	0.001	11111

新符号 U 经哈夫曼编码后的平均码长

$\overline{K}_U = 0.729 \times 1 + 0.081 \times 3 \times 3 + 0.009 \times 5 \times 3 + 0.001 \times 5 = 1.598 \text{bit}/$ 三个二元符号

则平均到每个二元符号的平均码长 $\overline{K} = \dfrac{1.598}{3} = 0.533 \text{bit}/$符号,编码效率 $\eta = \dfrac{H(X)}{\overline{K}} = \dfrac{0.47}{0.533} = 0.88$。

若输入二元符号的速率为每秒 100 个,则所需信道码率为 53.3bit/s。

若要求 3min 内存储器溢出和取空的概率均小于 0.01,查误差函数表,可得 $A = 2.332$,存储器容量应为 $M > 2A\sqrt{N\sigma^2}$,式中,N 为 3min 内信源符号输出个数;σ^2 为码长的方差。

$$N = \frac{100}{3} \times 60 \times 3 = 6000$$

由编出的哈夫曼编码可得

$$\sigma^2 = E[K_i^2] = \sum_{j=1}^{m} p(u_j) K_j^2 - \overline{K}_U^2$$
$$= (0.729 \times 1^2 + 0.081 \times 3^2 \times 3 + 0.009 \times 5^2 \times 3 + 0.001 \times 5^2) - 1.598^2$$
$$= 1.06$$

则存储器容量 $M = 2 \times 2.332 \times \sqrt{6000 \times 1.06} = 372 \text{bit}$

存储器半满为 186bit。若信道码率为 50bit/s,小于输入信道符号的速率,则 3min 后存储器中会增加 594bit,因而开始时存储器不应到半满,存储器的容量可略小于 $(372 + 594)$bit $= 966$bit。

注:本题考查的知识点是 5.4.1 节哈夫曼编码。题解:(1)哈夫曼编码方法;(2)变长码编码简单的代价是需要存储设备来缓冲码字长度的差异。

14. 若已知一离散信源符号集为:(1) 若 $\begin{bmatrix} U \\ P \end{bmatrix} = \begin{bmatrix} a & b & c & d \\ 0.5 & 0.3 & 0.15 & 0.05 \end{bmatrix}$,试对它进行

哈夫曼编码并求编码效率？（2）若该信源的状态转移概率矩阵 $\boldsymbol{P} = \begin{bmatrix} 0.3 & 0.4 & 0.3 & 0 \\ 0.5 & 0.5 & 0 & 0 \\ 0.5 & 0 & 0 & 0.5 \\ 0 & 0.5 & 0.5 & 0 \end{bmatrix}$，求稳态时符号的出现概率并求信源熵；（3）试设计一个哈夫曼编码，每次对两个信源符号编码，求每个信源符号平均比特数以及编码效率。

解答：（1）哈夫曼编码结果如表 5.14 所示。

表 5.14 题 14 的哈夫曼编码

符 号	概 率	码 字
u_1	0.5	1
u_2	0.3	00
u_3	0.15	010
u_4	0.05	011

信源熵 $H(U) = H(0.5, 0.3, 0.15, 0.05) = 1.65 \text{bit}/符号$

平均码长 $\overline{K} = 0.5 \times 1 + 0.3 \times 2 + 0.15 \times 3 + 0.05 \times 3 = 1.7 \text{bit}/符号$

编码效率 $\eta = \dfrac{H(U)}{\overline{K}} = \dfrac{1.65}{1.7} = 0.97$

（2）该信源的状态转移矩阵 $\boldsymbol{P} = \begin{bmatrix} 0.3 & 0.4 & 0.3 & 0 \\ 0.5 & 0.5 & 0 & 0 \\ 0.5 & 0 & 0 & 0.5 \\ 0 & 0.5 & 0.5 & 0 \end{bmatrix}$，设状态的稳定分布 $\boldsymbol{W} = (w_1, w_2, w_3, w_4)$，则求解方程组 $\begin{cases} \boldsymbol{W} \cdot \boldsymbol{P} = \boldsymbol{W} \\ \sum\limits_{i=1}^{4} w_i = 1 \end{cases}$ 可得状态的稳定概率为 $w_1 = w_2 = \dfrac{5}{13}, w_3 = \dfrac{2}{13}, w_4 = \dfrac{1}{13}$。

平稳时符号的出现概率为 $p_1 = \dfrac{5}{13}, p_2 = \dfrac{5}{13}, p_3 = \dfrac{2}{13}, p_4 = \dfrac{1}{13}$。

该信源的信息熵

$$H(U) = H\left(\dfrac{5}{13}, \dfrac{5}{13}, \dfrac{2}{13}, \dfrac{1}{13}\right) = 1.76 \text{bit}/符号$$

（3）对两个符号一起进行哈夫曼编码后的结果如表 5.15 所示。

表 5.15 题 14 两个符号一起的哈夫曼编码结果

状 态	信源消息	概 率	编 码
s_1	$u_1 u_1$	$0.5 \times 0.5 = 0.25$	10
s_2	$u_1 u_2$	$0.5 \times 0.3 = 0.15$	001
s_3	$u_2 u_1$	$0.3 \times 0.5 = 0.15$	010
s_4	$u_2 u_2$	$0.3 \times 0.3 = 0.09$	111

续表

状 态	信源消息	概 率	编 码
s_5	$u_1 u_3$	$0.5 \times 0.15 = 0.075$	0000
s_6	$u_3 u_1$	$0.15 \times 0.5 = 0.075$	0001
s_7	$u_2 u_3$	$0.3 \times 0.15 = 0.045$	1100
s_8	$u_3 u_2$	$0.15 \times 0.3 = 0.045$	1101
s_9	$u_1 u_4$	$0.5 \times 0.05 = 0.025$	01110
s_{10}	$u_4 u_1$	$0.05 \times 0.5 = 0.025$	01111
s_{11}	$u_3 u_3$	$0.15 \times 0.15 = 0.0225$	011000
s_{12}	$u_2 u_4$	$0.3 \times 0.05 = 0.015$	011010
s_{13}	$u_4 u_2$	$0.05 \times 0.3 = 0.015$	011011
s_{14}	$u_3 u_4$	$0.15 \times 0.05 = 0.075$	0110011
s_{15}	$u_4 u_3$	$0.05 \times 0.15 = 0.075$	01100100
s_{16}	$u_4 u_4$	$0.05 \times 0.05 = 0.0025$	01100101

$\bar{L} = 2 \times 0.25 + 3 \times 0.15 + 3 \times 0.09 + 4 \times (0.075 + 0.075 + 0.045 + 0.045) + 5 \times (0.025 + 0.025) + 6 \times (0.0225 + 0.015 + 0.015) + 7 \times 0.0075 + 8 \times (0.0075 + 0.0025) = 3.3275$ bit/二个二元符号

所以 $\bar{K} = \dfrac{\bar{L}}{2} = 1.66375$ bit/符号，编码效率 $\eta = \dfrac{H(U)}{\bar{K}} = \dfrac{1.6474}{1.66375} = 0.99$。

注：本题考查的知识点是 5.4.1 节哈夫曼编码。题解：(1)哈夫曼编码方法进行编码；(2)两个信源符号的哈夫曼编码。

15. 设有一阶马尔可夫信源，信源集合 $U = \begin{pmatrix} u_j \\ q_j \end{pmatrix}$, $j = 1, 2, 3$，状态集合 $S = \begin{pmatrix} s_i \\ p_i \end{pmatrix}$, $i = 1, 2, 3$，其状态转移概率矩阵 $\boldsymbol{P} = \begin{bmatrix} 0 & \dfrac{3}{4} & \dfrac{1}{4} \\ 0 & \dfrac{1}{2} & \dfrac{1}{2} \\ 1 & 0 & 0 \end{bmatrix}$，试求：(1) $H(U|S_1)$、$H(U|S_2)$、$H(U|S_3)$；(2)对各种状态，分别将 U 的符号编成最佳变长哈夫曼二进码；(3)求 $H_\infty(U)$，并证明上述编码方法的平均码长等于 $H_\infty(U)$。

解答：(1) 该马尔可夫信源的状态稳定概率为可由方程组 $\begin{cases} p_1 + p_2 + p_3 = 1 \\ p_1 = p_3 \\ p_2 = \dfrac{3}{4} p_1 + \dfrac{1}{2} p_2 \\ p_3 = \dfrac{1}{4} p_1 + \dfrac{1}{2} p_2 \end{cases}$ 求得，$p_1 = \dfrac{2}{7}$, $p_2 = \dfrac{3}{7}$, $p_3 = \dfrac{2}{7}$，即 $P(S = s_1) = \dfrac{2}{7}$, $P(S = s_2) = \dfrac{3}{7}$, $P(S = s_3) = \dfrac{2}{7}$。

$$H(U\mid S_j)=-\sum_{i=1}^{3}p(U=u_i,S=s_j)\log p(U=u_i,S=s_j)$$

$$=-\sum_{i=1}^{3}p(U=u_i\mid S=s_j)p(S=s_j)\log p(U=u_i,S=s_j)$$

由状态转移矩阵可得

$$p(U=u_1\mid S=s_1)=\frac{1}{2},p(U=u_2\mid S=s_1)=\frac{1}{4},p(U=u_3\mid S=s_1)=\frac{1}{4}$$

$$p(U=u_1\mid S=s_2)=0,p(U=u_2\mid S=s_2)=\frac{1}{2},p(U=u_3\mid S=s_2)=\frac{1}{2}$$

$$p(U=u_1\mid S=s_3)=1,p(U=u_2\mid S=s_3)=0,p(U=u_3\mid S=s_3)=0$$

所以,

$$H(U\mid S_1)=-\frac{1}{2}\times\frac{2}{7}\times\log\frac{1}{2}-\frac{1}{4}\times\frac{2}{7}\times\log\frac{1}{4}-\frac{1}{4}\times\frac{2}{7}\times\log\frac{1}{4}=0.428\,57$$

$$H(U\mid S_2)=0-\frac{1}{2}\times\frac{3}{7}\times\log\frac{1}{2}-\frac{1}{2}\times\frac{3}{7}\times\log\frac{1}{2}=0.428\,57$$

$$H(U\mid S_3)=-1\times\frac{2}{7}\times\log 1=0$$

(2) 各种状态的信源概率分布及相应的哈夫曼编码结果如表 5.16 所示。其中,

$$P(U=u_1)=\sum_{i=1}^{3}P(S=s_i)P(U=u_1\mid S=s_i)=\frac{2}{7}\times\frac{1}{2}+\frac{3}{7}\times 0+\frac{2}{7}\times 1=\frac{3}{7}$$

$$P(U=u_2)=\sum_{i=1}^{3}P(S=s_i)P(U=u_2\mid S=s_i)=\frac{2}{7}\times\frac{1}{4}+\frac{3}{7}\times\frac{1}{2}+\frac{2}{7}\times 0=\frac{2}{7}$$

$$P(U=u_3)=\sum_{i=1}^{3}P(S=s_i)P(U=u_3\mid S=s_i)=\frac{2}{7}\times\frac{1}{4}+\frac{3}{7}\times\frac{1}{2}+\frac{2}{7}\times 0=\frac{2}{7}$$

表 5.16 题 15 的哈夫曼编码

符 号	概 率	编出的码字
u_1	3/7	1
u_2	2/7	00
u_3	2/7	01

(3) 极限熵 $H_\infty(U)=-\left(\dfrac{3}{7}\log\dfrac{3}{7}+\dfrac{2}{7}\log\dfrac{2}{7}+\dfrac{2}{7}\log\dfrac{2}{7}\right)=1.56\text{bit}/\text{符号}$

平均码长 $\overline{K}=\dfrac{3}{7}\times 1+\dfrac{2}{7}\times 2+\dfrac{2}{7}\times 2=\dfrac{11}{7}=1.57\text{bit}/\text{符号}$

编码效率 $\eta=\dfrac{H_\infty(U)}{\overline{L}}=\dfrac{1.56}{1.57}=99\%$

可以看出,平均码长逼近极限熵 $H_\infty(U)$。

注:本题考查的知识点是 2.1.3 节马尔可夫信源、5.4.1 节哈夫曼编码。题解:(1)这是一道综合题,结合了马尔可夫信源和哈夫曼编码;(2)计算马尔可夫信源的稳态概率;(3)采用哈夫曼编码方法进行编码。

16. 离散无记忆信源发出 A、B、C 三种符号,概率分布分别为 5/9、1/3、1/9,应用算术编

码方法对序列 CABA 进行编码,并对结果进行解码。

解答：先计算三种符号的累积概率,写成二进制后,结果如表 5.17 所示。其中,小写的 p 是符号概率,大写的 P 是累积概率。

表 5.17 题 16 的累积概率

符 号	符号概率 p	符号概率的二进制表示	符号累积概率 P（二进制表示）
A	5/9	0.1	0
B	1/3	0.01	0.1
C	1/9	0.01	0.11

按照主教材 5.4.2 节中关于算术编码的过程描述进行编码,用累积概率 $P(S)$ 表示码字 $C(S)$,符号概率 $p(S)$ 表示状态区间 $A(S)$,用 φ 表示起始状态为空序列。具体过程如下：

假设起始状态 $A(\varphi)=1, C(\varphi)=0$；

"C": $C(\varphi C) = C(\varphi) + A(\varphi)P_C = 0 + 1 \times 0.11 = 0.11$

$\quad A(\varphi C) = A(\varphi)p_C = 1 \times 0.01 = 0.01$

"CA": $C(CA) = C(C) + A(C)P_A = 0.11 + 0.01 \times 0 = 0.11$

$\quad A(CA) = A(C)p_A = 0.01 \times 0.1 = 0.001$

"CAB": $C(CAB) = C(CA) + A(CA)P_B = 0.11 + 0.001 \times 0.1 = 0.1101$

$\quad A(CAB) = A(CA)p_B = 0.001 \times 0.01 = 0.00001$

"CABA": $C(CABA) = C(CAB) + A(CAB)P_A = 0.1101 + 0.00001 \times 0 = 0.1101$

$\quad A(CABA) = A(CAB)p_A = 0.00001 \times 0.1 = 0.000001$

所以,编出的码字为"1101"。

解码过程：

(1) 0.1101 位于区间[0.11, 1],所以第一个码字是"C";

(2) 减去累积概率 P_C, 0.1101−0.11=0.0001,乘上加权 0.0001×100=0.01,位于区间[0, 0.1],所以第 2 个码字是"A";

(3) 0.01×10=0.1,位于区间[0.1, 0.11],所以第三个码字是"B";

(4) 0.1−0.1=0,位于区间[0, 0.1],所以第 4 个码字是"A"。

所以,解码的码序列是"CABA"。

注：本题考查的知识点是 5.4.2 节算术编码。题解：算术码的编码和解码。

17. 一离散无记忆信源{0,1},符号出现概率分别为：$p_0=0.3, p_1=0.7$。已知信源序列为 1101110011…,试：(1)对此序列进行算术编码；(2)若将 0,1 符号的概率近似取为 $p_0=0.25, p_1=0.75$,进行算术编码。

解答：(1)将概率化为二进制得 $p_1=0.101, p_0=0.011$,累积概率为 $P_1=0.000, P_0=0.101$。设起始状态为空序列 φ,令 $A(\varphi)=1, C(\varphi)=0$。由主教材上关于算术编码的过程描述进行编码,具体过程如下：

"1": $C(\varphi 1) = C(\varphi) + A(\varphi)P_1 = 0 + 1 \times 0 = 0$

$\quad A(\varphi 1) = A(\varphi)p_1 = 1 \times 0.101 = 0.101$

"11": $C(11) = C(1) + A(1)P_1 = 0 + 0.101 \times 0 = 0$

$A(11)=A(1)p_1=0.101×0.101=0.011001$

"110": $C(110)=C(11)+A(11)P_0=0+0.011001×0.101=0.001111101$

$A(110)=A(11)p_0=0.011001×0.011=0.001001011$

"1101": $C(1101)=C(110)+A(110)P_1=0.001111101$

$A(1101)=A(110)p_0=0.000101110111$

"11011": $C(11011)=C(1101)+A(1101)P_1=0.001111101$

$A(11011)=A(1101)p_1=0.000111101010011$

"110111": $C(110111)=C(11011)+A(11011)P_1=0.001111101$

$A(110111)=A(11011)p_1=0.000010010010011111$

后面的几位可以以此推算出来。

(2) 将概率化为二进制为 $p_1=0.11, p_0=0.01$，累积概率为 $P_1=0.00, P_0=0.11$。

"1": $C(\varphi 1)=C(\varphi)+A(\varphi)P_1=0+1×0=0$

$A(\varphi 1)=A(\varphi)p_1=1×0.11=0.11$

"11": $C(11)=C(1)+A(1)P_1=0$

$A(11)=A(1)p_1=0.11×0.11=0.1001$

"110": $C(110)=C(11)+A(11)P_0=0+0.1001×0.11=0.011011$

$A(110)=A(11)p_0=0.1001×0.01=0.001001$

"1101": $C(1101)=C(110)+A(110)P_1=0.011011$

$A(1101)=A(110)p_0=0.00011011$

"11011": $C(11011)=C(1101)+A(1101)P_1=0.011011$

$A(11011)=A(1101)p_1=0.0001010001$

"110111": $C(110111)=C(11011)+A(11011)P_1=0.011011$

$A(110111)=A(11011)p_1=0.000011110011$

以此类推，后面各位可以计算出来。

注：本题考查的知识点是5.4.2节算术编码。题解：(1)符号概率和累积概率的意义；(2)算术编码的编解码过程。

18. 对题17中的第二种编码结果，利用比较法写出算术码的译码过程。

解答：算术码的译码可通过比较编码后的数值大小来进行，即判断码字落在哪个区间就可以得出一个相应的符号序列。

因为 $C(110111)=0.0011011<0.11$，所以译出第一个符号为"1"；

去掉被乘概率因子(加权)：$0.0011011×10=0.011011<0.1$，译出第二个符号为"1"；

再去掉被乘概率因子(加权)：$0.0011011×100=0.11011$，在区间$[0.11,1]$内，所以译出第三个符号为"0"；

去掉累积概率：即 $0.11011-0.11=0.00011$，再去掉被乘概率因子(加权)：$0.00011×1000=0.11$，属于区间$[0.11,1]$，所以译出第四个符号为"0"；

去掉累积概率：$0.11-0.11=0.0, 0.0×8=0.0<0.11$，所以译出第五个符号为"1"；

同理，译得第六、七个符号为11；

所以，译出的序列 $S^*=1100111=S$。

注：本题考查的知识点是5.4.2节算术编码。题解：(1)算术码的解码过程；(2)算术

码的译码所需参数较少，且不像哈夫曼编码那样需要一个很大的码表。

19. 一阶马尔可夫信源符号集 $X \in \{a_1, a_2, a_3\}$，状态集 $S \in \{s_1, s_2, s_3\}$，状态转移如图 5.4 所示，某状态下发出符号的概率标在相应的线段旁。试：(1)求 $H(X|s_1)$、$H(X|s_2)$ 和 $H(X|s_3)$；(2)对各种状态，分别把 X 的符号编成最佳变长二进制码；(3)求 $H(X)$。

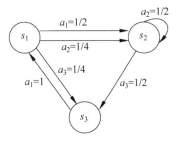

图 5.4　题 19 的状态转移图

解答：(1) 由图 5.1 可得状态转移矩阵 $\boldsymbol{P} = [P(s_j | s_i)] = \begin{bmatrix} 0 & \frac{3}{4} & \frac{1}{4} \\ 0 & \frac{1}{2} & \frac{1}{2} \\ 1 & 0 & 0 \end{bmatrix}$，符号条件概率矩阵 $[P(a_j | s_i)] = \begin{bmatrix} \frac{1}{2} & \frac{1}{4} & \frac{1}{4} \\ 0 & \frac{1}{2} & \frac{1}{2} \\ 1 & 0 & 0 \end{bmatrix}$。

各状态下的条件熵为

$$H(X | s_1) = \sum_i p(a_i | s_1) \log p(a_i | s_1) = \frac{3}{2} \text{bit/符号}$$

$$H(X | s_2) = \sum_i p(a_i | s_2) \log p(a_i | s_2) = 1 \text{bit/符号}$$

$$H(X | s_3) = \sum_i p(a_i | s_3) \log p(a_i | s_3) = 0 \text{bit/符号}$$

(2) 用哈夫曼编码对各种状态进行编码。对状态 s_1 编出的哈夫曼编码如表 5.18 所示。

表 5.18　题 19 的哈夫曼编码

符　　号	概　　率	编出的码字
a_1	1/2	0
a_2	1/4	10
a_3	1/4	11

对状态 s_2 编出的哈夫曼编码如表 5.19 所示。

表 5.19　题 19 的哈夫曼编码

符　　号	概　　率	编出的码字
a_1	1/2	0
a_2	1/2	1
a_3	0	不编码

对状态 s_3 编出的哈夫曼编码如表 5.20 所示。

表 5.20　题 19 的哈夫曼编码

符　　号	概　　率	编出的码字
a_1	1	0
a_2	0	不编码
a_3	0	不编码

(3) 设各状态的稳定概率满足方程组 $\begin{cases} p(s_1) = p(s_3) \\ p(s_2) = \dfrac{3}{4}p(s_1) + \dfrac{1}{2}p(s_2) \\ p(s_3) = \dfrac{1}{4}p(s_1) + \dfrac{1}{2}p(s_2) \\ \sum_{i=1}^{3} p(s_i) = 1 \end{cases}$，求解该方程组可

得 $p(s_1) = p(s_3) = \dfrac{2}{7}, p(s_2) = \dfrac{3}{7}$，则信源的极限熵

$$H_\infty(X) = \sum_i p(s_i) H(X|s_i) = \frac{2}{7} \times \frac{3}{2} + \frac{3}{7} \times 1 + \frac{2}{7} \times 0 = \frac{6}{7} \text{bit/符号}$$

注：本题考查的知识点是 2.1.3 节马尔可夫信源、2.3.2 节离散有记忆信源的序列熵以及 5.4.1 节哈夫曼编码，是一道综合题。题解：(1) 由状态转移图得到状态转移矩阵和符号转移矩阵；(2) 马尔可夫信源的极限熵计算方法；(3) 用哈夫曼编码方法进行编码。

20. 在电视信号中，亮度信号的黑色电平为 0，白色电平为 L。用均匀分割来量化其样值，要求峰功率信扰比大于 50dB，求每样值所需的量化比特数。

解答：设电视信号的电平在 $[0, L]$ 区间均匀分布，即 $p(x) = \dfrac{1}{L}, 0 < x < L$。

当量化级数为 n，量化级差为 $\Delta = \dfrac{L}{n}$，可将 $(0, L)$ 均匀分割成 n 个小区间，每个小区间的中点作为量化值，即量化值 $y_i = \dfrac{(2i-1)L}{2n}$。

当失真函数是均方失真函数时，量化的平均失真

$$D = \sum_{i=1}^{n} \int_{\frac{L(i-1)}{n}}^{\frac{Li}{n}} [x - y_i]^2 p(x) dx = \sum_{i=1}^{n} \int_{\frac{L(i-1)}{n}}^{\frac{Li}{n}} \left[x - \frac{L(2i-1)}{2n}\right]^2 \frac{dx}{L} = \frac{1}{12} \left(\frac{L}{n}\right)^2 = \frac{\Delta^2}{12}$$

由峰功率信扰比 = $\dfrac{\text{信号峰功率}}{\text{量化噪声功率}}$，信号峰功率等于 L^2，量化噪声功率 $W = \sum_{i=1}^{n} Dp_i = \dfrac{\Delta^2}{12} \int_0^L p(x) dx = \dfrac{\Delta^2}{12}$，即要求 $10\log_{10} \dfrac{L^2}{W} > 50$。将 $W = \dfrac{\Delta^2}{12}$ 和 $\Delta = \dfrac{L}{n}$ 代入，得 $\log_{10} 12n^2 > 5$。

设量化比特数为 b，则 $2^b = n$，要求 $\log_{10} 12 \times 2^{2b} > 5$，可得 $b > 6.5$。所以，每样值所需的量化比特数为 7bit。

注：本题考查的知识点是 5.4.5 节矢量量化编码。题解：由峰功率信扰比 = 信号峰功率/量化噪声功率，计算得到量化级数，而后得到量化比特数。

21. 设信源为 $\begin{bmatrix} S \\ p(s) \end{bmatrix} = \begin{bmatrix} s_1 & s_2 & \cdots & s_6 \\ p_1 & p_2 & \cdots & p_6 \end{bmatrix}$，将此信源编码作为 r 元唯一可译变长码，要求对应的码长为 $(K_1, K_2, K_3, K_4, K_5, K_6) = (1, 1, 2, 3, 2, 3)$，求 r 的最佳下限值。

解答：要将此信源编码成为 r 元的唯一可译变长码，其码字对应的码长 $(K_1, K_2, K_3, K_4, K_5, K_6) = (1, 1, 2, 3, 2, 3)$ 必须满足克拉夫特不等式：

$$\sum_{i=1}^{6} r^{-K_i} = r^{-1} + r^{-1} + r^{-2} + r^{-3} + r^{-2} + r^{-3} \leqslant 1$$

即 $\frac{2}{r}+\frac{2}{r^2}+\frac{2}{r^3} \leqslant 1$，其中，$r$ 是大于或等于 1 的正整数。

当 $r=1$ 和 2 时，$\sum_{i=1}^{6} r^{-K_i} > 1$，不能满足克拉夫特不等式。

当 $r=3$ 时，$\sum_{i=1}^{6} r^{-K_i} = \frac{26}{27} < 1$，能满足克拉夫特不等式。

所以，r 的最佳下限值为 $r=3$。

注：本题考查的知识点是 5.1 节编码的概念。题解：满足克拉夫特不等式是唯一可译码的必要条件。

22. 某通信系统使用文字字符共 10000 个，据长期统计，使用频率占 80% 的共有 500 个，占 90% 的有 1000 个，占 99% 的有 4000 个，占 99.9% 的 7000 个。试：(1) 求该系统使用的文字字符的熵；(2) 请给出该系统的一种信源编码方法并作简要评价。

解答：(1) 10000 个文字字符中，使用频率占 80% 的有 500 个，则这 500 个文字字符共出现了 8000 次，平均每个字符出现了 $\frac{8000}{500}=16$ 次，即这 500 个字符每个字符出现的概率 $p_1=\frac{16}{10000}=1.6 \times 10^{-4}$。

同理，使用频率 90% 的有 1000 个，减去使用频率 80% 的 500 个，有 500 个字符出现频率为 10%，在 10000 个字符中出现的次数为 1000 次，平均每个字符出现了 $\frac{1000}{500}=2$ 次，这 500 个字符中每个字符出现的概率 $p_2=\frac{2}{10000}=2 \times 10^{-4}$。

类似地，可以得到余下 90%~99% 的 3000 个字符每个字符出现的概率 $p_3=\frac{900}{3000 \times 10000}=3 \times 10^{-5}$；99%~99.9% 的 3000 个字符每个字符出现的概率 $p_4=\frac{90}{3000 \times 10000}=3 \times 10^{-6}$；99.9%~100% 的 3000 个字符每个字符出现的概率 $p_5=\frac{10}{3000 \times 10000}=\frac{1}{3} \times 10^{-6}$。

根据熵的定义，这 10000 个文字字符的熵

$$H(\boldsymbol{X}) = -500(p_1 \log_2 p_1 + p_2 \log_2 p_2) - 3000(p_3 \log_2 p_3 + p_4 \log_2 p_4 + p_5 \log_2 p_5)$$
$$= 0.8\log\frac{0.8}{500} - 0.1\log\frac{0.1}{500} - 0.09\log\frac{0.09}{3000} - 0.009\log\frac{0.009}{3000} -$$
$$0.001\log\frac{0.001}{3000} = 10.2 \text{bit/字符}$$

(2) 可以使用哈夫曼编码的方法对该系统的信源进行编码，为使压缩效果理想，可以使用扩展信源的方法。

注：本题考查的知识点是 2.2 节离散信源熵和互信息、5.4.1 节哈夫曼编码。题解：(1) 本题不需要考虑字符间的关系，只需紧扣熵的定义计算文字字符熵；(2) 有了统计概率，哈夫曼编码是较好的选择。

23. 信源符号 X 的概率空间为 $\begin{bmatrix} X \\ P \end{bmatrix} = \begin{bmatrix} x_1 & x_2 \\ 0.1 & 0.9 \end{bmatrix}$，如每次两个符号一起编码，试写出哈夫曼编码，并求平均码长 $\overline{K}$ 和编码效率。

解答：哈夫曼编码的参考编码结果为

$$0,11,100,101(哈夫曼编码并不唯一)$$

平均码长 $\overline{K}=0.81+0.09\times 2+0.1\times 3=1.29\text{bit}/两个符号=0.645\text{bit}/符号$。

编码效率 $\eta = \dfrac{H(X)}{\overline{K}} = \dfrac{H(0.1,0.9)}{0.645} = \dfrac{0.47}{0.645} = 0.73$。

注：本题考查的知识点是 5.4.1 节哈夫曼编码。题解：(1)得到 X 的二次扩展信源；(2)利用哈夫曼编码方法进行编码。

24. 一通信系统传送的符号只有 3 个，使用概率分别为 0.2、0.3 和 0.5，但传送时总是以 3 个符号为一个字，故该系统的信源编码以字为基础并采用二进制哈夫曼编码。根据字的概率大小，编码结果为：概率在(0,0.020]区间，采用 6bit；在(0.020,0.045]区间，采用 5bit；在(0.045,0.100]区间，采用 4bit；在 0.100 以上的区间，采用 3bit。求该种信源编码的效率。

解答：假设该系统传输的三个符号分别为 a,b 和 c，且 $p_a=0.2, p_b=0.3, p_c=0.5$。下面对每个字，即 3 个符号可能出现的情况加以讨论，结果如表 5.21 所示。

表 5.21 题 24 的符号和编码

字(3个符号)	概　率	概率所在区间	编码位数	种　数
aaa	$0.2^3=0.008$	(0,0.020]	6	1
bbb	$0.3^3=0.027$	(0.020,0.045]	5	1
ccc	$0.5^3=0.125$	(0.100,1.00]	3	1
2个a,1个b	$0.2^2\times 0.3=0.012$	(0,0.020]	6	3
2个a,1个c	$0.2^2\times 0.5=0.02$	(0.020,0.045]	6	3
2个b,1个a	$0.3^2\times 0.2=0.018$	(0,0.020]	6	3
2个b,1个c	$0.3^2\times 0.5=0.045$	(0.020,0.045]	5	3
2个c,1个a	$0.5^2\times 0.2=0.05$	(0.045,0.100]	4	3
2个c,1个b	$0.5^2\times 0.3=0.075$	(0.045,0.100]	4	3
1个a,1个b,1个c	$0.2\times 0.3\times 0.5=0.03$	(0.020,0.045]	5	6

平均码长

$$\begin{aligned}\overline{K} =\ & 0.008\times 6+0.027\times 5+0.125\times 3+(0.012\times 6+0.02\times 6+0.018\times 6+\\ & 0.045\times 5+0.05\times 4+0.075\times 4)\times 3+0.03\times 5\times 6\\ =\ & 4.533\text{bit}/字\end{aligned}$$

$$H(\boldsymbol{X}) = \left(-\sum_{i=1}^{s} p_i \log p_i\right)\times 3 = (-0.2\log_2 0.2 - 0.3\log_2 0.3 - 0.5\log_2 0.5)\times 3$$
$$= 4.455\text{bit}/字$$

该信源编码的效率 $\eta = \dfrac{H(\boldsymbol{X})}{\overline{K}} = \dfrac{4.455}{4.533} = 0.983$。

注：本题考查的知识点是 5.4.1 节哈夫曼编码。题解：(1)变长码的平均码长计算；

(2)哈夫曼编码效率的计算。

25. 设有一个无记忆信源 X 发出符号 A 和 B，已知 $p(A)=\frac{1}{4}$，$p(B)=\frac{3}{4}$。试：(1)计算该信源熵；(2)设该信源改为发三重序列消息的信源，采用哈夫曼编码方法对其进行编码，求平均信息传输速率。

解答：(1) 该离散无记忆信源的熵为 $H(X)=H\left(\frac{1}{4},\frac{3}{4}\right)=0.811\mathrm{bit}/$符号。

(2) 三重序列消息信源的哈夫曼编码结果如表 5.22 所示。

表 5.22 题 25 的哈夫曼编码结果

三重序列消息	概率	编码
BBB	27/64	0
BAA	9/64	100
BAB	9/64	101
ABB	9/64	110
AAB	3/64	11100
ABA	3/64	11101
BAA	3/64	11110
AAA	1/64	11111

编码的平均长度 $\overline{K}_2=\frac{27}{64}+\frac{9}{64}\times 3\times 3+\frac{3}{64}\times 5\times 3+\frac{1}{64}\times 5=2.46875$ 码元/三重符号。

因为信源是无记忆的，所以三重符号的熵 $H(\boldsymbol{X})=3H(X)$。

平均传输速率 $R_2=\dfrac{H(\boldsymbol{X})}{\overline{K}_2}=0.9855\mathrm{bit}/$时间。

注：本题考查的知识点是 5.4.1 节哈夫曼编码。题解：(1)三重序列消息信源；(2)哈夫曼编码及其编码效率的计算。

26. 已知离散无记忆信源 $\begin{bmatrix}S\\P(s)\end{bmatrix}=\begin{bmatrix}s_1 & s_2 & s_3 & s_4 & s_5 & s_6\\0.3 & 0.2 & 0.15 & 0.15 & 0.1 & 0.1\end{bmatrix}$，试：(1)求信源熵 $H(S)$；(2)进行哈夫曼编码，并求平均码长和编码效率；(3)哈夫曼编码是否唯一？如果不唯一，哪种编码方法更佳？

解答：(1) 该信源的熵 $H(S)=H(0.3,0.2,0.15,0.15,0.1,0.1)=2.47\mathrm{bit}/$符号。

(2) 哈夫曼编码结果如表 5.23 所示。

表 5.23 题 26 的哈夫曼编码结果

符号	概率	编码
s_1	0.3	00
s_2	0.2	01
s_3	0.15	010
s_4	0.15	011
s_5	0.1	110
s_6	0.1	111

平均码长 $\overline{K}=0.3\times2+0.2\times2+0.15\times3+0.1\times3+0.1\times3=2.5$ 二进制码元/符号。

编码效率 $\eta=\dfrac{H(S)}{\overline{K}}=\dfrac{2.47}{2.5}=0.988$。

(3) 由于按照概率大小顺序排队方法的不唯一，所以哈夫曼编码不唯一。将新合并的等概率消息排列到上支路(即大概率位置)，能充分利用短码，缩短码长的方差，即编出的码更接近于等长码，这种编码方法更佳。

注：本题考查的知识点是 5.4.1 节哈夫曼编码，题解：二进制哈夫曼编码及其编码效率的计算。

27. 已知一个信源 X 包含 8 个符号消息，其概率分布为

$$\begin{bmatrix} X \\ P(x) \end{bmatrix} = \begin{bmatrix} A & B & C & D & E & F & G & H \\ 0.1 & 0.18 & 0.4 & 0.05 & 0.06 & 0.1 & 0.07 & 0.04 \end{bmatrix}。$$

(1) 信源每秒发出一个符号，求该信源的熵及信息传输速率；

(2) 对这 8 个符号作二进制码元的哈夫曼编码，写出各个代码组，并求出编码效率。

解答：(1) 该信源的熵

$$H(X)=H(0.1,0.18,0.4,0.05,0.06,0.1,0.07,0.04)=2.55\text{bit}/符号$$

信源每秒发出一个符号，则信息传输速率为 $R=2.55\text{bit/s}$。

(2) 哈夫曼编码结果如表 5.24 所示。

表 5.24 题 27 的哈夫曼编码结果

符 号	概 率	编 码
C	0.4	0
B	0.18	110
A	0.1	100
F	0.1	1110
G	0.07	1010
E	0.06	1011
D	0.05	1110
H	0.04	11111

平均码长

$$\overline{K}=0.4+0.18\times3+0.1\times3+0.1\times4+0.07\times4+0.06\times4+0.05\times5+0.04\times5$$
$$=2.61\text{ 码元/符号}。$$

编码效率 $\eta=\dfrac{H(X)}{\overline{K}}=\dfrac{2.55}{2.61}=0.978$。

注：本题考查的知识点是 5.4.1 节哈夫曼编码。题解：二进制哈夫曼编码及其编码效率的计算。

28. 信源符号 X 有 6 种字母，概率分别为 (0.32,0.22,0.18,0.16,0.08,0.04)，试：(1) 求符号熵 $H(X)$；(2) 用哈夫曼编码编成二进制变长码，计算其编码效率；(3) 当译码差错小于 10^{-3} 的定长二进制码要达到 (2) 中的效率时，估计要多少信源符号一起编码才能达到？

解答：(1) $H(X)=H(0.32,0.22,0.18,0.16,0.08,0.04)=2.352\text{bit}/$符号。

(2) 二进制哈夫曼编码的结果如表 5.25 所示。

表 5.25 题 28 的哈夫曼编码结果

符号	概率	编码
x_1	0.32	00
x_2	0.22	10
x_3	0.18	11
x_4	0.16	010
x_5	0.08	0110
x_6	0.04	0111

平均码长 $\overline{K}=(0.32+0.22+0.18)\times2+0.16\times3+(0.08+0.04)\times4=2.4$ 码元/符号

编码效率 $\eta=\dfrac{H(X)}{\overline{K}}=\dfrac{2.352}{2.4}=0.98$。

(3) 由编码效率 $\eta=\dfrac{H(X)}{H(X)+\varepsilon}=\dfrac{2.352}{2.352+\varepsilon}=0.98$ 可得 $\varepsilon=0.048$，代入 $L\geqslant\dfrac{\sigma^2(x)}{\varepsilon^2\delta}$，知如采用定长编码，需要 $L\geqslant\dfrac{\sigma^2(x)}{\varepsilon^2\delta}=2.29\times10^5$ 位信源符号一起编码才能达到 0.98 的编码效率。

注：本题考查的知识点是 5.4.1 节哈夫曼编码。题解：(1)二进制哈夫曼编码及其编码效率的计算；(2)定长编码与变长编码的比较。

29. 现有一幅已经离散化后的图像，图像的灰度量化分成 8 级，如表 5.26 所示。表中数字为相应像素上的灰度级。另有一个无噪无损二元信道，单位时间内传输 100 个二元符号。试回答以下问题：(1)统计此图像的像素点数。(2)不考虑图像的统计特性，并采用二元定长码，计算每个像素需要的码元数；将此图像通过给定的信道传输，计算传送完这幅图像所需的时间。(3)若考虑图像的统计特性，将像素的灰度值作为信源，写出信源的概率分布函数，计算出信源熵。(4)对此灰度级进行哈夫曼最佳二元编码，列出编码码表，计算每个像素需要的码元数、编码效率及其冗余度；若将此图像通过给定的信道传输，计算传送完这幅图像所需的时间。(5)这幅图像是否可以进一步压缩到小于信源熵 $H(X)$，说明理由。

表 5.26 题 29 的表

1	1	1	1	1	1	1	1	1	1
1	1	1	1	1	1	1	1	1	1
1	1	1	1	1	1	1	1	1	1
1	1	1	1	1	1	1	1	1	1
2	2	2	2	2	2	2	2	2	2
2	2	2	2	2	2	2	3	3	3
3	3	3	3	3	3	3	4	4	4
4	4	4	4	4	4	4	5	5	5
5	5	5	5	6	6	6	6	6	6
7	7	7	7	7	8	8	8	8	8

解答：(1) 该图像的像素点数共有 $10 \times 10 = 100$ 个。

(2) 若不考虑统计特性，因为有 8 个灰度级，采用二元定长码，故每个像素需要 3 个二元码，100 个像素需要 300 个二元码，单位时间内传输 100 个二元符号，需要 3s 传完。

(3) 若考虑图像的统计特性，这 100 个像素点灰度的概率分布为

$$\begin{bmatrix} X \\ P(X) \end{bmatrix} = \begin{bmatrix} 1 & 2 & 3 & 4 & 5 & 6 & 7 & 8 \\ \frac{40}{100} & \frac{17}{100} & \frac{10}{100} & \frac{10}{100} & \frac{7}{100} & \frac{6}{100} & \frac{5}{100} & \frac{5}{100} \end{bmatrix}$$

则信源熵 $H(X) = -\sum_{i=1}^{8} p(x_i) \log p(x_i) = 2.572$ bit/灰度级。

(4) 对灰度级进行哈夫曼编码，结果如表 5.27 所示。

表 5.27 题 29 的哈夫曼编码

灰度级	概率	编码
1	0.4	1
2	0.17	001
3	0.1	0000
4	0.1	0001
5	0.07	0100
6	0.06	0101
7	0.05	0110
8	0.05	0111

平均码长 $\overline{K} = 2.63$ 二元码/灰度级。

编码效率 $\eta = \dfrac{H(X)}{\overline{K}} = \dfrac{2.572}{2.63} = 0.978$。

冗余度 $r = 1 - 0.978 = 0.022$。

此图像经过给定信道传输，需要 2.63s。

(5) 这幅图像可以进一步压缩。因为前面的编码是按无记忆编码的，没有考虑像素之间的记忆性，实际上像素之间是有依赖性的，可以看作 m 阶马尔可夫信源，从而得到极限熵 $H_\infty(X)$，是所有熵中最小的。

注：本题是一道综合题，考查 2.2.2 节离散信源熵、5.2.1 节定长编码和 5.4.1 节哈夫曼编码。题解：(1) 离散信源熵的计算；(2) 信源编码方法；(3) 信息传输的概念。

30. 已知信源的协方差矩阵 $\boldsymbol{\Phi}_u = \begin{bmatrix} 1 & 0 & 1 \\ 0 & 1 & 0 \\ 1 & 0 & 1 \end{bmatrix}$，试求：最佳正交变换矩阵 $\boldsymbol{A}$ 和变换后的协方差矩阵 $\boldsymbol{\Phi}_x$。

解答：先计算信源的协方差矩阵 $\boldsymbol{\Phi}_u$ 的特征值。特征方程为

$$|\boldsymbol{\Phi}_u - \lambda \boldsymbol{I}| = \begin{vmatrix} 1-\lambda & 0 & 1 \\ 0 & 1-\lambda & 0 \\ 1 & 0 & 1-\lambda \end{vmatrix} = (1-\lambda)(-\lambda)(2-\lambda) = 0$$

可得 $\boldsymbol{\Phi}_u$ 的三个特征值为 $\lambda_1 = 2, \lambda_2 = 1, \lambda_3 = 0$。

最佳正交变换后的协方差矩阵为 $\boldsymbol{\Phi}_x = \begin{bmatrix} 2 & 0 & 0 \\ 0 & 1 & 0 \\ 0 & 0 & 0 \end{bmatrix}$，设此时的最佳正交变换矩阵为 $\boldsymbol{A} = [\boldsymbol{\xi}_1 \quad \boldsymbol{\xi}_2 \quad \boldsymbol{\xi}_3]$，则

$$\boldsymbol{\Phi}_u \boldsymbol{\xi}_1 = \lambda_1 \boldsymbol{I} \Rightarrow \begin{bmatrix} 1 & 0 & 1 \\ 0 & 1 & 0 \\ 1 & 0 & 1 \end{bmatrix} \boldsymbol{\xi}_1 = 2\boldsymbol{\xi}_1 \Rightarrow \boldsymbol{\xi}_1 = \begin{pmatrix} \frac{1}{\sqrt{2}} \\ 0 \\ \frac{1}{\sqrt{2}} \end{pmatrix}$$

$$\boldsymbol{\Phi}_u \boldsymbol{\xi}_2 = \lambda_2 \boldsymbol{I} \Rightarrow \begin{bmatrix} 1 & 0 & 1 \\ 0 & 1 & 0 \\ 1 & 0 & 1 \end{bmatrix} \boldsymbol{\xi}_2 = \boldsymbol{\xi}_2 \Rightarrow \boldsymbol{\xi}_2 = \begin{pmatrix} 0 \\ 1 \\ 0 \end{pmatrix}$$

$$\boldsymbol{\Phi}_u \boldsymbol{\xi}_3 = \lambda_3 \boldsymbol{I} \Rightarrow \begin{bmatrix} 1 & 0 & 1 \\ 0 & 1 & 0 \\ 1 & 0 & 1 \end{bmatrix} \boldsymbol{\xi}_3 = 0 \Rightarrow \boldsymbol{\xi}_3 = \begin{pmatrix} \frac{1}{\sqrt{2}} \\ 0 \\ -\frac{1}{\sqrt{2}} \end{pmatrix}$$

所以，最佳正交变换矩阵 $\boldsymbol{A} = \begin{bmatrix} \frac{1}{\sqrt{2}} & 0 & \frac{1}{\sqrt{2}} \\ 0 & 1 & 0 \\ \frac{1}{\sqrt{2}} & 0 & -\frac{1}{\sqrt{2}} \end{bmatrix}$。

注：本题考查的知识点是 5.4.7 节变换编码。题解：(1)由变换前信号的协方差矩阵的特征根得变换后的协方差矩阵；(2)利用线性代数求正交变换矩阵。

31. 设信源协方差矩阵 $\boldsymbol{\Phi}_u = \begin{bmatrix} a & b & b & 0 \\ b & a & 0 & b \\ b & 0 & a & b \\ 0 & b & b & a \end{bmatrix}$，试用 DFT 变换计算 $\boldsymbol{\Phi}_x$。

解答：由 DFT 的变换公式得

$$\boldsymbol{\Phi}_x = \boldsymbol{A}_{\mathrm{DF}} \cdot \boldsymbol{\Phi}_u \cdot \boldsymbol{A}_{\mathrm{DF}}^{*\mathrm{T}}$$

$$= \frac{1}{2}\begin{bmatrix} 1 & 1 & 1 & 1 \\ 1 & -i & -1 & +i \\ 1 & -1 & 1 & -1 \\ 1 & +i & -1 & -i \end{bmatrix} \begin{bmatrix} a & b & b & 0 \\ b & a & 0 & b \\ b & 0 & a & b \\ 0 & b & b & a \end{bmatrix} \times \frac{1}{2}\begin{bmatrix} 1 & 1 & 1 & 1 \\ 1 & +i & -1 & -i \\ 1 & -1 & 1 & -1 \\ 1 & -i & -1 & +i \end{bmatrix}$$

$$= \begin{bmatrix} a+2b & 0 & 0 & 0 \\ 0 & (a-b) & 0 & 0 \\ 0 & 0 & a & 0 \\ 0 & 0 & 0 & a-b \end{bmatrix}$$

注：本题考查的知识点是 5.4.7 节变换编码。题解：(1)DFT 变换矩阵；(2)变换前后

的协方差矩阵。

32. 若仍应用 31 题中的协方差矩阵 $\boldsymbol{\Phi}_u$ 值,变换采用沃尔什-哈达马变换,试求 $\boldsymbol{\Phi}_x$,并与 31 题的结果相比较。

解答：由沃尔什-哈达马变换公式得

$$\boldsymbol{\Phi}_x = \boldsymbol{A}_{WH}(4)\boldsymbol{\Phi}_u \boldsymbol{A}_{WH}(4)^T$$

$$= \frac{1}{2}\begin{bmatrix} 1 & 1 & 1 & 1 \\ 1 & -1 & 1 & -1 \\ 1 & 1 & -1 & -1 \\ 1 & -1 & -1 & 1 \end{bmatrix} \begin{bmatrix} a & b & b & 0 \\ b & a & 0 & b \\ b & 0 & a & b \\ 0 & b & b & a \end{bmatrix} \times \frac{1}{2}\begin{bmatrix} 1 & 1 & 1 & 1 \\ 1 & -1 & 1 & -1 \\ 1 & 1 & -1 & -1 \\ 1 & -1 & -1 & 1 \end{bmatrix}$$

$$= \begin{bmatrix} a+2b & 0 & 0 & 0 \\ 0 & a & 0 & 0 \\ 0 & 0 & a & 0 \\ 0 & 0 & 0 & a-2b \end{bmatrix}$$

可以看出,与 31 题的结果作比较,两矩阵在形式上都是对角阵,只是对角线上的元素不同。

注：本题考查的知识点是 5.4.7 节变换编码。题解：(1)哈达马变换矩阵；(2)变换前后的协方差矩阵。

33. (1)若用 DCT 对第 31 题中的信源进行变换,试求变换后的协方差矩阵；(2)若信源的协方差矩阵 $\boldsymbol{\Phi}_u = \begin{bmatrix} a & b & 0 & b \\ b & a & b & 0 \\ 0 & b & a & b \\ b & 0 & b & a \end{bmatrix}$,试求变换后的协方差矩阵。

解答：(1) DCT 变换矩阵 $\boldsymbol{A}_{DCT}(4) = \frac{1}{2}\begin{bmatrix} 1 & 1 & 1 & 1 \\ c & d & -d & -c \\ 1 & -1 & -1 & 1 \\ d & -c & c & -d \end{bmatrix}$,其转置 $\boldsymbol{A}_{DCT}^T(4) =$

$\frac{1}{2}\begin{bmatrix} 1 & c & 1 & d \\ 1 & d & -1 & -c \\ 1 & -d & -1 & c \\ 1 & -c & 1 & -d \end{bmatrix}$,其中,$c=\sqrt{2}\cos\frac{\pi}{8}, d=\sqrt{2}\cos\frac{3\pi}{8}$。

$$\boldsymbol{\Phi}_x = \boldsymbol{A}_{DCT}\boldsymbol{\Phi}_u \boldsymbol{A}_{DCT}^T = \frac{1}{2}\begin{bmatrix} 1 & 1 & 1 & 1 \\ c & d & -d & -c \\ 1 & -1 & -1 & 1 \\ d & -c & c & -d \end{bmatrix} \cdot \begin{bmatrix} a & b & b & 0 \\ b & a & 0 & b \\ b & 0 & a & b \\ 0 & b & b & a \end{bmatrix} \times \frac{1}{2}\begin{bmatrix} 1 & c & 1 & d \\ 1 & d & -1 & -c \\ 1 & -d & -1 & c \\ 1 & -c & 1 & -d \end{bmatrix}$$

$$= \begin{bmatrix} a+2b & 0 & 0 & 0 \\ 0 & \frac{1}{2}a(c^2+d^2) & 0 & 0 \\ 0 & 0 & a-2b & 0 \\ 0 & 0 & 0 & \frac{1}{2}a(c^2+d^2) \end{bmatrix}$$

将 c 和 d 的值代入后得：$\boldsymbol{\Phi}_x = \begin{bmatrix} a+2b & 0 & 0 & 0 \\ 0 & a & 0 & 0 \\ 0 & 0 & a-2b & 0 \\ 0 & 0 & 0 & a \end{bmatrix}$。

（2）由题意，协方差矩阵变为 $\boldsymbol{\Phi}_u = \begin{bmatrix} a & b & 0 & b \\ b & a & b & 0 \\ 0 & b & a & b \\ b & 0 & b & a \end{bmatrix}$，则

$\boldsymbol{\Phi}_x = \boldsymbol{A}_{\text{DCT}} \boldsymbol{\Phi}_u \boldsymbol{A}_{\text{DCT}}^{\text{T}} = \dfrac{1}{2}\begin{bmatrix} 1 & 1 & 1 & 1 \\ c & d & -d & -c \\ 1 & -1 & -1 & 1 \\ d & -c & c & -d \end{bmatrix} \begin{bmatrix} a & b & 0 & b \\ b & a & b & 0 \\ 0 & b & a & b \\ b & 0 & b & a \end{bmatrix} \times \dfrac{1}{2} \begin{bmatrix} 1 & c & 1 & d \\ 1 & d & -1 & -c \\ 1 & -d & -1 & c \\ 1 & -c & 1 & -d \end{bmatrix}$

$= \dfrac{1}{4} \begin{bmatrix} 4a+8b & 0 & 0 & 0 \\ 0 & 2a(c^2+d^2)-2b(c^2+d^2)+4bcd & 0 & 2b(d^2-c^2) \\ 0 & 0 & 4a & 0 \\ 0 & 2b(d^2-c^2) & 0 & 2a(c^2+d^2)-2b(c^2+d^2)+4bcd \end{bmatrix}$

将 c 和 d 代入，得 $\boldsymbol{\Phi}_x = \begin{bmatrix} a+2b & 0 & 0 & 0 \\ 0 & (a-b)+0.707b & 0 & -0.708b \\ 0 & 0 & a & 0 \\ 0 & -0.708b & 0 & a-b-0.707b \end{bmatrix}$。

注：本题考查的知识点是 5.4.7 节变换编码。题解：(1) DCT 变换矩阵；(2) 变换后，信号的协方差矩阵的对角性。

34. 若已知信源的协方差矩阵 $\boldsymbol{\Phi}_u = \begin{bmatrix} a & b & b & b \\ b & a & b & b \\ b & b & a & b \\ b & b & b & a \end{bmatrix}$，试求：(1) 由 K-L 变换所得输出协方差矩阵 $\boldsymbol{\Phi}_x$；(2) 用哈尔变换求输出的协方差矩阵 $\boldsymbol{\Phi}_x$。

解答：(1) 设 K-L 变换的变换矩阵 $\boldsymbol{A} = \begin{bmatrix} 1 & 0 & 0 & 0 \\ 0 & 1 & 0 & 0 \\ 0 & 0 & 1 & 0 \\ 0 & 0 & 0 & 1 \end{bmatrix}$，因为 $\boldsymbol{A}$ 是正交的，所以有

$a_i \boldsymbol{\Phi}_u a_i^{\text{T}} = \lambda_i$，其中，$\lambda_1 = (1 \ 0 \ 0 \ 0) \boldsymbol{\Phi}_u \begin{pmatrix} 1 \\ 0 \\ 0 \\ 0 \end{pmatrix} = a$，$\lambda_2 = (0 \ 1 \ 0 \ 0) \boldsymbol{\Phi}_u \begin{pmatrix} 0 \\ 1 \\ 0 \\ 0 \end{pmatrix} = a$，

$\lambda_3 = (0 \ 0 \ 1 \ 0) \boldsymbol{\Phi}_u \begin{pmatrix} 0 \\ 0 \\ 1 \\ 0 \end{pmatrix} = a$，$\lambda_4 = (0 \ 0 \ 0 \ 1) \boldsymbol{\Phi}_u \begin{pmatrix} 0 \\ 0 \\ 0 \\ 1 \end{pmatrix} = a$。

此时，$\boldsymbol{\Phi}_x = \boldsymbol{A}\boldsymbol{\Phi}_u\boldsymbol{A}^{\mathrm{T}} = \begin{bmatrix} a & & & \\ & a & & \\ & & a & \\ & & & a \end{bmatrix}$。

（2）设哈尔变换的变换矩阵 $\boldsymbol{A}_{\mathrm{Hr}}(4) = \dfrac{1}{2}\begin{bmatrix} 1 & 1 & 1 & 1 \\ 1 & 1 & -1 & -1 \\ \sqrt{2} & -\sqrt{2} & 0 & 0 \\ 0 & 0 & \sqrt{2} & -\sqrt{2} \end{bmatrix}$，则

$$\begin{aligned}
\boldsymbol{\Phi}_x &= \boldsymbol{A}_{\mathrm{Hr}}\boldsymbol{\Phi}_u\boldsymbol{A}_{\mathrm{Hr}}^{\mathrm{T}} \\
&= \frac{1}{4}\begin{bmatrix} a+3b & a+3b & a+3b & a+3b \\ a-b & a-b & b-a & b-a \\ \sqrt{2}(a-b) & \sqrt{2}(b-a) & 0 & 0 \\ 0 & 0 & \sqrt{2}(a-b) & \sqrt{2}(b-a) \end{bmatrix} \cdot \begin{bmatrix} 1 & 1 & \sqrt{2} & 0 \\ 1 & 1 & -\sqrt{2} & 0 \\ 1 & -1 & 0 & \sqrt{2} \\ 1 & -1 & 0 & -\sqrt{2} \end{bmatrix} \\
&= \begin{bmatrix} a+3b & 0 & 0 & 0 \\ 0 & a-b & 0 & 0 \\ 0 & 0 & a-b & 0 \\ 0 & 0 & 0 & a-b \end{bmatrix}
\end{aligned}$$

注：本题考查的知识点是 5.4.7 节变换编码。题解：K-L 变换。

第6章 信道编码

本章学习重点：
- 信道编码的目的。
- 差错控制的基本原理和信道编码定理。
- 纠错编译码的基本原理和分析方法。
- 线性分组码。
- 卷积码。

6.1 知识点

6.1.1 有扰离散信道的编码定理

1. 差错和差错控制系统

差错可分为随机差错和突发差错。

从系统的角度，运用检/纠错码进行差错控制的基本方式分为三类：前向纠错（FEC）、反馈重发（ARQ）和混合纠错（HEC）。

2. 信道编码

信道编码的目的是提高信息传输的可靠性。

3. 译码错误概率

译码错误概率与信道的转移概率矩阵、译码准则以及编码方法有关。

4. 译码准则

设信道输入符号集 $X=\{x_i\}(i=1,2,\cdots,r)$，输出符号集 $Y=\{y_j\}(j=1,2,\cdots,s)$，若对每一个输出符号 y_j 都有一个确定的函数 $F(y_j)$，使 y_j 对应于唯一的一个输入符号 x_i，则称这样的函数为译码准则，记为 $F(y_j)=x_i,i=1,2,\cdots,r,j=1,2,\cdots,s$。显然，对于有 r 个输入，s 个输出的信道而言，按上述定义得到的译码准则共有 r^s 种（对每个 j，有 s 种可能的译法）。

选择译码准则，总的原则应是使译码平均错误概率 $P_E = \sum_j p(y_j) p(e \mid y_j)$ 最小。

最大后验概率译码准则：选择译码函数 $F(y_j) = x^*$，使之满足条件
$$\forall i, \quad p(x^* \mid y_j) \geqslant p(x_i \mid y_j)$$
此时，译码错误概率最小。

最大似然译码准则：选择译码函数 $F(y_j) = x^*$，使之满足条件
$$\forall i, \quad p(y_j \mid x^*) \geqslant p(y_j \mid x_i).$$

6.1.2 线性分组码

(n, k) 线性分组码：

由 n 长码字构成的分组码，每一码中由 k 个信息位和 $r = n - k$ 个校验位组成，n 长码字 $C = [c_1, c_2, \cdots, c_n]$ 中的每一位与原始的 k 个信息位 $\boldsymbol{m} = [m_1, m_2, \cdots, m_k]$ 之间满足一定的函数关系 $c_i = f_i(m_1, m_2, \cdots, m_k), i = 1, 2, \cdots, n$。若函数关系是线性的，则称该分组码为线性分组码，否则称为非线性分组码。

1. 生成矩阵 G 和校验矩阵 H

码矩阵与信息矩阵和生成矩阵的关系：$C = mG$。

生成矩阵和校验矩阵：$GH^T = 0$。

码矩阵和校验矩阵：$CH^T = 0$。

系统码：C 的前 k 位就是信息位，其余的 $n - k$ 位是 k 个信息位的线性组合。

2. 伴随式与标准阵列译码

伴随式 $S = EH^T$

3. 码距与检、纠错能力

任何码间最小距离为 $d_{\min}$ 的线性分组码，其检错能力为 $(d_{\min} - 1)$，纠错能力为 $t = \mathrm{int}\left[\dfrac{d_{\min} - 1}{2}\right]$。

线性分组码的最小距离等于码集中非零码字的最小重量。

(n, k) 线性分组码最小距离等于 $d_{\min}$ 的必要条件是：校验矩阵 H 中任意 $(d_{\min} - 1)$ 个列线性无关，而有 $d_{\min}$ 个列线性相关。

(n, k) 线性分组码的最小距离 $d_{\min} \leqslant (n - k + 1)$。

6.1.3 循环码

循环码是线性分组码的一个子类，具有自封闭性、循环移位特性，可用二元域上的多项式描述。

1. 循环码定义

码集 C 中任何一个码字的循环移位仍是码集中的码字。

2. 生成多项式

生成多项式 $g(x) = x^{n-k} + g_{n-k-1} x^{n-k-1} + \cdots + g_1 x + g_0$，能除尽 $x^n + 1$ 的 $(n-k)$ 次首 1 多项式，$g_i \in [0, 1], i = 0, 1, \cdots, n - k - 1, g_0$ 必等于 1。

码多项式 $c(x) = m(x) g(x)$。

3. 校验多项式

k 次首 1 多项式 $h(x)=x^k+h_{k-1}x^{k-1}+\cdots+h_1x+h_0, h_i\in[0,1], i=0,1,\cdots,k-1, h_0$ 等于 1。

$$g(x)h(x)=x^n+1$$
$$c(x)h(x)=m(x)g(x)h(x)\equiv 0 \bmod(x^n+1)$$

由 $h(x)$ 也可以构成循环码。

4. 生成矩阵和校验矩阵

$$\boldsymbol{G}(x)=\begin{bmatrix}x^{k-1}g(x)\\x^{k-2}g(x)\\\vdots\\xg(x)\\g(x)\end{bmatrix}_{k\times n}=\begin{bmatrix}x^{n-1}+r_1(x)\\x^{n-2}+r_2(x)\\\vdots\\x^{n-k}+r_k(x)\end{bmatrix}, 式中, r_i(x)\equiv x^{n-i}\bmod(g(x)), i=1,2,\cdots,k$$

$$\boldsymbol{H}(x)=\begin{bmatrix}x^{n-k-1}h^*(x)\\\vdots\\xh^*(x)\\h^*(x)\end{bmatrix}_{(n-k)\times n}, 式中, h^*(x) 为 h(x) 的反多项式。$$

6.1.4 卷积码

1. 卷积码的基本概念

(1) 卷积码的三个参数: (n,k,L), 其中, n 表示码长; k 表示信息位长度; L 表示与前面 L 个时间单位的信息组相关联。

(2) 卷积码的生成矩阵为半无限阵 $\boldsymbol{G}_\infty$。

$$\boldsymbol{C}=(\boldsymbol{C}^0\boldsymbol{C}^1\boldsymbol{C}^2\cdots)=\boldsymbol{m}\boldsymbol{G}_\infty$$

$$=(\boldsymbol{m}^0\boldsymbol{m}^1\boldsymbol{m}^2\cdots)\begin{bmatrix}\boldsymbol{G}^0 & \boldsymbol{G}^1 & \cdots & \boldsymbol{G}^L & 0 & 0 & 0\\0 & \boldsymbol{G}^0 & \boldsymbol{G}^1 & \cdots & \boldsymbol{G}^L & 0 & 0\\0 & 0 & \boldsymbol{G}^0 & \boldsymbol{G}^1 & \cdots & \boldsymbol{G}^L & 0\\0 & 0 & 0 & \cdots & \cdots & \cdots & \cdots\end{bmatrix}$$

(3) 卷积码的转移函数矩阵 $\boldsymbol{G}(D)$。

$$\boldsymbol{G}(D)=\boldsymbol{G}^0+\boldsymbol{G}^1D+\cdots+\boldsymbol{G}^LD^L$$

$$=\begin{bmatrix}g_{00}(D) & g_{01}(D) & \cdots & g_{0(n-1)}(D)\\g_{10}(D) & g_{11}(D) & \cdots & g_{1(n-1)}(D)\\\vdots & \vdots & \ddots & \vdots\\g_{(k-1)0}(D) & g_{(k-1)1}(D) & \cdots & g_{(k-1)(n-1)}(D)\end{bmatrix}$$

2. 卷积码的描述方法

(1) 卷积码的多项式描述;
(2) 卷积码的状态图描述;
(3) 网格图描述。

3. 卷积码的维特比译码算法

(1) 自由距离 d_f: 网格图上, 0 时刻从 0 状态与全 0 路径分叉后, 经若干分支后又回到全 0 路径的所有路径中,重量最轻的那条路径的重量。

(2) 维特比译码算法——卷积码的最大似然译码。

6.2 习题详解

6.2.1 选择题

1. 已知某(6,3)线性分组码的生成矩阵 $G = \begin{bmatrix} 111010 \\ 110001 \\ 011101 \end{bmatrix}$,则下列码中不是该码集里的码是( )。

  A. 000000   B. 110001   C. 011101   D. 111111

解答:D。按线性分组码的 $c = mG$ 计算出所有的可用码组,然后判别各选项是否是可用码组中的一个。

2. 已知某线性分组码的最小距离 $d_{min} = 7$,则该码的检错能力为( )。

  A. 4   B. 5   C. 6   D. 7

解答:C。检错能力 $= d_{min} - 1$。

3. 某(6,3)线性分组码的许用码字为 110100,011010,110011,011101,101001,101110,000111,000000,则该码组的最小码距为( )。

  A. 5   B. 4   C. 3   D. 2

解答:C。线性分组码的最小码距等于非零码字的最小码重。

4. 线性分组码不具有的性质是( )。

  A. 任意多个码字的线性组合仍是码字   B. 最小码距等于非零码的最小码重

  C. 任一码字和其校验矩阵转置的乘积为 0   D. 任一码字和其校验矩阵的乘积为 0

解答:D。

5. 纠错编码中,下列哪种措施不能减小差错概率( )。

  A. 增大信道容量   B. 增大码长

  C. 减小码率   D. 减小带宽

解答:D。

6. 最大似然译码等价于最大后验概率译码的条件是( )。

  A. 离散无记忆信道   B. 无错编码

  C. 无扰编码   D. 输入消息符号先验等概率

解答:D。

7. 关于线性分组码,下列说法正确的是( )。

  A. 等重码是线性码

  B. 最小码距等于非零码的最小码重

  C. 码的生成矩阵唯一

  D. 非系统码变换成系统码后,检纠错能力下降

解答:B。

8. 某二元(3,1,2)卷积码在各个时刻的生成子矩阵为 $\boldsymbol{G}^0 = [1 \quad 1 \quad 1]$, $\boldsymbol{G}^1 = [0 \quad 1 \quad 1]$, $\boldsymbol{G}^2 = [0 \quad 0 \quad 1]$, 则其转移函数矩阵 $\boldsymbol{G}(D)$ 为( )。

　　A. $\boldsymbol{G}(D) = (1+D, 1, 1+D+D^2)$　　B. $\boldsymbol{G}(D) = (1, 1+D+D^2, 1+D)$

　　C. $\boldsymbol{G}(D) = (1+D^2, 1+D, 1+D)$　　D. $\boldsymbol{G}(D) = (1, 1+D, 1+D+D^2)$

解答：D。

9. 任何最小距离为 $d_{\min}$ 的线性分组码，其检错能力为( )。

　　A. $d_{\min} + 1$　　B. $d_{\min}$　　C. $d_{\min} - 1$　　D. $\operatorname{int}\left(\dfrac{d_{\min}}{2}\right)$

解答：C。

10. (n, k) 线性分组码最小距离为 $d_{\min}$ 的必要条件是( )。

　　A. 校验矩阵中任意 $d_{\min} - 1$ 列线性无关

　　B. 校验矩阵中任意 $d_{\min}$ 列线性无关

　　C. 生成矩阵中任意 $d_{\min} - 1$ 列线性无关

　　D. 生成矩阵中任意 $d_{\min}$ 列线性无关

解答：A。

6.2.2　判断题

1. 如果两个错误图样 e_1、e_2 的和是一个有效的码字，则它们具有相同的伴随式。

解答：对。因 $e_1 \oplus e_2 = c$，有 $e_2 = c \oplus e_1$。由伴随式 $S_1 = e_1 \boldsymbol{H}^{\mathrm{T}}$ 和 $c\boldsymbol{H}^{\mathrm{T}} = 0$，得 $S_2 = e_2 \boldsymbol{H}^{\mathrm{T}} = (c \oplus e_1)\boldsymbol{H}^{\mathrm{T}} = c\boldsymbol{H}^{\mathrm{T}} + e_1\boldsymbol{H}^{\mathrm{T}} = e_1\boldsymbol{H}^{\mathrm{T}} = S_1$。

2. 设 $(7,4)$ 循环码的生成多项式为 $g(x) = x^3 + x + 1$，当接收码字为 0010011 时，接收码字是正确的。

解答：错。判断接收码字正确与否，是通过接收到的码多项式是否能被生成多项式整除来判断。

3. BCH 码是一类线性循环码，可纠正多个随机差错，且构造方便。

解答：对。

4. 汉明码是线性分组码，可纠正 1 个随机差错。

解答：对。

5. 线性分组码的最小码距等于非零码字的最小码重。

解答：对。

6. 噪声均化就是让差错随机化，可通过卷积的方法使噪声分摊到码字序列上，而不是一个码字上，从而使噪声均化。

解答：对。

7. 校验矩阵的各行是线性无关的。

解答：对。

8. 任意线性分组码中必包含全 0 码字。

解答：对。

9. 任一非系统码的生成矩阵都可以通过行运算转变成系统形式，结果是映射规则不变，码集发生线性变化。

解答：错。任一非系统码的生成矩阵都可以通过行运算转变成系统形式,结果是码集不发生变化,但映射发生线性变化。

10. 完备码是一种监督位得到充分利用的码。

解答：对。

11. 线性分组码中任意两个码字的模 2 加仍为一个有用码字。

解答：对。这是线性分组码的特点。

12. 由于构成同一空间的基底不是唯一的,所以不同的基底或生成矩阵有可能生成同一码集。

解答：对。

13. 循环码只能用生成多项式,而不能用生成矩阵描述。

解答：错。循环码也是线性分组码,因此也可以用生成矩阵来描述。

14. 一个线性分组码的生成矩阵的 k 个基底是线性相关的。

解答：错。线性分组码的生成矩阵的 k 个基底是线性无关的。

15. 软判决维特比算法的步骤与硬判决完全一样,似然度的定义也一样。

解答：错。软判决和硬判决维特比算法的步骤完全一样,但两者的似然度定义不同,软判决采用欧几里得距离,硬判决采用汉明距离。

16. 在已知收码 r 的条件下找出可能性最大的发码 c_i 作为译码估计值,这种译码方法叫作最大似然译码。

解答：错。这是最大后验概率译码。

17. 信道中各码元是否出现差错,与其前后码元是否差错无关,每个码元独立地按一定的概率产生差错,称为突发差错。

解答：错。这种差错是随机差错。

18. 卷积码是采用标准阵列来译码的。

解答：错。线性分组码采用标准阵列来译码。

19. 卷积码与分组的主要差异在于卷积码编码器有记忆,编码时不仅与该时刻的输入有关,还与前 m 个输入有关。

解答：对。

20. 如果某线性分组码的最小距离为 $d_{\min}$,其缩短码的最小距离小于 $d_{\min}$。

解答：错。缩短码的最小距离与原线性分组码的最小距离相同。

21. 把信息组原封不动地搬到码字前 k 位的 (n,k) 线性分组码就叫作系统码。

解答：对。

22. 循环码中,码字的循环仍是码字,基底的循环也可作为基底。

解答：对。

23. 噪声均化可以将差错均匀分摊给各个码字,采用的方法有减小码长、卷积和交织。

解答：错。噪声均化的方法有增加码长、卷积和交织。

24. 伴随式与错误图案之间是一一对应的。

解答：错。伴随式的个数为 2^{n-k},错误图案个数为 2^n,因此一个伴随式对应 2^k 个错误图案。

25. 卷积码是一种特殊的线性分组码。

解答：错。卷积码不是分组码。

26. 狭义的信道编码是指信道的检错、纠错编码。

解答：对。

27. 随机差错是指信道中各码元是否出现差错，与其前后码元是否差错无关，每个码元独立地按一定的概率产生差错。

解答：对。

28. 设 $C = \{000000, 001011, 010110, 011101, 100111, 101100, 110001, 111010\}$ 是一个二元线性分组码，则该码最多能检测出 3 个随机错误。

解答：错。这组码的最小码间距离等于 3，最多检出 2 个随机错误。

29. 维特比算法就是卷积码的最大似然译码。

解答：对。

6.2.3 填空题

1. 平均错误概率不仅与信道本身的统计特性有关，还与_____和_____有关。

解答：译码准则；编码方法。

2. 循环码的任何一个码字的循环移位仍是码字，因此用一个基底就足以表示循环码的特征。所以描述循环码的常用数学工具是_____。

解答：多项式。

3. 对于同样的码率，信道容量大，信道可靠性函数 $E(R)$ 也大。增加信道容量的方法有扩展信道带宽、_____、_____。

解答：加大功率；降低噪声。

4. 已知 $n=7$ 的循环码 $g(x) = x^4 + x^2 + x + 1$，则信息位长度 $k=3$，校验多项式为_____。

解答：$h(x) = x^3 + x + 1$（题解：$n-k=4$，则 $n=7, h(x) = \dfrac{x^7+1}{g(x)}$）。

5. _____定理又称为香农第二极限定理。

解答：有扰离散信道编码。

6. 若线性分组码校验矩阵的列线性无关数为 n，则该线性分组码的最小汉明距离为_____。

解答：$n+1$。

7. 在保证信息完全传输的前提下，传输速率可以降低的程度是有限的，香农证明了，这一基本界限是信源的熵 $H(X)$。当传输速率 $R > H(X)$ 时，一定存在某种信源编码方式使信息能够完全传输；否则，当 $R \leq H(X)$，就是不可能的。这一结论是_____。在保证信息的可靠传输条件下，香农又证明了，R 的基本界限是信道的容量 C，当 $R < C$，一定存在某种信道编码方法，使信息能够可靠传输，否则，当 $R \geq C$，这就是不可能的。这一结论就是_____。

解答：信源编码定理；信道编码定理。

8. 译码器在已知接收码字 r 的条件下，找出可能性最大的发码作为译码估值，这种译码方法称为＿＿＿＿，也叫＿＿＿＿。实际译码时，在已知收码 r 的条件下使先验概率最大的译码算法，称之为＿＿＿＿。

解答：最佳译码，最大后验概率译码；最大似然译码。

9. 卷积码中，自由距离 d_f 定义为当序列长度 $L \to \infty$ 时，＿＿＿＿。

解答：任意两序列的最小距离。

10. 卷积码译码的判决方法主要有＿＿＿＿和＿＿＿＿两种。

解答：软判决；硬判决。

11. 伴随式定义为＿＿＿＿，反映的是＿＿＿＿。

解答：$S = RH^T = EH^T$；信道对码字造成怎样的干扰。

12. 线性分组码中的错误图案 E 定义为＿＿＿＿。在一定的差错范围内，利用＿＿＿＿来判断收码是否有误。

解答：差错的样式；RH^T 是否为 0。

13. 卷积码可以采用转移函数矩阵、＿＿＿＿和＿＿＿＿等描述。

解答：状态流图；网格图。

14. 汉明码是＿＿＿＿的统称。

解答：纠错能力为 1 的一类码。

6.2.4 问答题

1. 简单叙述前向纠错 FEC 差错控制方法的原理和主要优缺点。

解答：前向纠错 FEC 指的是，发端信息经纠错编码后经信道传输，接收端通过纠错译码自动纠正传输过程中的差错。"前向"指的是纠错过程在接收端独立进行，不存在差错信息的反馈。这种方法的优点是无需反馈信道，时延小，实时性好，既适用于点对点通信，也适用于点对多点通信。缺点是译码设备比较复杂，所选用的纠错码必须与信道特性相匹配，为了获得较好的纠错性能必须插入较多的校验位而导致码率降低。前向纠错的纠错能力有限，当差错数大于纠错能力时，接收端发生错译却意识不到错译的发生。

2. 目前对卷积码有哪些描述方法？各从什么角度考虑的？

解答：目前对卷积码的描述方法有转移函数矩阵、状态转移图和网格图。转移函数矩阵中的系数描述了记忆阵列在线性组合中的作用，通过它能画出编码器结构图；状态转移图利用信号流图的数学工具，很容易找到输入输出和状态的转移，但缺少一根时间轴，不能很好地描述时间轴上的状态转移；网格图弥补了这一缺点，将状态转移沿时间轴展开，有助于发现卷积码的性能特征，也有助于译码算法的推导等。

3. 什么叫随机错误？

解答：随机错误指的是错误的出现是随机的，一般而言错误出现的位置是随机分布的，即各个码元是否发生错误是互相独立的，通常不是成片地出现错误。这种情况一般是由信道的加性随机噪声引起的。

4. 什么是突发错误？其产生原因是什么？

解答：突发错误总是以差错码元开头，以差错码元结尾，头尾之间并不是每个码元都错，而是码元差错概率超过了某个额定值。突发错误的产生原因主要来自脉冲干扰，其特点是突发出现，主要来源于雷电、通电开关、负荷突变或设备故障等。存储系统中的突发差错，通常来源于磁带、磁盘等物理介质的缺陷、读写头的抖动和接触不良等。

5. 从信道编码定理出发,减小码率的方法主要有哪些?

解答:从信道编码定理出发,减小码率的方法主要有:

(1) 降低信息源速率;

(2) 提高符号速率,占用更大带宽;

(3) 减小信道的输入输出符号集。

6. 什么是伴随式?

解答:为了纠正码字某位发生的错误,必须使每一位发生错误的标志互不相同,称这个标志为伴随式。设发送码字为 C,接收码字为 R,校验矩阵为 H,则伴随式为 $S=RH^T$。

7. 试简要描述卷积码的最小距离译码思路。

解答:卷积码最小距离译码的思路是,以断续的接收码流为基础,逐个计算它与其他所有可能出现的、连续的网格图路径的距离,选出其中距离最小者作为译码估值输出。

8. 什么叫完备码?它有什么特点?

解答:完备码指的是码的伴随式数目正好等于不大于 t 个差错的图案数目,即满足等式 $2^{n-k} = \sum_{i=0}^{t} \binom{n}{i}$ 的二元 (n,k) 线性分组码。其特点是校验位得到最充分的利用。

6.2.5 计算题

1. 写出构成二元域上 4 维 4 重矢量空间的全部矢量元素,并找出其中一个二维子空间及其相应的对偶子空间。

解答:二元域上 4 维 4 重矢量空间的全部矢量元素为

$\{1,0,0,0\},\{0,1,0,0\},\{0,0,1,0\},\{0,0,0,1\},\{0,0,0,0\},\{1,1,1,1\},\{1,1,0,0\},$
$\{1,0,1,0\},\{1,0,0,1\},\{0,1,1,0\},\{0,1,0,1\}\{0,0,1,1\},\{1,1,1,0\},\{1,1,0,1\},\{0,1,1,1\},\{1,0,1,1\}$

选其中一个二维子空间:$\{1,0,0,0\},\{0,1,0,0\}$;其对偶子空间为:$\{0,0,1,0\},\{0,0,0,1\}$。

注:本题考查的知识点是 6.1.2 节矢量空间与码空间。题解:对偶子空间的基底。

2. 某系统 (8,4) 码,其 4 位校验位 $v_i(i=0,1,2,3)$ 与 4 位信息位 $u_i(i=0,1,2,3)$ 的关系是 $\begin{cases} v_0 = u_1 + u_2 + u_3 \\ v_1 = u_0 + u_1 + u_2 \\ v_2 = u_0 + u_1 + u_3 \\ v_3 = u_0 + u_2 + u_3 \end{cases}$,试求:(1) 该码的生成矩阵和校验矩阵;(2) 该码的最小距离;(3) 画出该编码器硬件逻辑连接图。

解答:(1) 设 $C = [u_0 \quad u_1 \quad u_2 \quad u_3 \quad v_0 \quad v_1 \quad v_2 \quad v_3]$,$m = [u_0 \quad u_1 \quad u_2 \quad u_3]$,则由题中给出的校验位与信息位的关系可以直接写出该系统码的生成矩阵 $G =$
$\begin{bmatrix} 1 & 0 & 0 & 0 & 0 & 1 & 1 & 1 \\ 0 & 1 & 0 & 0 & 1 & 1 & 1 & 0 \\ 0 & 0 & 1 & 0 & 1 & 1 & 0 & 1 \\ 0 & 0 & 0 & 1 & 1 & 0 & 1 & 1 \end{bmatrix}$,并由系统码的生成矩阵和校验矩阵的关系得到校验矩阵

$$H = \begin{bmatrix} 0 & 1 & 1 & 1 & 1 & 0 & 0 & 0 \\ 1 & 1 & 1 & 0 & 0 & 1 & 0 & 0 \\ 1 & 1 & 0 & 1 & 0 & 0 & 1 & 0 \\ 1 & 0 & 1 & 1 & 0 & 0 & 0 & 1 \end{bmatrix}。$$

(2) 该码的最小距离 $d_{\min} = 4$。

(3) 编码器硬件逻辑连接图如图 6.1 所示。

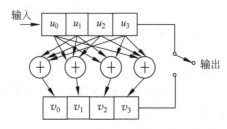

图 6.1 题 2 的编码器硬件逻辑连接图

注：本题考查的知识点是 6.3.1 节线性分组码的生成矩阵和校验矩阵。题解：(1)由校验位和信息位的关系写出校验矩阵；(2)由校验矩阵和生成矩阵的关系写出生成矩阵；(3)计算最小码距；(4)根据生成矩阵画出编码器硬件逻辑图。

3. 设 $(7,4)$ 系统码的生成矩阵 $G = \begin{bmatrix} 1 & 0 & 0 & 0 & 1 & 0 & 1 \\ 0 & 1 & 0 & 0 & 1 & 1 & 1 \\ 0 & 0 & 1 & 0 & 1 & 1 & 0 \\ 0 & 0 & 0 & 1 & 0 & 1 & 1 \end{bmatrix}$，将该码缩短为 $(5,2)$ 码，写出缩短码的生成矩阵和校验矩阵，并且列出缩短前、后的所有码字加以比较。

解答：将 $(7,4)$ 系统码缩短为 $(5,2)$，同时减小 n 和 k。先将 $(7,4)$ 系统码的码集中，最左边一位为 0 的消息和对应的码字挑选出来，并把最左边的 0 删去，构成 $(6,3)$ 线性分组码；重复这个操作，再将 $(6,3)$ 线性分组码缩短为 $(5,2)$。

$(7,4)$ 系统码的生成矩阵 $G = \begin{bmatrix} 1 & 0 & 0 & 0 & 1 & 0 & 1 \\ 0 & 1 & 0 & 0 & 1 & 1 & 1 \\ 0 & 0 & 1 & 0 & 1 & 1 & 0 \\ 0 & 0 & 0 & 1 & 0 & 1 & 1 \end{bmatrix}$

校验矩阵 $H = \begin{bmatrix} 1 & 1 & 1 & 0 & 1 & 0 & 0 \\ 0 & 1 & 1 & 1 & 0 & 1 & 0 \\ 1 & 1 & 0 & 1 & 0 & 0 & 1 \end{bmatrix}$。

缩短后的 $(5,2)$ 码的生成矩阵是将 $(7,4)$ 的生成矩阵的最上面两行和最左面两列删去，即 $G' = \begin{bmatrix} 1 & 0 & 1 & 1 & 0 \\ 0 & 1 & 0 & 1 & 1 \end{bmatrix}$，校验矩阵 $H' = \begin{bmatrix} 1 & 0 & 1 & 0 & 0 \\ 1 & 1 & 0 & 1 & 0 \\ 0 & 1 & 0 & 0 & 1 \end{bmatrix}$。

$(7,4)$ 系统码的码字为

0000000, 0001011, 0010110, 0011101, 0100111, 0101100, 0110001, 0111010, 1000101, 1001110, 1010011, 1011000, 1100010, 1101001, 1110100, 1111111

(5,2)码的码字为

$$00000, 01011, 10110, 11101$$

注：本题考查的知识点是6.3.1节线性分组码的生成矩阵和校验矩阵。题解：(1)缩短码的缩短方法及其生成矩阵和校验矩阵的构成；(2)由(n,k)码缩短为$(n-i,k-i)$码，由于删掉的都是0码元，所以缩短码的最小码距不变，其纠错、检错能力与原码相同。

4. 列出第3题中$(7,4)$系统码的标准阵列译码表。若收码$\boldsymbol{R}=(0010100, 0111000, 1110010)$，由标准阵列译码表判断发码是什么？

解答：由$\boldsymbol{C}=\boldsymbol{mG}$，直接求出$(7,4)$的16组码字$\boldsymbol{C}_0 \sim \boldsymbol{C}_{15}$，详见表6.1阵列译码表。

表6.1 题4$(7,4)$系统码的标准阵列译码表

$S_0=000$	$C_0=$ 0000000	$C_1=$ 0001011	$C_2=$ 0010110	$C_3=$ 0011101	$C_4=$ 0100111	$C_5=$ 0101100	$C_6=$ 0110001	$C_7=$ 0111010
$S_1=101$	$E_1=1000000$	1001011	1010110	1011101	1100111	1101101	1011001	1111010
$S_2=111$	$E_2=0100000$	0101011	0110110	0111101	0000111	0001100	0010001	0011010
$S_3=110$	$E_3=0010000$	0011011	0000110	0001101	0110111	0111100	0100001	0101010
$S_4=011$	$E_4=0001000$	0000011	0011110	0010101	0101111	0100100	0111001	0110010
$S_5=100$	$E_5=0000100$	0001111	0010010	0011001	0100011	0101000	0110101	0111110
$S_6=010$	$E_6=0000010$	0001001	0010100	0011111	0100101	0101110	0110011	0111000
$S_7=001$	$E_7=0000001$	0001010	0010111	0011100	0100110	0101101	0110000	0111011
$S_0=000$	$C_8=$ 1000101	$C_9=$ 1001110	$C_{10}=$ 1010011	$C_{11}=$ 1011001	$C_{12}=$ 1100010	$C_{13}=$ 1101001	$C_{14}=$ 1110100	$C_{15}=$ 1111111
$S_1=101$	0000101	0001110	0010011	0011001	0100010	0101001	0110100	01111111
$S_2=111$	1100101	1101011	1110011	1111001	1000010	1001001	1010100	1011111
$S_3=110$	1010101	1011110	1000011	1001001	1110010	1111001	1100100	1101111
$S_4=011$	1001101	1000110	1011011	1010000	1101010	1100001	1111100	1110111
$S_5=100$	1000001	1001010	1010111	1011100	1100110	1101101	1110000	1111011
$S_6=010$	1000111	1001100	1010001	1011010	1100000	1101011	1110110	1111101
$S_7=001$	1000100	1001111	1010010	1011001	1100011	1101000	1110101	1111110

标准阵列译码表的获得，首先求伴随式与错误图案之间的关系。由$\boldsymbol{S}=\boldsymbol{EH}^\mathrm{T}$得到方程组
$$\begin{cases} s_2=e_6+e_5+e_4+e_2 \\ s_1=e_5+e_4+e_3+e_1 \\ s_0=e_6+e_5+e_3+e_0 \end{cases}$$

由于伴随式$\boldsymbol{S}$有$2^3=8$种组合，错误图案有$2^7=128$种。1个伴随式对应16种错误图案，选择其中重量最轻的全零图案(1个)和只有一个差错的图案(7个)，并计算相应的伴随式，即将$\boldsymbol{E}_j$分别为(0000000)，(1000000)，(0100000)，…，(0000001)代入上述方程组，求得相应的$\boldsymbol{S}_j$分别为(000)，(101)，…，(001)。

若收码$\boldsymbol{R}$分别为(0010100)，(0111000)和(1110010)，由表6.1可查出发码分别为：0010110，0111010，1100010。

注：本题考查的知识点是6.3.1节线性分组码的生成矩阵和校验矩阵、6.3.2节伴随式与标准阵列译码。题解：(1)计算生成矩阵和校验矩阵；(2)列出译码阵列表；(3)根据译

阵列表查发码。

5. 某线性分组码的生成矩阵 $G = \begin{bmatrix} 0 & 0 & 1 & 1 & 1 & 0 & 1 \\ 0 & 1 & 0 & 0 & 1 & 1 & 1 \\ 1 & 0 & 0 & 1 & 1 & 1 & 0 \end{bmatrix}$,试:(1)用系统码生成矩阵的形式表示该生成矩阵;(2)计算系统码的校验矩阵;(3)列出该码的伴随式与错误图案的对应表;(4)计算该码的最小距离;(5)证明:与信息序列(101)相对应的码字正交于系统校验矩阵。

解答:(1)将 G 矩阵的第三行与第一行互换,再将第二行与第三行互换,可以将其变换成系统形式 $G' = \begin{bmatrix} 1 & 0 & 0 & 1 & 1 & 1 & 0 \\ 0 & 1 & 0 & 0 & 1 & 1 & 1 \\ 0 & 0 & 1 & 1 & 1 & 0 & 1 \end{bmatrix}$。

(2)系统码的校验矩阵 $H' = \begin{bmatrix} 1 & 0 & 1 & 1 & 0 & 0 & 0 \\ 1 & 1 & 1 & 0 & 1 & 0 & 0 \\ 1 & 1 & 0 & 0 & 0 & 1 & 0 \\ 0 & 1 & 1 & 0 & 0 & 0 & 1 \end{bmatrix}$

(3)伴随式 $S = EH'^T$,即 $(s_3 s_2 s_1 s_0) = (e_6 e_5 e_4 e_3 e_2 e_1 e_0) \begin{bmatrix} 1 & 0 & 1 & 1 & 0 & 0 & 0 \\ 1 & 1 & 1 & 0 & 1 & 0 & 0 \\ 1 & 1 & 0 & 0 & 0 & 1 & 0 \\ 0 & 1 & 1 & 0 & 0 & 0 & 1 \end{bmatrix}$,可得

伴随式方程 $\begin{cases} s_3 = e_6 + e_4 + e_3 \\ s_2 = e_6 + e_5 + e_4 + e_2 \\ s_1 = e_6 + e_5 + e_1 \\ s_0 = e_5 + e_4 + e_0 \end{cases}$

由于伴随式 S 有 4 位,共有 16 种。每个伴随式对应的错误重量最轻的错误图案如表 6.2 所示。

表 6.2 题 5 的伴随式和错误图案

伴随式 S	错误图案 E	伴随式 S	错误图案 E
0000	0000000	0011	1010000
1110	1000000	0101	0000101
0111	0100000	0110	0000110
1101	0010000	1001	0001001
1000	0001000	1010	0001010
0100	0000100	1100	0001100
0010	0000010	1111	0101000
0001	0000001	1011	0001011

(4)该码的最小码间距离 $d_{\min} = 4$。

(5)由 $C = m \cdot G$ 得到与信息序列(101)对应的码字 $C = (1010011)$。

因为 $CH'^{T} = \begin{bmatrix} 1 & 0 & 1 & 0 & 0 & 1 & 1 \end{bmatrix} \begin{bmatrix} 1 & 0 & 1 & 1 & 0 & 0 & 0 \\ 1 & 1 & 1 & 0 & 1 & 0 & 0 \\ 1 & 1 & 0 & 0 & 0 & 1 & 0 \\ 0 & 1 & 1 & 0 & 0 & 0 & 1 \end{bmatrix}^{T} = \begin{bmatrix} 0 & 0 & 0 & 0 \end{bmatrix}$,所以码字 C 与系统校验矩阵 H' 正交。

注：本题考查的知识点是 6.3.1 节线性分组码的生成矩阵和校验矩阵、6.3.2 节伴随式与标准阵列译码。题解：(1)行运算可以将非系统码生成矩阵变换成系统码生成矩阵；(2)列出译码阵列表；(3)计算最小码距。

6. 设计一个(7,3)循环码,试：(1)列出所有码字,并证明其循环性；(2)写出系统形式的生成矩阵和校验矩阵。

解答：(1) 由 $x^7+1=(x+1)(x^3+x^2+1)(x^3+x+1)$ 构造(7,3)循环码,其生成多项式 $g(x)$ 有两种可能：

若选 $g(x)=(x+1)(x^3+x+1)=x^4+x^2+x+1$,所有 8 组码字为
0000000,0010111,0101110,1011100,0111001,1110010,1100101,1001011

可以看出所有码字都是由 0000000 和 1011100 循环构成,具有循环性。

若选 $g(x)=(x+1)(x^3+x^2+1)=x^4+x^3+x^2+1$,所有 8 组码字为
0000000,0011101,0111010,1110100,1101001,1010011,0100111,1001110

可以看出这 8 组码字是 0000000 和 0011101 这两组码循环得到的。

(2) 取一组基底 $\{x^2g(x), xg(x), g(x)\}$,得生成矩阵 $G(x) = \begin{bmatrix} x^2g(x) \\ xg(x) \\ g(x) \end{bmatrix} = \begin{bmatrix} x^6+x^4+x^3+x^2 \\ x^5+x^3+x^2+x \\ x^4+x^2+x+1 \end{bmatrix}$,即 $G = \begin{bmatrix} 1 & 0 & 1 & 1 & 1 & 0 & 0 \\ 0 & 1 & 0 & 1 & 1 & 1 & 0 \\ 0 & 0 & 1 & 0 & 1 & 1 & 1 \end{bmatrix}$,不是系统生成矩阵。将 G 矩阵的第三行加到第一行,可得系统形式的生成矩阵 $G' = \begin{bmatrix} 1 & 0 & 0 & 1 & 0 & 1 & 1 \\ 0 & 1 & 0 & 1 & 1 & 1 & 0 \\ 0 & 0 & 1 & 0 & 1 & 1 & 1 \end{bmatrix}$,相应的校验矩阵 $H' = \begin{bmatrix} 1 & 0 & 0 & 1 & 1 & 1 & 0 \\ 0 & 1 & 0 & 0 & 1 & 1 & 1 \\ 0 & 0 & 1 & 1 & 1 & 0 & 1 \end{bmatrix}$。

注：本题考查的知识点是 6.3.5 节循环码。题解：(1)根据循环码的生成多项式构建其生成矩阵,并将其系统化；(2)计算生成矩阵和校验矩阵。

7. 计算(7,4)系统循环汉明码最小重量的可纠差错图案和对应的伴随式。

解答：(7,4)系统循环汉明码的生成多项式为 $g(x)=x^3+x+1$,其最小重量的可纠差错图案写成多项式为：$0,1,x,x^2,x^3,x^4,x^5,x^6$,即重量为 0 的错误图案 1 个；重量为 1 的错误图案 7 个,共 8 个。

由 $s(x)=e(x) \bmod g(x)$,可得 8 个对应的伴随式为 $0,1,x,x^2,x+1,x^2+x,x^2+x+1,x^2+1$。

注：本题考查的知识点是 6.3.5 节循环码,题解：(1)确定(7,4)系统循环码的错误图

案；(2)根据错误图案和伴随式之间的关系计算伴随式。

8. 某帧所含信息是(0000110101100010101100)，若采用循环冗余校验码 CRC 进行帧校验，其生成多项式为 CRC-ITU-T 规定的 $g(x)=x^{16}+x^{12}+x^5+1$。问附加在信息位后的 CRC 校验码是什么？

解答：由题意知，信息多项式 $m(x)=x^{17}+x^{16}+x^{14}+x^{12}+x^{11}+x^7+x^5+x^3+x^2$。由 CRC-ITU-T 给出的生成多项式 $g(x)=x^{16}+x^{12}+x^5+1$ 可得 $n-k=16$。

根据 CRC 循环冗余码的构码方法，需要计算余式 $r(x)=x^{n-k}m(x) \bmod g(x)$。将码多项式 $m(x)$ 和生成多项式 $g(x)$ 代入，用长除法求得余式为

$$r(x)=x^{14}+x^{13}+x^{11}+x^7+x^6+x^3+x^2+x+1$$

余式 $r(x)$ 的最高幂次为 $n-k-1=15$，因此写成二进制形式是 0110100011001111，所以附加在信息位(0000110101100010101100)后的 16 位 CRC 校验码是(0110100011001111)。

注：本题考查的知识点是 6.3.5 节循环码。题解：(1)确定 ITU-T 的循环码生成多项式；(2)用长除法计算 CRC 校验位。

9. 已知 $n=15$ 的循环码，其生成多项式为 $g(x)=x^{10}+x^8+x^5+x^4+x^2+x+1$。(1)求 k 和对应的校验多项式 $h(x)$；(2)如信息多项式为 $m(x)=x^4+x+1$，求该信息多项式对应的码多项式；(3)若接收码多项式为 $R(x)=x^{14}+x^5+x+1$，判断是否为许用码多项式。

解答：(1) 由题意知，$g(x)$ 的最高幂次为 $n-k$，则 $n-k=10$，所以 $k=5$。

$$h(x)=\frac{x^n+1}{g(x)}=\frac{x^{15}+1}{g(x)}=x^5+x^3+x+1$$

(2) 码多项式 $c(x)$ 与信息多项式 $m(x)$ 的关系是：$c(x)=x^{n-k}m(x)+r(x)$。因此，先计算 $r(x)$。

$$r(x)=x^{n-k}m(x) \bmod g(x)$$

将信息多项式 $m(x)$ 代入上式，并用长除法求得余式 $r(x)=x^8+x^7+x^6+x$。因此，$m(x)$ 对应的码多项式为 $c(x)=x^{n-k}m(x)+r(x)=x^{14}+x^{11}+x^{10}+x^8+x^7+x^6+x$。

(3) 判断接收到的某码多项式 $R(x)$ 是否为许用多项式，需要计算 $R(x)h(x)$ 被 x^n+1 除后的余数是否为零。如果为零，则它为许用多项式；否则，不是许用多项式。

$$R(x)h(x) \bmod (x^n+1)=(x^{14}+x^5+x+1)(x^5+x^3+x+1) \bmod (x^{15}+1) \neq 0$$

或计算 $R(x)$ 被 $g(x)$ 除后的余式是否为零。如果为零，则为许用多项式；否则，不是许用多项式。

因为 $R(x) \bmod g(x)=x^9+x^7+x^5+x^4+x^3 \neq 0$，所以 $R(x)=x^{14}+x^5+x+1$ 不是许用多项式。

注：本题考查的知识点是 6.3.5 节循环码。题解：(1)根据生成多项式与校验多项式的关系，计算校验多项式；(2)系统码多项式的特点；(3)计算码多项式；(4)判断许用多项式。

10. 已知某汉明码的监督矩阵 $\boldsymbol{H}=\begin{bmatrix} 1 & 1 & 1 & 0 & 1 & 0 & 0 \\ 0 & 1 & 1 & 1 & 0 & 1 & 0 \\ 1 & 1 & 0 & 1 & 0 & 0 & 1 \end{bmatrix}$，试求其生成矩阵。当输入序列为 110101101010 时，求编码器的输出序列。

解答：由题意知该汉明码为(7,4)线性分组码，且为系统码，由校验矩阵得到该汉明码

的生成矩阵 $G = \begin{bmatrix} 1 & 0 & 0 & 0 & 1 & 0 & 1 \\ 0 & 1 & 0 & 0 & 1 & 1 & 1 \\ 0 & 0 & 1 & 0 & 1 & 1 & 0 \\ 0 & 0 & 0 & 1 & 0 & 1 & 1 \end{bmatrix}$。

当输入序列为 110101101010 时,因为是(7,4)线性分组码,4 位信息位编一次码,即将输入序列分为 1101,0110,1010,由 $C = mG$ 易得输出序列为 1101001,0110001,1010011。

注:本题考查的知识点是 6.3.1 节线性分组码的生成矩阵和校验矩阵。题解:(1)线性分组码的生成矩阵;(2)线性分组码的编码方法。

11. 已知一个(6,3)系统分组码的全部码字为(001011,110011,010110,101110,100101,111000,011101,000000)。求该码的生成矩阵和校验矩阵,并计算该码的纠错能力。

解答:设该分组码的 3 位信息位为 $(m_2 m_1 m_0)$,6 位输出码字为 $(c_5 c_4 c_3 c_2 c_1 c_0)$,又因为该分组码为系统码,所以 $c_5 c_4 c_3 = m_2 m_1 m_0$。由 $C = mG$,可列出方程:

$$(c_5 c_4 c_3 c_2 c_1 c_0) = (m_2 m_1 m_0) \begin{bmatrix} 1 & 0 & 0 & g_{14} & g_{15} & g_{16} \\ 0 & 1 & 0 & g_{24} & g_{25} & g_{26} \\ 0 & 0 & 1 & g_{34} & g_{35} & g_{36} \end{bmatrix}$$

解方程可得该分组码的生成矩阵 $G = \begin{bmatrix} 1 & 0 & 0 & 1 & 0 & 1 \\ 0 & 1 & 0 & 1 & 1 & 0 \\ 0 & 0 & 1 & 0 & 1 & 1 \end{bmatrix}$,其校验矩阵

$H = \begin{bmatrix} 1 & 1 & 0 & 1 & 0 & 0 \\ 0 & 1 & 1 & 0 & 1 & 0 \\ 1 & 0 & 1 & 0 & 0 & 1 \end{bmatrix}$。

因为 $d_{\min} = \min\{W_i\} = 3$,所以 $t = \text{int}\left[\dfrac{d_{\min}-1}{2}\right] = 1$,即该分组码能纠正 1 位随机错误。

注:本题考查的知识点是 6.3.1 节线性分组码的生成矩阵和校验矩阵,6.3.3 节码距、纠错能力、MDC 码及重量谱。题解:(1)线性分组码的生成矩阵和校验矩阵;(2)线性分组码的纠错能力。

12. 设一个(7,4)循环码的生成多项式为 $g(x) = x^3 + x + 1$。当接收矢量为 $r = (0010011)$ 时,问接收是否有错?如果有错,至少有几个错?该码能否纠正这些错?如果能,求译码器的输出码字 c'。

解答:接收是有错误的。将接收矢量 $r = (0010011)$ 写成多项式为 $x^4 + x + 1$。码多项式除以生成多项式所得的余式,即为伴随式 $s(x)$。

$$s(x) = x^4 + x + 1 \bmod (x^3 + x + 1) = x^2 + 1 \neq 0$$

因为伴随式不等于 0,所以接收有错,错误至少有一位。如有 1 位错误,该码能纠正这个错误。

伴随式 $s(x)$ 还可以表示为错误图案多项式除以生成多项式所得的余式,则 $e(x) \bmod (x^3 + x + 1) = x^2 + 1$。因为 $x^6 \bmod (x^3 + x + 1) = x^2 + 1$,所以错误图案多项式为 x^6,即错误图案 E 为 1000000,则译码器的输出为

$$r + E = 0010011 + 1000000 = 1010011$$

注:本题考查的知识点是 6.3.5 节循环码。题解:(1)循环码的译码方法;(2)循环码

的检纠错能力。

13. 一个(15,6)循环码,其生成多项式 $g(x)=x^9+x^6+x^5+x^4+1$。试:(1)设计该循环码的编码器电路;(2)设信息位 $\boldsymbol{u}=(100101)$,确定监督位并编成系统码的码字。

解答:(1) 由循环码的编码 $c(x)=x^{n-k}m(x)+r(x)$ 可知,循环码的编码器可用除法器电路实现,除法器由一组带反馈的移存器构成。由题中(15,7)循环码的生成多项式,可得该循环码的编码电路如图 6.2 所示。

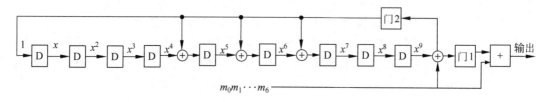

图 6.2 题 13 的编码电路

(2) 信息位 $\boldsymbol{u}=(100101)$,信息多项式 $u(x)=x^5+x^2+1$,则
$$r(x)=m(x)x^{n-k} \bmod g(x)=x^7+x^6+x$$
监督位有 9 位,为 011000010,编成的系统码字为 100101　011000010。

注:本题考查的知识点是 6.3.5 节循环码。题解:(1)循环码的编码电路;(2)循环码的编码。

14. 某(6,3)线性分组码的生成矩阵 $\boldsymbol{G}=\begin{bmatrix} 1 & 0 & 1 & 1 & 0 & 1 \\ 0 & 1 & 1 & 0 & 1 & 1 \\ 1 & 0 & 0 & 0 & 1 & 1 \end{bmatrix}$,(1)求系统形式的生成矩阵和系统校验矩阵;(2)计算该码的最小码间距离;(3)若输入信息位 $\boldsymbol{m}=110$,求相应的输出码字;(4)列出该码的标准阵列译码表;(5)若接收码字为 $\boldsymbol{R}=111001$,求发码及信息位。

解答:(1) 生成矩阵 $\boldsymbol{G}=\begin{bmatrix} 1 & 0 & 1 & 1 & 0 & 1 \\ 0 & 1 & 1 & 0 & 1 & 1 \\ 1 & 0 & 0 & 0 & 1 & 1 \end{bmatrix}$ 第一行与第三行置换,然后第一行加到第三行,再将第三行加到第二行,得到 $\boldsymbol{G}_{系统}=\begin{bmatrix} 1 & 0 & 0 & 0 & 1 & 1 \\ 0 & 1 & 0 & 1 & 0 & 1 \\ 0 & 0 & 1 & 1 & 1 & 0 \end{bmatrix}$,相应的系统校验矩阵 $\boldsymbol{H}=\begin{bmatrix} 0 & 1 & 1 & 1 & 0 & 0 \\ 1 & 0 & 1 & 0 & 1 & 0 \\ 1 & 1 & 0 & 0 & 0 & 1 \end{bmatrix}$。

(2) 从(1)中得到的校验矩阵可以看出,校验矩阵有 2 列线性无关,3 列就线性相关了,所以该码的最小码间距离 $d_{\min}=3$。

(3) 若输入信息位 $\boldsymbol{m}=110$,其对应的输出码字 $\boldsymbol{c}=\boldsymbol{m}\boldsymbol{G}=\boldsymbol{m}\boldsymbol{G}'=(110110)$。

(4) 该(6,3)码的标准阵列译码表如表 6.3 所示。

表 6.3 题 14(6,3)码的标准阵列译码表

s_1=000	000000	001110	010101	011011	100011	101101	110110	111000
s_2=011	100000	101110	110101	111011	000011	001101	010110	011000
s_3=101	010000	011110	000101	001011	110011	111101	101110	101000
s_4=110	001000	000110	011101	010011	101011	100101	111110	110000
s_5=100	000100	001010	010001	011111	100111	101001	110010	111100
s_6=010	000010	001100	010111	011001	100001	101111	110100	111101
s_7=001	000001	001111	010100	011010	100010	101100	110111	111001
s_8=111	100100	101010	110001	111111	000111	001001	010010	011100

(5) 若接收码字为 R=111001,先计算伴随式 $S=RH^T$=(001),然后查表 6.3 标准阵列译码表,可得错误图案为 E=(000001),得 $c=R+E$=(111000)。

按题意,该码如果由生成矩阵 G 生成,所以对应的信息位 m=(011);

若按系统码生成矩阵 G',则该码是系统码,所以 m=(111)。

注:本题考查的知识点是 6.3.1 节线性分组码的生成矩阵和校验矩阵,6.3.2 节伴随式与标准阵列译码和 6.3.3 节码距、纠错能力、MDC 码及重量谱。题解:(1)确定生成矩阵和校验矩阵;(2)计算最小码距;(3)编码和译码。

15. 为某线性分组码设计三种校验矩阵,分别为 $H_1 = \begin{bmatrix} 0 & 0 & 0 & 1 & 1 & 1 & 1 \\ 0 & 1 & 1 & 0 & 0 & 1 & 1 \\ 1 & 0 & 1 & 0 & 1 & 0 & 1 \end{bmatrix}$, $H_2 = \begin{bmatrix} 0 & 1 & 1 & 1 & 1 & 0 & 0 \\ 1 & 0 & 1 & 1 & 0 & 1 & 0 \\ 1 & 1 & 0 & 1 & 0 & 0 & 1 \end{bmatrix}$ 和 $H_3 = \begin{bmatrix} 1 & 1 & 1 & 1 & 0 & 0 & 0 \\ 1 & 1 & 0 & 0 & 1 & 1 & 0 \\ 1 & 0 & 1 & 0 & 1 & 0 & 1 \end{bmatrix}$,(1)当接收码 R=(1110000)时,分别用上述三种校验矩阵译码;(2)上述三种矩阵定义的是不是同一个码集?(3)将生成相同码集的矩阵化为系统形式。

解答:(1)计算接收码字与校验矩阵转置的积,可得 RH_1^T=(000),RH_2^T=(000)。此时错误图案 E=(0000000),所以译码输出为 $c=R$=(1110000)。

由于 RH_3^T=(100)≠(000),表示接收有错,其对应的最轻重量的错误图案为 E=(0001000),所以译码输出为 $c=R+E$=(1111000)。

(2)H_1 和 H_2 定义的是同一个码集。

(3)H_1 和 H_2 化成系统形式后,$H_1'=H_2=\begin{bmatrix} 0 & 1 & 1 & 1 & 1 & 0 & 0 \\ 1 & 0 & 1 & 1 & 0 & 1 & 0 \\ 1 & 1 & 0 & 1 & 0 & 0 & 1 \end{bmatrix}$。

注:本题考查的知识点是 6.3.1 节线性分组码的生成矩阵和校验矩阵、6.3.2 节伴随式与标准阵列译码。题解:(1)线性分组码的译码;(2)系统码与非系统码之间的关系。

16. 证明:二元线性码 L 一定满足下列条件之一:(1)码 L 中所有码字具有偶数重量;(2)码 L 中一半的码字具有偶数重量,另一半的码字具有奇数重量。

证明:首先来证明:(1)偶重码字与偶重码字之和仍为偶重码字;(2)奇重码字与奇重码字之和为偶重码字;(3)奇重码字与偶重码字之和为奇重码字。

设 C_1 和 C_2 均为偶重码字,有 $w(C_1)=2n$,$w(C_2)=2m$,m 和 n 均为正整数。如两码

字中有 h 个 1 的位置是相同的,则 $w(C_1+C_2)=2n+2m-2h$,即 C_1+C_2 也为偶重码字。类似地,可以证明(2)和(3)。

不妨设线性码的生成矩阵 $G=\begin{bmatrix} g_1 \\ g_2 \\ \vdots \\ g_k \end{bmatrix}$,其中 $g_1,g_2,\cdots,g_k$ 是生成矩阵的行向量,则

$$C=mG=\begin{bmatrix} m_1 & m_2 & \cdots & m_k \end{bmatrix}\begin{bmatrix} g_1 \\ g_2 \\ \vdots \\ g_k \end{bmatrix}。$$

这样,如果(1)生成矩阵的所有行向量的重量为偶数,则由偶重码字之和仍为偶重码字可得,所有码字重量都为偶数。

(2) 生成矩阵的 k 个行向量中有一个行向量的重量为奇数,不妨设该向量为 g_1,其对应的消息位为 m_1,记 N_{1o} 为 m_1 取 1 时,码重为奇的码字数,相应的码字集合为 S_{1o};记 N_{0o} 为 m_1 取 0 时,码重为奇的码字数,相应的码字集合为 S_{0o}。记 N_{1e} 为 m_1 取 1 时,码重为偶的码字数,相应的码字集合为 S_{1e};记 N_{0e} 为 m_1 取 0 时,码重为偶的码字数,相应的码字集合为 S_{0o}。下面,证明 $N_{1o}=N_{0e}$。

$\forall C_i \in S_{1o}$,有 $C_i=g_1+m_{i2}g_2+\cdots+m_{ik}g_k$,因为 g_i 和 C_i 为奇重,所以 $m_{i2}g_2+\cdots+m_{ik}g_k$ 为偶重,从而必存在一个 $C_i' \in S_{0e}$,且满足 $C_i'=0g_1+m_{i2}g_2+\cdots+m_{ik}g_k$,即 S_{1o} 和 S_{0e} 存在一一对应的关系,所以 $N_{1o}=N_{0e}$ 成立。

类似地,可以证明 $N_{0o}=N_{1e}$。

奇重码字数等于 $N_{1o}+N_{0o}$,偶重码字数等于 $N_{1e}+N_{0e}$,所以奇重码字数等于偶重码字数。

注:本题考查的知识点是6.3节线性分组码。题解:二元线性码的特性。

17. (1) 设二元线性码 L 的生成矩阵 $G=\begin{bmatrix} 1 & 0 & 0 & 1 & 1 \\ 0 & 0 & 1 & 0 & 1 \\ 0 & 1 & 1 & 1 & 1 \end{bmatrix}$,求码 L 的最小距离。

(2) 设三元线性码 L 的生成矩阵 $G=\begin{bmatrix} 1 & 0 & 1 & 1 \\ 0 & 1 & 1 & 2 \end{bmatrix}$,求线性码 L 的最小距离并且证明该线性码 L 是完备的。

解答:(1) 由生成矩阵可得该二元线性码的 8 组码字为

00000,01111,00101,01010,10011,11100,10110,11001

因为二元线性码 L 的最小汉明距 $d_{\min}=\min\limits_{x,y \in (n,k)}\{d(x,y)\}=w_{\min}(C)$,所以码 L 的最小汉明距 $d_{\min}=2$。

(2) 由生成矩阵可得该三元线性码的 4 组码字为

0000,0112,1011,1120

该三元线性码 L 的最小码间距离 $d_{\min}=3$。由纠错能力 $t=\dfrac{d_{\min}-1}{2}=\dfrac{3-1}{2}=1$,可知该

码的纠错能力为1。又由生成矩阵知，该线性码是(4,2)码，$n=4,k=2,n-k=2$，陪集首的个数为 $2^2=4$，能纠正1个错误。因 $\binom{4}{0}+\binom{4}{1}=1+4=5$，大于 $2^{n-k}=4$，所以该线性码不是完备码。

注：本题考查的知识点是6.3.3节码距、纠错能力、MDC码及重量谱6.3.4节完备码。题解：完备码的概念。

18. 设二元线性码 L 的生成矩阵为 $\boldsymbol{G}=\begin{bmatrix}1&0&0&0&0\\0&1&0&1&0\end{bmatrix}$，建立码 L 的标准阵列译码表，并且对字 11111 和 10000 分别进行译码。

解答：由生成矩阵 $\boldsymbol{G}$ 可以看出该生成矩阵是系统生成矩阵，可直接写出其系统校验矩阵为

$$\boldsymbol{H}=[\boldsymbol{P}^{\mathrm{T}}\mid\boldsymbol{I}_{n-k}]=\begin{bmatrix}0&0&\vdots&1&0&0\\0&1&\vdots&0&1&0\\0&0&\vdots&0&0&1\end{bmatrix}$$

由生成矩阵知，该码共 $2^k=2^2=4$ 组消息，消息和相应的码字关系如下：

消息00，对应码字为00000；消息01，对应码字01010；消息10，对应码字10000；消息11，对应码字11010。

该码的标准阵列如表6.4所示。可以看出，伴随式000对应错误图案00000和10000。

表6.4 题18(5,2)码的标准阵列译码表

$s_1=000$	00000	01010	10000	11010
$s_2=001$	00001	01011	10001	11011
$s_3=010$	00010	01000	10010	11000
$s_4=100$	00100	01110	10100	11110
$s_5=010$	01000	00010	11000	10010
$s_1=000$	10000	11010	00000	01010
$s_6=011$	01001	00001	11001	10011
$s_7=010$	11000	10010	01000	00010
$s_8=101$	00101	01111	10101	11111

该码的最小码距 $d_{\min}=2$，纠错能力 $t=\left\lfloor\dfrac{d_{\min}-1}{2}\right\rfloor=\left\lfloor\dfrac{2-1}{2}\right\rfloor=0$。

收到11111，$\boldsymbol{S}=\boldsymbol{RH}^{\mathrm{T}}=[101]\neq 0$，则接收有错，查表6.4可得错误图案为00101，因此11111被译成11010，对应于消息11。

收到10000，$\boldsymbol{S}=\boldsymbol{RH}^{\mathrm{T}}=[000]$，接收没有错，译码为10000，对应于消息10。

注：本题考察的知识点是6.3.1节线性分组码的生成矩阵和校验矩阵、6.3.2节伴随式与标准阵列译码。题解：线性分组码的编码与译码。

19. 一个(8,4)系统码，它的一致校验方程为 $\begin{cases}c_0=m_1+m_2+m_3\\c_1=m_0+m_1+m_2\\c_2=m_0+m_1+m_3\\c_3=m_0+m_2+m_3\end{cases}$，其中 m_0,m_1,m_2,m_3

是信息位，c_0,c_1,c_2,c_3 是校验位。试：(1)计算该码的生成矩阵 G 和校验矩阵 H；(2)求该码的最小码距。

解答：(1)由题意得

$$\begin{cases} c_0 = m_1 + m_2 + m_3 \\ c_1 = m_0 + m_1 + m_2 \\ c_2 = m_0 + m_1 + m_3 \\ c_3 = m_0 + m_2 + m_3 \end{cases} \Rightarrow \begin{cases} c_0 + m_1 + m_2 + m_3 = 0 \\ c_1 + m_0 + m_1 + m_2 = 0 \\ c_2 + m_0 + m_1 + m_3 = 0 \\ c_3 + m_0 + m_2 + m_3 = 0 \end{cases}$$

写成矩阵形式为 $\begin{bmatrix} 1 & 0 & 0 & 0 & 0 & 1 & 1 & 1 \\ 0 & 1 & 0 & 0 & 1 & 1 & 1 & 0 \\ 0 & 0 & 1 & 0 & 1 & 1 & 0 & 1 \\ 0 & 0 & 0 & 1 & 1 & 0 & 1 & 1 \end{bmatrix} \begin{bmatrix} c_0 \\ c_1 \\ c_2 \\ c_3 \\ m_0 \\ m_1 \\ m_2 \\ m_3 \end{bmatrix} = 0$，则可得校验矩阵

$G = \begin{bmatrix} 1 & 0 & 0 & 0 & 0 & 1 & 1 & 1 \\ 0 & 1 & 0 & 0 & 1 & 1 & 1 & 0 \\ 0 & 0 & 1 & 0 & 1 & 1 & 0 & 1 \\ 0 & 0 & 0 & 1 & 1 & 0 & 1 & 1 \end{bmatrix}$，检验矩阵 $H = \begin{bmatrix} 0 & 1 & 1 & 1 & 1 & 0 & 0 & 0 \\ 1 & 1 & 1 & 0 & 0 & 1 & 0 & 0 \\ 1 & 1 & 0 & 1 & 0 & 0 & 1 & 0 \\ 1 & 0 & 1 & 1 & 0 & 0 & 0 & 1 \end{bmatrix}$。

(2)从该码的校验矩阵可以看出,校验矩阵中任意 3 列线性无关,则该码的最小码距 $d_{\min} = 4$。

注：本题考察的知识点是 6.3.1 节线性分组码的生成矩阵和校验矩阵、6.3.2 节伴随式与标准阵列译码。题解：(1)线性分组码的生成矩阵和校验矩阵；(2)线性分组码的最小码距与校验矩阵线性无关列之间的关系。

20. 证明最小码间距离为 $d_{\min}$ 的码用于二元对称信道,能够纠正小于 $\dfrac{d_{\min}}{2}$ 个错误的所有组合。

证明：设发送码字为 C，接收到的码字为 R 且差错在可纠正范围 t 之内，W 为码字集合中不同于 C 的任一其他码字。因为最小码间距离为 $d_{\min}$,所以有 $d(C,W) \geqslant d_{\min}$。

码字之间的距离满足三角不等式,则 $d(C,R) + d(W,R) \geqslant d(C,W) \geqslant d_{\min}$。

设码字经信道传输时发生了 t 个错误,而 $t = \operatorname{int}\left[\dfrac{d_{\min}-1}{2}\right] \leqslant \dfrac{d_{\min}-1}{2}$,因此 $d_{\min} \geqslant 2t+1$,代入三角不等式,有

$$d(W,R) \geqslant d_{\min} - d(C,R) \geqslant 2t+1 - d(C,R) \geqslant 2t+1-t > t$$

综上所述,有 $d(C,R) \leqslant t$ 和 $d(W,R) > t$,说明发送码字 C 与接收到的码字 R 之间的距离比其他任何码字 W 与 R 之间的距离都小。所以,采用最小距离译码即可纠正不大于 t 个错误,而 $t \leqslant \dfrac{d_{\min}-1}{2} < \dfrac{d_{\min}}{2}$。

注：本题考查的知识点是 6.3.3 节码距、纠错能力、MDC 及重量谱。题解：(1)码距与

码重的关系；(2)线性分组码最小码距与检、纠错能力之间的关系。

21. 建立二元汉明码 Ham(7,4) 的包含陪集首和伴随式的伴随表，并对收到的码字 0000011,1111111,1100110,1010101 进行译码。

解答：(1) Ham(7,4) 的校验矩阵 $\boldsymbol{H} = \begin{bmatrix} 1 & 1 & 1 & 0 & 1 & 0 & 0 \\ 0 & 1 & 1 & 1 & 0 & 1 & 0 \\ 1 & 1 & 0 & 1 & 0 & 0 & 1 \end{bmatrix}$，由伴随式 $\boldsymbol{S} = \boldsymbol{E}\boldsymbol{H}^\mathrm{T}$ 可得伴随式与陪集首的关系，具体如表 6.5 所示。

表 6.5 题 21 的伴随式与陪集首的关系

伴 随 式	陪 集 首	伴 随 式	陪 集 首
000	0000000	011	0001000
001	0000001	111	0100000
010	0000010	101	1000000
100	0000100	110	0010000

(2) 收到的码字 0000011，$s_1 = \boldsymbol{R}\boldsymbol{H}^\mathrm{T} = (0000011) \cdot \boldsymbol{H}^\mathrm{T} = (011) \neq 0$，则接收有错。查表 6.5 知对应的陪集首为 0001000，则译码为 $v_1 = 0000011 + 0001000 = 0001011$。

收到码字 1111111，$s_2 = (1111111) \cdot \boldsymbol{H}^\mathrm{T} = (000)$，接收没有错，译码为 $v_2 = 1111111$。

收到码字 1100110，$s_3 = (1100110) \cdot \boldsymbol{H}^\mathrm{T} = (100)$，有错，查表 6.5 得陪集首为 0000100，译码为 $v_3 = 1100110 + 0000100 = 1100010$。

收到码字 1010101，$s_4 = (1010101) \cdot \boldsymbol{H}^\mathrm{T} = (110)$，有错，查表 6.5 得陪集首为 0010000，译为 $v_4 = 1010101 + 0010000 = 1000101$。

综上所述，最终的译码结果为
$$c_1 = 0001, \quad c_2 = 1111, \quad c_3 = 1100, \quad c_4 = 1000$$

注：本题考查的知识点是 6.3.1 节线性分组码的生成矩阵和校验矩阵、6.3.2 节伴随式与标准阵列译码。题解：(1) 线性分组码的伴随式；(2) 线性分组码的译码方法。

22. 设一个二进制 (n,k) 码 C 的生成矩阵不含全零列，将 C 的所有码字排成 $2^k \times n$ 的阵，证明：(1) 阵中不含有全零列；(2) 阵中的每一列由 2^{k-1} 个零和 2^{k-1} 个 1 组成。

解答：(1)（反证法）(n,k) 码共有 2^k 个码字，且这组码字中包含全零矢量，任意两个码字的和也是该组中的码字。假设组成的 $2^k \times n$ 阵包含一个全零列，则每个码字重复两次，实际只有 2^{k-1} 个不同的码字，与该码的定义相矛盾。所以阵中不含全零列。

(2) 等效于证明每一列中 0 和 1 的个数相等。如 (3,3) 码，其所有码字排成的矩阵为

$\begin{bmatrix} 0 & 0 & 0 & 0 & 1 & 1 & 1 & 1 \\ 0 & 0 & 1 & 1 & 0 & 0 & 1 & 1 \\ 0 & 1 & 0 & 1 & 0 & 1 & 0 & 1 \end{bmatrix}^\mathrm{T}_{3 \times 2^3}$，由于任意两个码字的和也是码字，所以码字中奇数和偶数的数目相等。又由线性码中一半码字具有偶数重量，另一半码字具有奇数重量，于是每一列中 0 和 1 的个数相等。所以，阵中的每一列由 2^{k-1} 个零和 2^{k-1} 个 1 组成的命题成立。

注：本题考查的知识点是 6.3.1 节线性分组码的生成矩阵和校验矩阵、6.3.2 节伴随式与标准阵列译码。题解：线性分组码的特性。

23. 设五元线性码 L 的生成矩阵 $\boldsymbol{G} = \begin{bmatrix} 1 & 2 & 4 & 0 & 3 \\ 0 & 2 & 1 & 4 & 1 \\ 2 & 0 & 3 & 1 & 4 \end{bmatrix}$。试：(1)确定码 L 的标准型生成矩阵；(2)确定码 L 的标准型校验矩阵；(3)求码 L 的最小距离。

解答：(1)利用行运算将该五元线性码的生成矩阵系统化后得到系统生成矩阵

$$\boldsymbol{G} = \begin{bmatrix} 1 & 2 & 4 & 0 & 3 \\ 0 & 2 & 1 & 4 & 1 \\ 2 & 0 & 3 & 1 & 4 \end{bmatrix} \xrightarrow{r_1 \times 3 + r_3 \to r_3} \begin{bmatrix} 1 & 2 & 4 & 0 & 3 \\ 0 & 2 & 1 & 4 & 1 \\ 0 & 1 & 0 & 1 & 3 \end{bmatrix}$$

$$\xrightarrow[r_3 \times 3 + r_2 \to r_2]{r_3 \times 3 + r_1 \to r_1} \begin{bmatrix} 1 & 0 & 4 & 3 & 2 \\ 0 & 0 & 1 & 2 & 0 \\ 0 & 1 & 0 & 1 & 3 \end{bmatrix} \xrightarrow[r_2 \leftrightarrow r_3]{r_2 + r_1 \to r_1} \begin{bmatrix} 1 & 0 & 0 & 0 & 2 \\ 0 & 1 & 0 & 1 & 3 \\ 0 & 0 & 1 & 2 & 0 \end{bmatrix}$$

(2) 根据系统码的生成矩阵和校验矩阵之间的关系,很容易写出该码的系统校验矩阵 $\boldsymbol{H} = \begin{bmatrix} 1 & 0 & 0 & 2 & 1 \\ 0 & 1 & 2 & 0 & 3 \end{bmatrix}$。

(3) 该码的 8 组码字为

00000,20314,02141,12403,32212,14044,34303,22400

所以最小码距 $d_{\min} = 3$。

注：本题考查的知识点是 6.3.1 节线性分组码的生成矩阵和校验矩阵、6.3.2 节伴随式与标准阵列译码。题解：(1)线性分组码的生成矩阵和校验矩阵；(2)最小码距的确定。

24. 设某卷积码的转移函数矩阵为 $\boldsymbol{G}(D) = (1+D, 1+D^2)$,试：(1)试画出该卷积码的编码器结构图；(2)求该卷积码的状态图；(3)求该码的自由距离 d_f。

解答：(1)设当前时刻为 i,由转移函数矩阵可得当前输出 $\boldsymbol{C}^i$ 与输入 $\boldsymbol{m}^i, \boldsymbol{m}^{i-1}, \boldsymbol{m}^{i-2}$ 之间的关系为

$$C_0^i = m_0^i + m_0^{i-1}, \quad C_1^i = m_0^i + m_0^{i-2}$$

该卷积码的编码器结构如图 6.3 所示。

(2) 因为当前输出 $\boldsymbol{C}^i$ 与当前输入 $\boldsymbol{m}^i$ 和前两个时刻的输入 $\boldsymbol{m}^{i-1}, \boldsymbol{m}^{i-2}$ 有关系,则该卷积码共有 4 种状态(00,01,10,11)。状态图如图 6.4 所示。

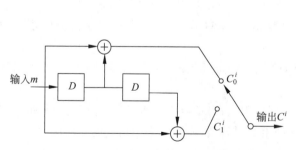

图 6.3 题 24 的编码器结构图

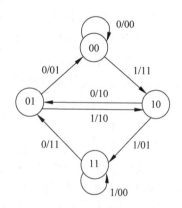

图 6.4 题 24 的状态图

(3) 设初始状态为 00,由图 6.4 状态转移可以看出,由状态 00 出发又回到状态 00 的最短路径为 00→10→01→00,对应的输出码字为 11,10,01,则该卷积码的自由距离 $d_f=2+1+1=4$。

注：本题考查的知识点是 6.4.1 节卷积码的基本概念和描述方法。题解:(1)卷积码的编码器;(2)卷积码的状态图;(3)卷积码的自由距离计算。

25. 有一离散信道,其信道转移概率矩阵 $\boldsymbol{P}=\begin{bmatrix} \frac{1}{2} & \frac{1}{3} & \frac{1}{6} \\ \frac{1}{6} & \frac{1}{2} & \frac{1}{3} \\ \frac{1}{3} & \frac{1}{6} & \frac{1}{2} \end{bmatrix}$,并设输入符号的概率分布为 $p(x_1)=\frac{1}{2}$,$p(x_2)=p(x_3)=\frac{1}{4}$,试:(1)按最佳译码准则确定译码方法,并计算平均译码错误概率;(2)按最大似然译码准则确定译码方法,并计算平均译码错误概率。

解答:(1) 由题意得联合概率矩阵 $\boldsymbol{P}(XY)=\begin{bmatrix} \frac{1}{4} & \frac{1}{6} & \frac{1}{12} \\ \frac{1}{24} & \frac{1}{8} & \frac{1}{12} \\ \frac{1}{12} & \frac{1}{24} & \frac{1}{8} \end{bmatrix}$,最佳译码准则是按后验概率最大原则制定的,可等价成最大联合概率条件,因此制定的译码方法是：$\begin{cases} F(y_1)=x_1 \\ F(y_2)=x_1 \\ F(y_3)=x_3 \end{cases}$。

此译码准则下的平均译码错误概率 $P_E=1-\frac{1}{4}-\frac{1}{6}-\frac{1}{8}=\frac{11}{24}$。

(2) 根据最大似然译码准则,得译码准则为：$\begin{cases} F(y_1)=x_1 \\ F(y_2)=x_2 \\ F(y_3)=x_3 \end{cases}$,则收到 y_1 后的译码错误概率 $P_{e_1}=\frac{1}{2}$,收到 y_2 后的错误概率 $P_{e_2}=\frac{1}{2}$,收到 y_3 后的错误概率 $P_{e_3}=\frac{1}{2}$。

Y 的分布为：$p(y_1)=\frac{3}{8}$,$p(y_2)=\frac{1}{3}$,$p(y_3)=\frac{7}{24}$

此时的平均译码错误概率 $P'_E=\sum_{i=1}^{3}p(y_i)P_{e_i}=\frac{3}{8}\times\frac{1}{2}+\frac{1}{3}\times\frac{1}{2}+\frac{7}{24}\times\frac{1}{2}=\frac{1}{2}$。

注：本题考查的知识点是 6.2.2 节译码方法——最优译码与最大似然译码。题解:(1)根据最佳译码准则进行译码;(2)根据最大似然译码准则进行译码。

26. 设 $C=\{00000000,00001111,00110011,00111100\}$ 是一个二元码。试:(1)计算码 C 中所有码字之间的距离及最小距离;(2)在一个二元码中,如果把某一个码字中的 0 和 1 互换,即 0 换为 1,1 换为 0,所得的码字称为此码字的补。所有码字的补构成的集合称为此码的补码。求码 C 的补码以及补码中所有码字之间的距离和最小距离,它们与(1)中的结果有什么关系？(3)把(2)中的结果推广到一般的二元码。

解答：(1) 根据题意，各码字之间的距离分别为

$d(00000000,00001111)=4$, $d(00000000,00110011)=4$, $d(00000000,00111100)=4$,
$d(00001111,00111100)=4$, $d(000001111,00110011)=4$, $d(00111100,00110011)=4$

所以码 C 的最小距离 $d_{\min}=4$。

(2) 码 C 的补码是 $\{11111111,11110000,11001100,11000011\}$，则

$d(11111111,11110000)=4$, $d(11111111,11001100)=4$, $d(11111111,11000011)=4$,
$d(11001100,11110000)=4$, $d(11001100,11000011)=4$, $d(11110000,11000011)=4$

故码 C 补码的最小距离 $d_{\min}=4$。

(3) 由(1)和(2)的结果可以看出，码 C 的最小码距与其补码的最小码距相等。推广到一般的二元码也有这个结论。设码 C 中任意两个码字的距离为 d，即两个码字有 d 位不同，$n-d$ 位相同。变补后，仍有 d 位不同，$n-d$ 位相同，所以任意两个码字的距离不变，最小距离当然不变。

注：本题考查的知识点是 6.3.3 节码距、纠错能力、MDC 码及重量谱。题解：(1)求最小码距；(2)补码的最小码距与原码的最小码距之间的关系。

27. 某线性分组码的生成矩阵 $G=\begin{bmatrix} 0 & 0 & 1 & 1 & 1 & 0 & 1 \\ 0 & 1 & 0 & 0 & 1 & 1 & 1 \\ 1 & 0 & 0 & 1 & 1 & 1 & 0 \end{bmatrix}$，求：(1)用系统码的形式表示 G，并写出对应的系统码校验矩阵 H；(2)证明：与信息序列(101)相对应的码字正交于 H；(3)接收码字 $R=(0111011)$ 对应的伴随式 $S=$？

解答：(1) 对生成矩阵初等行变换，得系统生成矩阵 $G=\begin{bmatrix} 1 & 0 & 0 & 1 & 1 & 1 & 0 \\ 0 & 1 & 0 & 0 & 1 & 1 & 1 \\ 0 & 0 & 1 & 1 & 1 & 0 & 1 \end{bmatrix}$，对

应的系统校验矩阵 $H=\begin{bmatrix} 1 & 0 & 1 & 1 & 0 & 0 & 0 \\ 1 & 1 & 1 & 0 & 1 & 0 & 0 \\ 1 & 1 & 0 & 0 & 0 & 1 & 0 \\ 0 & 1 & 1 & 0 & 0 & 0 & 1 \end{bmatrix}$。

(2) 由 $c=mG$ 可求出，输入信息 $m=(101)$ 对应的输出码字为 $c=(1010011)$，$c\cdot H^T=[0000]$，所以与信息序列(101)相对应的码字与校验矩阵 H 正交。

(3) 接收码字 $R=(0111011)$，其对应的伴随式

$$S=RH^T=[0111011]\begin{bmatrix} 1 & 0 & 1 & 1 & 0 & 0 & 0 \\ 1 & 1 & 1 & 0 & 1 & 0 & 0 \\ 1 & 1 & 0 & 0 & 0 & 1 & 0 \\ 0 & 1 & 1 & 0 & 0 & 0 & 1 \end{bmatrix}^T=[0001]$$

注：本题考查的知识点是 6.3.1 节线性分组码的生成矩阵和校验矩阵、6.3.2 节伴随式与标准阵列译码。题解：(1)计算生成矩阵和校验矩阵；(2)编码；(3)根据定义计算伴随式。

28. 已知某(n,k)线性二元码的全部码字如表 6.6 所示，试：(1)求 n 和 k 的值以及码

率 R；(2)算出此码的最小距离及检错个数；(3)当接收码字分别为 100000 和 001011 时,判断是否为发码,若采用最小距离译码准则,求出这两个收码被译成的发码码字；(4)找出 3 个线性无关的码字构造该码的生成矩阵；(5)对生成矩阵进行初等行变换,是否可以系统化? 求出该码集的校验矩阵 H。

表 6.6 题 28 的码字表

C_1	C_2	C_3	C_4	C_5	C_6	C_7	C_8
000000	000111	011001	011110	101011	101100	110010	110101

解答：(1) 由码集有 8 个码字得 $k=3, n=6$；码率 $R = \dfrac{k}{n} = \dfrac{3}{6} = 0.5$。

(2) 由表 6.6 可看出,该码的最小距离 $d_{\min}=3$,检错能力为 2。

(3) 当接收码字分别为 100000 和 001011 时,不在表 6.6 中,则不是发码,采用最小距离译码准则,这两个收码被译成的发码码字分别为 C_1 与 C_5。

(4) 任意 3 个线性无关的码字组合都可构成生成矩阵,如 $G = \begin{bmatrix} 0 & 0 & 0 & 1 & 1 & 1 \\ 0 & 1 & 1 & 0 & 0 & 1 \\ 1 & 0 & 1 & 0 & 1 & 1 \end{bmatrix}$。

(5) 此时构成的生成矩阵 $G = \begin{bmatrix} 0 & 0 & 0 & 1 & 1 & 1 \\ 0 & 1 & 1 & 0 & 0 & 1 \\ 1 & 0 & 1 & 0 & 1 & 1 \end{bmatrix}$ 不可以系统化,由 $C = mG$ 得到

$\begin{cases} C_1 + C_2 + C_3 = 0 \\ C_1 + C_4 + C_5 = 0 \\ C_1 + C_2 + C_4 + C_6 = 0 \end{cases}$,可以得到校验矩阵 $H = \begin{bmatrix} 1 & 1 & 1 & 0 & 0 & 0 \\ 1 & 0 & 0 & 1 & 1 & 0 \\ 1 & 1 & 0 & 1 & 0 & 1 \end{bmatrix}$。

注：本题考查的知识点是 6.2.2 节译码方法——最优译码与最大似然译码、6.3.1 节线性分组码的生成矩阵和校验矩阵、6.3.3 节码距、纠错能力、MDC 码及重量谱。题解：(1)计算最小码距；(2)最小距离译码准则；(3)计算生成矩阵和校验矩阵。

29. 一组 CRC 循环冗余校验码,其生成多项式为 $g(x) = x^5 + x^4 + x^2 + 1$。假设发送端发送的信息帧中所包含的信息位是 1010001101。试求附加在信息位后的 CRC 校验码。

解答：CRC 循环冗余码的生成方法如下：

(1) 写出信息多项式 $m(x) = x^9 + x^7 + x^3 + x^2 + 1$,然后将信息多项式乘以 x^5,得到 $x^5 m(x) = x^{14} + x^{12} + x^8 + x^7 + x^5$；

(2) 除以生成多项式 $g(x) = x^5 + x^4 + x^2 + 1$,得到余数为 $x^3 + x^2 + x$,即 01110；

(3) 附在信息位后的 CRC 校验码为 01110,此时发送的信息帧为 101000110101110。

注：本题考查的知识点是 6.3.5 节循环码。题解：(1)确定信息多项式；(2)用 CRC 循环冗余校验码的生成方式生成校验位。

30. 已知一线性分组码码集里的全部码字为 00000,01101,10111,11010。试回答以下问题：(1)求出 $n、k$ 的值以及编码效率；(2)能否说此码是系统码? 应如何编码才能说该码集是系统码集? (3)求出此码的最小码间距离,并给出其检错、纠错能力；(4)如按(2)中要

求编出系统码,求出此系统码的生成矩阵和校验矩阵;(5)当接收到的码字为 00101 时,如何译码才能使译码错误概率最低,并给出译码结果;(6)判断该码集是否为完备码,说明理由。(7)差错图案 E=00100 对应的伴随式是什么?

解答:(1)该线性分组码的码集有 4 个码字,则 $k=2$, $n=5$,编码效率为 $\frac{k}{n} = \frac{2}{5} = 0.4$。

(2)不能说此码是系统码。如果编码时,$00 \rightarrow 00000, 01 \rightarrow 01101, 10 \rightarrow 10111, 11 \rightarrow 11010$,这样编出的分组码才是系统码。

(3)该码的最小距离 $d_{\min}=3$,因此该码能检出小于或等于 2 位的随机错误,纠错能力为 1 位。

(4)任意两个线性无关的码字都可以构成生成矩阵。为方便计算,选择 10111 和 01101 构成系统生成矩阵 $\boldsymbol{G} = \begin{bmatrix} 1 & 0 & 1 & 1 & 1 \\ 0 & 1 & 1 & 0 & 1 \end{bmatrix}$,易得系统一致校验矩阵 $\boldsymbol{H} = \begin{bmatrix} 1 & 1 & 1 & 0 & 0 \\ 1 & 0 & 0 & 1 & 0 \\ 1 & 1 & 0 & 0 & 1 \end{bmatrix}$。

(5)接收到码字 00101,由 $\begin{bmatrix} 0 & 0 & 1 & 0 & 1 \end{bmatrix} \times \boldsymbol{H}^{\mathrm{T}} = \begin{bmatrix} 1 & 0 & 1 \end{bmatrix} \neq 0$,可以判断该码字不是发码。按照最小汉明距离译码准则译码能使译码错误概率最低,00101 与 01101 的距离最近,因此将其译成 01101。

(6)该码集不是完备码,伴随式的个数为 $2^{n-k} = 2^3 = 8$,而纠错个数 $t \leqslant 1$ 的差错图案共有 $1+5=6$ 个,不满足完备码的条件。

(7)差错图案 $\boldsymbol{E}$=00100 对应的伴随式 $\boldsymbol{S} = \boldsymbol{E}\boldsymbol{H}^{\mathrm{T}} = \begin{bmatrix} 1 & 0 & 0 \end{bmatrix}$。

注:本题考查的知识点是 6.3 节线性分组码。题解:(1)线性分组码的生成矩阵和校验矩阵;(2)线性分组码的检纠错能力;(3)完备码的概念。

31. 某二元(3,1,2)卷积码的转移函数矩阵为 $\boldsymbol{G}(D) = \begin{bmatrix} 1 & 1+D & 1+D+D^2 \end{bmatrix}$,试:(1)画出该卷积码的编码器结构图;(2)画出该卷积码的状态图。

解答:

(1)由该卷积码的转移函数矩阵可画出编码器结构,如图 6.5 所示。

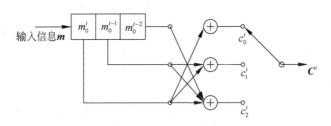

图 6.5 题 31 的卷积码编码器结构图

(2)编码器状态的定义如表 6.7 所示,不同状态与输入时编出的码字如表 6.8 所示,不同状态 S_i 与输入时的下一状态 S_{i+1} 如表 6.9 所示,状态转移如图 6.6 所示。

表 6.7 编码器状态的定义

状 态	$m_0^{i-1} m_0^{i-2}$	状 态	$m_0^{i-1} m_0^{i-2}$
S_0	00	S_2	10
S_1	01	S_3	11

表 6.8　不同状态与输入时编出的码字

输入 状态	$m_0^i=0$	$m_0^i=1$
S_0	000	111
S_1	001	110
S_2	011	100
S_3	010	101

表 6.9　不同状态 S_i 与输入时的下一状态 S_{i+1}

输入 状态	$m_0^i=0$	$m_0^i=1$
S_0	S_0	S_2
S_1	S_0	S_2
S_2	S_1	S_3
S_3	S_1	S_3

注：本题考查的知识点是 6.4.1 节卷积码的基本概念和描述方法。题解：(1)卷积码的编码器；(2)卷积码的状态图。

32. (n,k,L) 卷积码的编码器结构如图 6.7 所示。试求：(1)该编码器的 n、k、L 分别是多少？(2)写出该编码器的转移函数；(3)当输入 $u=110011101$ 时，写出生成矩阵并求出对应的码字。

解答：(1) 由图 6.7 可以看出，该编码器的输出有 4 位，则 $n=4$；输入有 3 位，则 $k=3$，向前卷积两个时刻，则 $L=2$。该卷积码为 $(4,3,2)$ 卷积码。

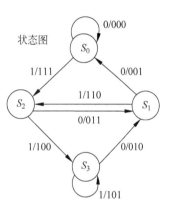

图 6.6　题 31 的状态转移图

(2) 卷积码将信息序列串/并变换后存入由 k 个 $L+1$ 级移存器构成的 $k\times(L+1)$ 阵列中。由图 6.7 所示的编码器结构可得出该编码器记忆阵列为 3 行、3 列、编码输出 4 个码元，用 g_{pq}^l 表示记忆阵列第 p 行第 l 列对第 q 个码元的影响，下标从 0 开始，用 $\boldsymbol{G}^0$ 表示本时刻的输入对编码输出的影响，$\boldsymbol{G}^1$ 表示上一时刻的输入对编码

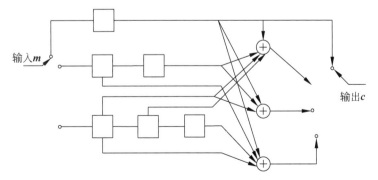

图 6.7　题 32 的卷积码编码器

输出的影响,G^2 表示上两个时刻的输入对编码输出的影响。由图 6.7 中的连线可以得到这 $n×k×(L+1)=36$ 个系数为

$$G^0 = \begin{bmatrix} g_{00}^0 & g_{01}^0 & g_{02}^0 & g_{03}^0 \\ g_{10}^0 & g_{11}^0 & g_{12}^0 & g_{13}^0 \\ g_{20}^0 & g_{21}^0 & g_{22}^0 & g_{23}^0 \end{bmatrix} = \begin{bmatrix} 1 & 1 & 1 & 1 \\ 0 & 1 & 0 & 1 \\ 0 & 0 & 1 & 1 \end{bmatrix}$$

$$G^1 = \begin{bmatrix} g_{00}^1 & g_{01}^1 & g_{02}^1 & g_{03}^1 \\ g_{10}^1 & g_{11}^1 & g_{12}^1 & g_{13}^1 \\ g_{20}^1 & g_{21}^1 & g_{22}^1 & g_{23}^1 \end{bmatrix} = \begin{bmatrix} 0 & 0 & 0 & 0 \\ 0 & 1 & 1 & 0 \\ 0 & 1 & 0 & 0 \end{bmatrix}$$

$$G^2 = \begin{bmatrix} g_{00}^2 & g_{01}^2 & g_{02}^2 & g_{03}^2 \\ g_{10}^2 & g_{11}^2 & g_{12}^2 & g_{13}^2 \\ g_{20}^2 & g_{21}^2 & g_{22}^2 & g_{23}^2 \end{bmatrix} = \begin{bmatrix} 0 & 0 & 0 & 0 \\ 0 & 0 & 0 & 0 \\ 0 & 0 & 1 & 1 \end{bmatrix}$$

（3）生成矩阵

$$G = \begin{bmatrix} G^0 & G^1 & G^2 & 0 \\ 0 & G^0 & G^1 & G^2 \\ 0 & 0 & G^0 & G^1 \\ 0 & 0 & \cdots & \cdots \end{bmatrix} = \begin{bmatrix} 1111 & 0000 & 0000 & & & \\ 0101 & 0110 & 0000 & & & \\ 0011 & 0100 & 0011 & & & \\ & 1111 & 0000 & 0000 & & \\ & 0101 & 0110 & 0000 & & \\ & 0011 & 0100 & 0011 & & \\ & & 1111 & 0000 & 0000 & \\ & & 0101 & 0110 & 0000 & \\ & & 0011 & 0100 & 0011 & \cdots \end{bmatrix}$$

因为 $k=3$，所以输入是 3 位一起编码，即 $u=110\ \ 011\ \ 101$，则输出码字

$$C = u \cdot G = (1010\ \ 0000\ \ 1110)$$

注：本题考查的知识点是 6.4.1 节卷积码的基本概念和描述方法。题解：(1)确定卷积码记忆阵列的各个参数；(2)卷积码的生成矩阵。

33. 考虑图 6.8 中的卷积码。试：(1)写出编码器的转移矢量和转移多项式；(2)画出状态图；(3)画出网格图；(4)求自由距离 d_f。

解答：(1) 由图 6.8 可知，转移矢量为 $g^1 = \begin{bmatrix} 1 & 0 & 1 \end{bmatrix}$，$g^2 = \begin{bmatrix} 0 & 1 & 1 \end{bmatrix}$，则转移多项式为 $g^1(D) = 1+D^2$，$g^2(D) = D+D^2$。

(2) 该卷积码是 $(2,1,2)$ 卷积码，输入是 1 位，输出 2 位，有 4 个状态，记 $S_0:00, S_1:01, S_2:10, S_3:11$，其状态转移图如图 6.9 所示。

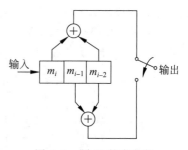

图 6.8 题 33 的卷积码

(3) 该卷积码的网格图如图 6.10 所示。

(4) 从网格图上可以得到，由状态 $S_0 \to S_2 \to S_1 \to S_0$ 回到 S_0，该卷积码的自由距离 $d_f = 1+1+2 = 4$。

注：本题考查的知识点是 6.4.1 节卷积码的基本概念和描述方法、6.4.3 节卷积码的性

能限与距离特点。题解：(1)确定卷积码的参数；(2)卷积码的表示方法；(3)计算卷积码的自由距离。

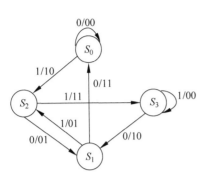

图 6.9　题 33 的状态转移图

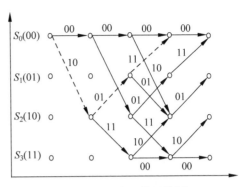

图 6.10　题 33 的网格图

34. 某 $(3,1,2)$ 卷积码，其转移函数矩阵 $\boldsymbol{G}(D)=\begin{bmatrix}1+D+D^2 & 1+D^2 & D+D^2\end{bmatrix}$。试求：(1)画出该卷积码编码器图；(2)画出状态图；(3)当输入 $\boldsymbol{u}=1110100$ 时，求编出的卷积码 $\boldsymbol{C}$，并画出编码路径。

解答：

(1) 由转移函数矩阵可画出该卷积码的编码器，如图 6.11 所示。

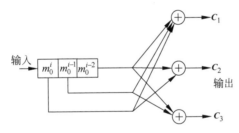

图 6.11　题 34 的卷积码编码器

(2) 该卷积码有 4 个状态，其定义如表 6.10 所示。不同状态、不同输入时，编出的卷积码字如表 6.11 所示，不同状态、不同输入时的下一状态如表 6.12 所示。

表 6.10　编码器状态的定义

状　态	$m_0^{i-1}m_0^{i-2}$	状　态	$m_0^{i-1}m_0^{i-2}$
S_0	00	S_2	10
S_1	01	S_3	11

表 6.11　不同状态 S_i 与输入时编出的码字

输入 状态	$m_0^i=0$	$m_0^i=1$
S_0	000	110
S_1	111	001
S_2	101	011
S_3	010	100

表 6.12　不同状态 S_i 与输入时的下一状态 S_{i+1}

状态＼输入	$m_0^i=0$	$m_0^i=1$
S_0	S_0	S_2
S_1	S_0	S_2
S_2	S_1	S_3
S_3	S_1	S_3

该卷积码的状态转移如图 6.12 所示。

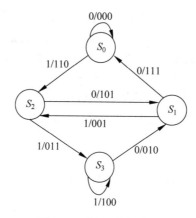

图 6.12　题 34 的状态图

(3) 当 $u=1110100$ 时,(3,1,2)卷积码的输入是 1 位,输出是 3 位,则输出的卷积码 $C=110\ \ 011\ \ 100\ \ 010\ \ 001\ \ 101\ \ 111$。

编码路径如图 6.13 所示。

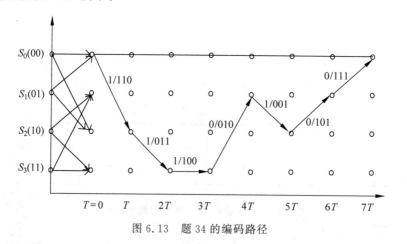

图 6.13　题 34 的编码路径

注：本题考查的知识点是 6.4.1 节卷积码的基本概念和描述方法。题解：(1)确定卷积码的参数；(2)卷积码的表示方法；(3)计算卷积码的自由距离。

第7章 加密编码

本章学习重点:
- 密码学的基本概念。
- 经典算法 DES。
- 经典算法 RSA。
- 信息安全知识。

7.1 知识点

7.1.1 密码学基本概念

1. 密码体制

完整的密码体制包括如下五个要素:
(1) 明文 M。
(2) 密文 C。
(3) 密钥 K。
(4) 加密算法 E。
(5) 解密算法 D。

现代密码学解决的基本安全问题:
(1) 机密问题。
(2) 数据真实完整问题。
(3) 认证问题。
(4) 不可否认问题。

2. 对称密钥体制

加密密钥和解密密钥相同或相近,由其中一个可以推导出另一个。主要技术如下:

(1) 分组密码(block cipher):将明文分成固定长度的分组,用同一密钥和算法对每个分组加密,输出也是固定长度的密文,如 DES 和 AES。

(2) 流密码(stream cipher)：又称序列密码，每次加密一位或一字节的明文。

3. 非对称密钥体制（公钥密码体制）

加密密钥和解密密钥不同，如 RSA。

公钥密码体制的密钥分发相对对称密钥体制容易，密钥管理简单，可以有效实现数字签名；但与对称密码体制相比，同等安全强度下，公钥密码体制加解密速度较慢。

7.1.2 经典算法——DES（分组加密）

1973 年美国国家标准局公开征集国家密码标准方案，1974 年第二次征集时，IBM 公司提交了算法 LUCIFER，1977 年 LUCIFER 被美国国家标准局作为"数据加密标准 FIPS PUB 46"发布，简称 DES。DES 是迄今为止世界上应用最为广泛的一种分组密码算法。

明文和密文都是 64bit 分组，加密和解密除密钥编排不同外，使用同一算法。密钥长度 56bit，采用混乱和扩散的组合，每个组合先替代后置换，共 16 轮。DES 算法只使用了标准的算术和逻辑运算，易于实现。

7.1.3 经典算法——RSA

1976 年，Diffie 和 Hellman 在论文《密码学新方向》中首次提出了公开密钥密码体制的思想，1977 年，Rivest、Shamir 和 Adleman 三人实现了公开密钥密码体制，即 RSA 公开密钥体制。

RSA 算法是第一个能同时用于加密和数字签名的算法，易于理解和操作，其安全性基于数论中大整数分解的困难性。

两个大质数 p 和 q（必须保密），$n = p \times q$，欧拉函数 $\Phi(n) = (p-1) \times (q-1)$

公钥：(e, n)，e 与 $\Phi(n)$ 互质

私钥：(d, n)，解同余方程得到 d，$e \times d \mod \Phi(n) = 1$

加密：$C = (M^e \mod n)$

解密：$M = (C^e \mod n)$

7.1.4 流密码

通过伪随机数发生器产生伪随机序列（密钥流），用该序列加密明文消息流，得到密文序列；解密亦然。

7.2 习题详解

7.2.1 填空题

1. 保密系统的秘钥量越小，秘钥熵 $H(K)$ 就越_____，其密文中含有的关于明文的信息量 $I(M;C)$ 就越_____。

解答：小；大。

2. 经典保密系统中的三要素是：明文、_____和_____。

解答：密钥；密文。

3. 通信的双方共用一个统一的秘密的密钥进行加密和解密的体制,称之为_____。

解答：对称密钥体制。

4. 对称加密算法根据其工作方式,可以分成两类。一类是一次只对明文中的一个位(有时是对一个字节)进行运算的算法,称为_____算法。另一类是每次对明文中的一组位进行加密的算法,称为_____算法。

解答：序列加密；分组加密。

5. 实现保密实质上是使密文随机化的过程,可以通过增大_____或减小_____达到。

解答：密钥；明文的冗余度。

6. 现代密码学包含两个方面的内容：一是传统的加解密,二是_____,主要包括_____、_____和消息认证。

解答：认证；数字签名；身份认证。

7. 实际的保密系统中,为减小明文的冗余度,可通过_____和_____方法达到。

解答：信源编码；扩散和混淆。

8. DES 算法是由_____公司正式向美国国家标准局提交的,其密钥共有_____位。

解答：IBM；64。

9. 信息隐藏的方法主要有_____、_____、可视密码、潜信道、隐匿协议等。

解答：隐写术；数字水印。

10. RSA 算法是第一个能同时用于_____和_____的算法,也易于理解和操作。

解答：加密；数字签名。

11. DES 算法主要是通过反复使用_____和_____两种基本的加密组块的方法,达到加密的目的。

解答：替代；换位。

12. RSA 密码体制是根据_____,由美国麻省理工学院的研究小组提出的。其加密过程通过 3 个数_____来实现。

解答：PKC 算法；(e,d,n)。

13. MD5 算法中,输入报文的长度是_____,而输出的报文摘要长度固定为_____比特。

解答：任意的；128。

14. 密码攻击者攻击密码体制的方法有三种,分别是穷举、_____和_____。

解答：统计分析；解密变换。

15. 序列密码加密的基本原理是：用一个_____序列与_____序列进行叠加来产生密文。

解答：密钥；明文。

16. 现代对称密码的设计基础是：_____和_____。

解答：扩散；混淆。

7.2.2 名词解释

1. 分组密码

解答：分组密码是对明文消息进行分组处理、加密的密码系统。

2. DES

解答：DES(data encryption standard，数据加密标准)算法是一种最典型的对称加密算法，是美国政府机关为了保护信息处理中的计算机数据而使用的一种加密方式，是一种常规密码体制的密码算法，目前已广泛用于电子商务系统中。

3. 数字水印

解答：数字水印就是向被保护的数字对象嵌入某些能证明版权归属或跟踪侵权行为的信息。

4. PKI 技术

解答：PKI 技术即 public key infrastructure(公钥基础设施)。PKI 技术采用证书管理公钥，通过第三方的可信任机构，如认证中心(certificate authority，CA)，把用户的公钥和用户的其他标识信息(如名称、e-mail、身份证号等)捆绑在一起，在 Internet 网上验证用户的身份。

5. Hash 函数

解答：Hash 函数，也称杂凑函数，就是把任意长的输入消息串变化成固定长的输出串的一种函数。

6. 数字签名

解答：数字签名就是附加在数据单元上的一些数据，或是对数据单元所作的密码变换。这种数据或变换允许数据单元的接收者用以确认数据单元的来源和数据单元的完整性并保护数据，防止被人(例如接收者)进行伪造。

7. 特洛伊木马病毒

解答：特洛伊木马病毒是一个有用的，或表面上有用的程序或命令过程，它包含了一段隐藏的、激活时进行某种不想要的或者有害的功能的代码。它的危害性是可以用来非直接地完成一些非授权用户不能直接完成的功能。

8. 报文摘要

解答：基于单向 Hash 函数的思想，从一段很长的报文中计算出一个固定长度的比特串，作为该报文的摘要。

9. 防火墙

解答：防火墙就是一个或一组系统，用来在两个或多个网络间加强访问控制。是一个网络与其他网络之间的可控网关。

10. 电子商务

解答：电子商务就是通过网络进行电子支付来得到信息产品或得到递送实物产品的承诺。

7.2.3 计算题

1. 若已知 DES 体制中 8 个 S 盒之一的 S 盒选择压缩函数如表 7.1 所示。

表 7.1 题 1 的 S 盒压缩函数

行号\列号	0	1	2	3	4	5	6	7	8	9	10	11	12	13	14	15
0	14	4	13	1	2	15	11	8	3	10	6	12	5	9	0	7
1	0	15	7	4	14	2	13	1	10	6	12	11	9	5	3	8
2	4	1	14	8	13	6	2	11	15	12	9	7	3	10	5	0
3	5	12	8	2	4	9	1	7	5	11	2	14	10	0	6	13

假设输入 S 盒的输入矢量 $\boldsymbol{M}=(M_0 M_1 \cdots M_5)$。试求通过选择压缩函数 S 变换后的输出矢量。

解答：输入矢量 $\boldsymbol{M}$ 通过 S 盒时，压缩函数将选出一个相应的输出矢量。DES 算法中将输入矢量的首尾两项 M_0 和 M_5 看作是控制盒 S 中采用的不同行号，而将其余的四项看作是不同列号的一种。这样每个输入矢量 $\boldsymbol{M}$ 就有唯一的 $\boldsymbol{Y}$ 输出矢量相对应。如输入 $\boldsymbol{M}=(101100)$，则输出 $\boldsymbol{Y}$ 为第 2 行，第 6 列。查表 7.1，其第 2 行第 6 列为 2，写成二进制，即输出矢量为 (0010)。

知识点：7.2 节数据加密标准(DES)，题解：DES 体制中的 S 盒。

2. 试用公开密钥 $(e,n)=(5,51)$ 将报文"ABE DEAD"用"A→1,B→2,…,Z→26"方式进行加密(加密时不考虑空格符)。

解答：报文"ABE DEAD"按照字母顺序"A→1,B→2,…,Z→26"来对应，数字分别为：1,2,5,4,5,1,4。用加密方程 $C=(M^e \bmod n)$ 加密后，结果为 1,32,14,4,14,1,4。

知识点：7.4.2 节 RSA 密码体制，题解：根据加密方程直接加密。

3. 试用秘密密钥 $(d,n)=(13,51)$ 将报文 4,1,5,1 解密。

解答：用解密方程 $M=(C^e \bmod n)$ 将 4,1,5,1 分别代入可得结果为 4,1,20,1。

知识点：7.4.2 节 RSA 密码体制，题解：根据解密方程直接求解。

4. 试用公开密钥 $(e,n)=(3,55)$ 将报文 BID HIGH 用"A→1,B→2,…,Z→26"方式进行加密(加密时不考虑空格符)。

解答：报文"BID HIGH"按照字母顺序"A→1,B→2,…,Z→26"来对应，数字分别为：2,9,7,8,9,7,8。用加密方程 $C=(M^e \bmod n)$ 加密后，结果为 8,14,9,17,14,13,17。

知识点：7.4.2 节 RSA 密码体制，题解：根据加密方程直接加密。

5. 用秘密密钥 $(d,n)=(5,51)$ 将报文 4,20,1,5,20,5,4 解密。

解答：用解密方程 $M=(C^e \bmod n)$，将 $C=4,20,1,5,20,5,4$ 分别代入可得解密结果为：$M=4,5,1,4,5,14,4$。

知识点：7.4.2 节 RSA 密码体制，题解：根据解密方程直接求解。

6. 一个英文加密系统使用 10 个随机字母组成的密钥序列，计算其唯一性距离。(1)每个密钥字符可以是 26 个字母中的任意一个，字母可以重复。(2)密钥符号不能重复。(3)如果密钥序列由 0~999 整数中的 10 个随机整数组成，重新计算唯一性距离。

解答：(1) 密钥熵 $H(K)=\log_2(26)^{10}=47\text{bit}$

英文 26 个字母等概率分布时，英语码率：$r'=\log_2 26=4.7\text{bit/字符}$

根据主教材第 2 章中关于英文的极限熵的计算，我们知道英语实际码率：$r=1.5\text{bit/字符}$

冗余度：$D = r' - r = 3.2$ bit/字符

单一性距离：$N = \dfrac{H(K)}{D} = \dfrac{47}{3.2} \approx 15$ 字符

(2) 密钥符号不能重复时，密钥熵 $H(K) = \log_2 \dbinom{10}{26} = 44.13$ bit

单一性距离：$N = \dfrac{H(K)}{D} = \dfrac{44.13}{3.2} \approx 14$ 字符

(3) 密钥熵 $H(K) = \log_2 (1000)^{10} = 99.66$ bit

单一性距离：$N = \dfrac{H(K)}{D} = \dfrac{99.66}{3.2} \approx 32$ 字符

注：本题考查的知识点是 7.1.2 节加密编码中的熵概念。题解：加密编码中的熵。

7. 使用 RSA 算法加密消息 $M=3$，设有两个质数 $p=5, q=7$，解密密钥 d 选为 11，试计算加密密钥 e 的值。

解答：计算欧拉函数 $\Phi(n) = (p-1)(q-1) = 4 \times 6 = 24$，$d=11$，解同余方程 $e \times d \bmod \Phi(n) = 1$，可得 $11 \times 11 = 121 \bmod 24 = 1$，所以加密密钥 $e = 11$。

对于消息 3，用加密方程 $C = (M^e \bmod n)$ 加密后，可得 $C = (3^{11} \bmod 35) = 12$。

注：本题考查的知识点是 7.4.2 节 RSA 密码体制。题解：(1)求欧拉函数；(2)解同余方程；(3)得到加密秘钥 e。

8. 考虑以下 RSA 算法：(1)如果质数是 $p=7, q=11$，试举出 5 个允许的解密密钥 d。(2)如果质数是 $p=13, q=31$，解密密钥 $d=37$，试求加密密钥 e。

解答：(1) 先求欧拉函数 $\Phi(n) = (p-1)(q-1) = 6 \times 10 = 60$。取 $e=11$，满足 $e < \Phi(n)$ 且两者互质，解同余方程 $e \times d \bmod \Phi(n) = 1$，得 $d=11$。

类似地，还可以取 $e=19$，满足 $e < \Phi(n)$ 且两者互质，解同余方程 $e \times d \bmod \Phi(n) = 1$，得 $d=19$。

取 $e=29$，满足 $e < \Phi(n)$ 且两者互质，解同余方程 $e \times d \bmod \Phi(n) = 1$，得 $d=29$。

取 $e=31$，满足 $e < \Phi(n)$ 且两者互质，解同余方程 $e \times d \bmod \Phi(n) = 1$，得 $d=31$。

取 $e=49$，满足 $e < \Phi(n)$ 且两者互质，解同余方程 $e \times d \bmod \Phi(n) = 1$，得 $d=49$。

(2) 此时的欧拉函数 $\Phi(n) = 360$，$d=37$，解同余方程 $e \times 37 \bmod 360 = 1$，得到 $e=251$。

注：本题考查的知识点是 7.4.2 节 RSA 密码体制。题解：(1)根据两质数求欧拉函数；(2)解同余方程得到加密秘钥 e。

9. 已知分组加密方程为 $\begin{bmatrix} C_1 \\ C_2 \\ C_3 \end{bmatrix} = \begin{bmatrix} 1 & 2 & 3 \\ 4 & 5 & 6 \\ 7 & 8 & 9 \end{bmatrix} \begin{bmatrix} m_1 \\ m_2 \\ m_3 \end{bmatrix} \bmod 26$，试求当明文为"data security"时，加密后的密文。(加密时，不考虑单词间的空格符)

解答：按照字母表的顺序，设定各字母对应的明文 m 为(从 0 开始)：

d	a	t	a	空格	s	e	c	u	r	i	t	y
3	0	19	0	不计	18	4	2	20	17	8	19	24

代入加密方程并求解

$$\begin{bmatrix} C_1 \\ C_2 \\ C_3 \end{bmatrix} = \begin{bmatrix} 1 & 2 & 3 \\ 4 & 5 & 6 \\ 7 & 8 & 9 \end{bmatrix} \begin{bmatrix} 3 \\ 0 \\ 19 \end{bmatrix} = \begin{bmatrix} 60 \\ 126 \\ 192 \end{bmatrix} \mod 26 = \begin{bmatrix} 8 \\ 22 \\ 10 \end{bmatrix}$$

$$\begin{bmatrix} C_4 \\ C_5 \\ C_6 \end{bmatrix} = \begin{bmatrix} 1 & 2 & 3 \\ 4 & 5 & 6 \\ 7 & 8 & 9 \end{bmatrix} \begin{bmatrix} 0 \\ 18 \\ 4 \end{bmatrix} = \begin{bmatrix} 48 \\ 114 \\ 180 \end{bmatrix} \mod 26 = \begin{bmatrix} 22 \\ 10 \\ 24 \end{bmatrix}$$

$$\begin{bmatrix} C_7 \\ C_8 \\ C_9 \end{bmatrix} = \begin{bmatrix} 1 & 2 & 3 \\ 4 & 5 & 6 \\ 7 & 8 & 9 \end{bmatrix} \begin{bmatrix} 2 \\ 20 \\ 17 \end{bmatrix} = \begin{bmatrix} 93 \\ 210 \\ 327 \end{bmatrix} \mod 26 = \begin{bmatrix} 15 \\ 2 \\ 15 \end{bmatrix}$$

$$\begin{bmatrix} C_{10} \\ C_{11} \\ C_{12} \end{bmatrix} = \begin{bmatrix} 1 & 2 & 3 \\ 4 & 5 & 6 \\ 7 & 8 & 9 \end{bmatrix} \begin{bmatrix} 8 \\ 19 \\ 24 \end{bmatrix} = \begin{bmatrix} 118 \\ 271 \\ 424 \end{bmatrix} \mod 26 = \begin{bmatrix} 14 \\ 11 \\ 8 \end{bmatrix}$$

所以,加密后的密文为"iwkw kypcpoli"。

注:本题考查的知识点是 7.1.1 节加密编码中的基本概念。题解:根据给出的加密方程进行加密。

10. 设 $g(x) = x^4 + x^2 + 1$ 为 GF(2) 上的多项式,以它为连接多项式组成线性移位寄存器。画出逻辑框图,设法遍历其所有状态,并写出其状态变迁及相应的输出序列。

解答:该线性移位寄存器的逻辑框图如图 7.1 所示。

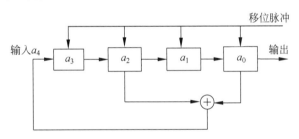

图 7.1 题 10 的线性移位寄存器的逻辑框图

该线性移位寄存器的连接多项式不是即约多项式,更不是本原多项式。

状态变迁:

(1) 设初态为 (0,0,0,1),则

$(0,0,0,1) \to (0,0,1,0) \to (0,1,0,1) \to (1,0,1,0) \to (0,1,0,0) \to$
$(1,0,0,0) \to (0,0,0,1)$

输出序列为 0,0,0,1,0,1,… 这是一个周期为 6 的序列。

(2) 设初态为 (0,0,1,1),则

$(0,0,1,1) \to (0,1,1,1) \to (1,1,1,0) \to (1,1,1,0) \to (1,1,0,0) \to$
$(1,0,0,1) \to (0,0,1,1)$

输出序列为 0,0,1,1,1,1,… 这也是一个周期为 6 的序列。

(3) 设初态为 (1,1,0,1),则

$(1,1,0,1) \to (1,0,1,1) \to (1,1,0,1)$

输出序列为 $1,1,0,\cdots$ 这是一个周期为 3 的序列。

(4) 设初态为 $(0,0,0,0)$, 则
$$(0,0,0,0) \to (0,0,0,0)$$

输出序列为 $0,\cdots$ 这是一个周期为 1 的序列。

注: 本题考查的知识点是 7.1.1 节加密编码中的基本概念。题解: (1) 线性移位寄存器; (2) 线性移位寄存器的初始状态很重要。

11. 已知序列加密体制和密码产生器如图 7.2 所示。密码产生器为一简单的 4 节 m 序列产生器, 初始状态如图中所示。当明文序列为 1010101010101 时, 试求: (1) 密钥序列 K (写出一个周期即可); (2) 密文序列 C (写一个周期); (3) 若将上述抽头位置从 (4,1) 改为 (4,2), 试问能否仍能产生 m 序列伪随机密钥? (4) 试问窃听者在已知密钥抽头位置 (4,1) 时, 需窃得几位明文(或密钥)后可破译, 若抽头位置信息未知时, 又需要窃得多少位才能破译?

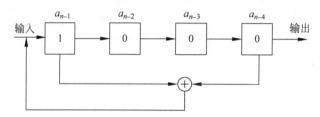

图 7.2 题 11 的序列加密体制和密码产生器

解答: (1) 由题意知, 密码产生器是 m 序列产生器, 根据 m 序列产生器的原理, 4 节的序列产生器, 周期为 $n = 2^4 - 1 = 15$, 序列的递推公式为 $a_n = a_{n-1} \oplus a_{n-4}$, 输出的密钥如表 7.2 所示。

表 7.2 题 10 的密钥

时 刻	状 态				输出密钥
	a_{n-1}	a_{n-2}	a_{n-3}	a_{n-4}	
0	1	0	0	0	0
1	1	1	0	0	0
2	1	1	1	0	0
3	1	1	1	1	1
4	0	1	1	1	1
5	1	0	1	1	1
6	0	1	0	1	1
7	1	0	1	0	0
8	1	1	0	1	1
9	0	1	1	0	0
10	0	0	1	1	1
11	1	0	0	1	1
12	0	1	0	0	0
13	0	0	1	0	0
14	0	0	0	1	1
15	1	0	0	0	0

所以,输出的密钥序列 K(一个周期)为:000111101011001。

(2)序列密码中,密文序列 $C=m\oplus K$,写一个周期,密文
$$C = 101010101010101 \oplus 000111101011001 = 101101000001100$$

(3)若抽头位置从(4,1)改为(4,2),不能产生 m 序列伪随机密钥,因为此时序列的特征多项式不是本原多项式。

(4)在已知密钥抽头位置时,n 位可破;未知时,相继的 $2n$ 位可破。

注:本题考查的知识点是 7.1.1 节加密编码中的基本概念。题解:序列加密体制的基本原理。

12. 若已知一个分组加密方式如图 7.3 所示。试:(1)确定输入和输出的对照真值表;(2)列出 c_1,c_2,c_3 模二加加密方程组;(3)列出 m_1,m_2,m_3 的模二加解密方程组;(4)若任意改变明文和密文间的连线方式,试问可以组成多少种密钥?

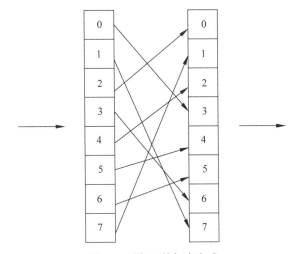

图 7.3 题 12 的加密方式

解答:(1)由图 7.3 确定输入和输出的对照真值表如表 7.3 所示。

表 7.3 题 12 的输入输出对照真值表

输入				输出			
m	m_1	m_2	m_3	c_1	c_2	c_3	c
0	0	0	0	0	1	1	3
1	0	0	1	1	1	1	7
2	0	1	0	0	0	0	0
3	0	1	1	1	1	0	6
4	1	0	0	0	1	0	2
5	1	0	1	1	0	0	4
6	1	1	0	1	0	1	5
7	1	1	1	0	0	1	1

(2)c_1,c_2,c_3 的模二加加密方程组为
$$c_1 = f_{k1}(m_1 m_2 m_3) = \bar{m}_1 \bar{m}_2 m_3 \cup \bar{m}_1 m_2 m_3 \cup m_1 \bar{m}_2 m_3 \cup m_1 m_2 \bar{m}_3$$

$$c_2 = f_{k2}(m_1 m_2 m_3) = \bar{m}_1 \bar{m}_2 \bar{m}_3 \cup \bar{m}_1 \bar{m}_2 m_3 \cup \bar{m}_1 m_2 m_3 \cup m_1 \bar{m}_2 \bar{m}_3$$

$$c_3 = f_{k3}(m_1 m_2 m_3) = \bar{m}_1 \bar{m}_2 \bar{m}_3 \cup \bar{m}_1 \bar{m}_2 m_3 \cup m_1 m_2 \bar{m}_3 \cup m_1 m_2 m_3$$

(3) m_1', m_2', m_3' 的模二加解密方程为

$$m_1' = \bar{c}_1 c_2 \bar{c}_3 \cup c_1 \bar{c}_2 \bar{c}_3 \cup c_1 \bar{c}_2 c_3 \cup \bar{c}_1 \bar{c}_2 c_3$$

$$m_2' = \bar{c}_1 \bar{c}_2 \bar{c}_3 \cup c_1 \bar{c}_2 \bar{c}_3 \cup c_1 \bar{c}_2 c_3 \cup \bar{c}_1 \bar{c}_2 c_3$$

$$m_3' = c_1 c_2 c_3 \cup c_1 c_2 \bar{c}_3 \cup \bar{c}_1 c_2 \bar{c}_3 \cup \bar{c}_1 \bar{c}_2 c_3$$

(4) 任意改变明文和密文间的连线方式,可以组成$(2^3)! = 8!$种密钥。

注:本题考查的知识点是 7.4.2 节 RSA 密码体制。题解:(1)计算欧拉函数;(2)根据 RSA 的加密解密算法进行加解密。

13. 若已知 DES 体制中 8 个 S 盒之一的 S_1 盒选择压缩函数如表 7.4 所示。假设输入 S_1 盒的矢量 $X = (x_0 x_1 x_2 x_3 x_4 x_5) = (010011)$。而 S_1 表格行号是由输入的头尾所组成的矢量表示,即行号为$(x_0 x_5)$。剩下四位表示列号,即列号为$(x_1 x_2 x_3 x_4)$;试求通过选择压缩函数 S_1 变换后的输出矢量。

表 7.4 题 13 的 DES 体制 S_1 盒

行号\列号	0	1	2	3	4	5	6	7	8	9	10	11	12	13	14	15
0	14	4	13	1	2	15	11	8	3	10	6	12	5	9	0	7
1	0	15	7	4	14	2	13	1	10	6	12	11	9	5	3	8
2	4	1	14	8	13	6	2	11	15	12	9	7	3	10	5	0
3	5	12	8	2	4	9	1	7	5	11	2	14	10	0	6	13

解答:根据题意,S_1 盒的行号为$(x_0 x_5) = (01) = 1$;列号为$(x_1 x_2 x_3 x_4) = (1001) = 9$。查表 7.4,可得行号为 1、列号为 9 对应的数据是 6,所以压缩后的输出数为 6,换成二进制,输出矢量为$(y_0 y_1 y_2 y_3) = (0110)$。

注:本题考查的知识点是 7.2 节数据加密标准(DES)。题解:DES 体制的 S 盒。

14. 在对具有 1000 个保密用户的中小型通信网进行保密通信时,若采用对称的单钥制,且每个用户仅具有一个加密密钥,试问每个用户需要保留多少种密钥?若改用不对称双钥即公开密钥,这时每个用户又需保管多少种密钥?

解答:(1) 采用对称的单钥制,每个用户需保留 $\begin{bmatrix} 1000 \\ 2 \end{bmatrix} = \frac{1000(1000-1)}{2} \approx \frac{1}{2} \times 10^6$ 个。

(1) 采用不对称的双钥制,每个用户需保留 1000 个。

注:本题考查的知识点是 7.1.1 节加密编码中的基本概念。题解:(1)单密钥体制中秘钥数与用户数的关系;(2)对称密钥体制的密钥管理问题。

15. 若 RSA 算法中,选取的 2 个质数分别为 $p_1 = 5, p_2 = 7$。明文为 a, b, c, d 四个字母。试求:(1)质数积和相应的欧拉函数 $\Phi(n)$;(2)若令 $a = 0, b = 1, c = 2, d = 3$,且选用加密指数 $e = 5$,解密指数 $d = 5$。此时,求将 a, b, c, d 四个加密后的密文 C_0, C_1, C_2, C_3;(3)求解密后还原的明文。

解答：(1) 两个质数的积 $n=p_1\times p_2=5\times 7=35$

相应的欧拉函数 $\Phi(n)=(p_1-1)(p_2-1)=24$

(2) RSA 算法的加密算法为 $C=(M^e \bmod n)$，则

$$C_0=0^5 \bmod 35=0, C_1=1^5 \bmod 35=1,$$
$$C_2=2^5 \bmod 35=32, C_3=3^5 \bmod 35=33$$

即 a,b,c,d 加密后为 $0,1,32,33$。

(3) RSA 算法的解密算法为 $M=(C^e \bmod n)$，将 $0,1,32,33$ 解密：

$$m'_0=0^5 \bmod 35=0, m'_1=1^5 \bmod 35=1,$$
$$m'_2=32^5 \bmod 35=2, m'_3=33^5 \bmod 35=3$$

解密后为 $0,1,2,3$，按照字母和数字的转换关系，即 a,b,c,d 四个字母。

注：本题考查的知识点是 7.4.2 节 RSA 密码体制。题解：(1) 计算欧拉函数；(2) 根据 RSA 的加密解密算法进行加解密。

16. 在公开密钥密码算法 RSA 中，设 $p=5, q=11, e=27$，试求：(1) 解密指数 d；(2) 将密文 $23,5,33,25$ 解密为一英文单词（字母和数字的对应关系为 A→1, B→2, …, Z→26）。

解答：(1) $n=p\times q=55$，欧拉函数为 $\Phi(n)=(p-1)(q-1)=4\times 10=40$。

由 $(e\times d) \bmod (\Phi(n))=1$，即 $(27d) \bmod 40=1$，可得 $d=3$。

(2) 当密文 C 分别为 $23,5,33,25$ 时，根据解密算法 $M=(C^e \bmod n)$ 解密为

$$m_{23}=23^3 \bmod 55=12$$
$$m_5=5^3 \bmod 55=15$$
$$m_5=33^3 \bmod 55=22$$
$$m_5=25^3 \bmod 55=5$$

由对应法则可知，$12\to L, 12\to O, 22\to V, 5\to E$，故明文为"LOVE"。

注：本题考查的知识点是 7.4.2 节 RSA 密码体制。题解：(1) 计算解密指数；(2) 根据 RSA 的解密算法进行解密。

17. 试比较数字签名与通常采用的手写签字以及消息认证三者之间的差异，并讨论数字签名的主要优点和特点。

解答：数字签名与手写签字的主要区别在于前者是 0 与 1 的数字序列，而后者则是因人而异的各类文字。数字签名与消息认证之间的主要区别在于：消息认证能使收方验证消息的发送者以及所发送的消息内容是否被伪造和修改。当收者和发者之间没有利害冲突时，防止非法用户的第三者的破坏就足够了。但当收者与发者之间有利害冲突时，消息认证就显得无能为力了。这时只有借助于数字签名技术。

数字签名的特点：(1) 收方能确认发方的签字，但不能伪造；(2) 当发方发出签字消息给收方后，就不能再否认所签发的消息；(3) 可以确认收、发双方的消息传送，但也不能伪造这一过程；(4) 可以进一步对所传送明文数字加以保密以防窃听，既可在发送端防止伪造和篡改，又能在接收端防止窃听。

18. 若有一时域置乱器结构如图 7.4 所示，其中 $\boldsymbol{A}=(12345678), \boldsymbol{C}=\boldsymbol{A}\cdot\boldsymbol{T}=(15237846)$，试求：(1) 置乱矩阵 $\boldsymbol{T}$；(2) 为了能恢复原来的话音，求置乱矩阵的逆矩阵 $\boldsymbol{T}^{-1}$。

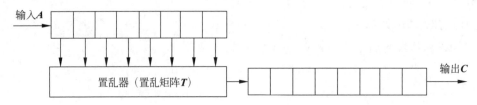

图 7.4　题 18 的时域置乱器

解答：(1) 由题中可知，原来的顺序是 12345678，置乱后顺序为 15237846，则置乱矩阵

$$T = \begin{bmatrix} 1 & 0 & 0 & 0 & 0 & 0 & 0 & 0 \\ 0 & 0 & 0 & 0 & 1 & 0 & 0 & 0 \\ 0 & 0 & 0 & 1 & 0 & 0 & 0 & 0 \\ 0 & 0 & 1 & 0 & 0 & 0 & 0 & 0 \\ 0 & 1 & 0 & 0 & 0 & 0 & 0 & 0 \\ 0 & 0 & 0 & 0 & 0 & 0 & 1 & 0 \\ 0 & 0 & 0 & 0 & 0 & 0 & 0 & 1 \\ 0 & 0 & 0 & 0 & 0 & 1 & 0 & 0 \end{bmatrix}。$$

(2) 置乱矩阵的逆矩阵 $T^{-1} = \begin{bmatrix} 1 & 0 & 0 & 0 & 0 & 0 & 0 & 0 \\ 0 & 0 & 1 & 0 & 0 & 0 & 0 & 0 \\ 0 & 0 & 0 & 1 & 0 & 0 & 0 & 0 \\ 0 & 0 & 0 & 0 & 0 & 0 & 1 & 0 \\ 0 & 1 & 0 & 0 & 0 & 0 & 0 & 0 \\ 0 & 0 & 0 & 0 & 0 & 0 & 0 & 1 \\ 0 & 0 & 0 & 0 & 1 & 0 & 0 & 0 \\ 0 & 0 & 0 & 0 & 0 & 1 & 0 & 0 \end{bmatrix}。$

注：本题考查的知识点是模拟信号加密。题解：(1) 模拟信号易位置乱矩阵 T；(2) 恢复时 $A = C \cdot T^{-1}$。

19. 若一时域置乱系统如图 7.5 所示，按每个帧 8 个时隙考虑，且相邻时隙间相关系数 $\rho = 0.8$，置乱后要求相关系数降至 0.52 以下，试求：(1) 置乱后的密文时隙排序 C；(2) 按照输入 A 的排序、输出 C 的排序，求置乱矩阵 T；(3) 求置乱矩阵的逆矩阵。

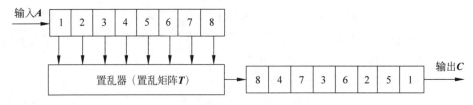

图 7.5　题 19 的时域置乱器

解答：(1) 如要求相关系数降至 0.52 以下，即要求 $(0.8)^n \leqslant 0.52$，可得 $n \geqslant 3$，所以相邻时隙的编号应差 3 以上，置乱后密文时隙排序输出 $C = (84736251)$。

(2) 输入顺序为 $A=(12345678)$，输出顺序为 $C=(84736251)$ 的排序，置乱矩阵

$$T=\begin{bmatrix} 1 & 0 & 0 & 0 & 0 & 0 & 0 & 0 \\ 0 & 0 & 1 & 0 & 0 & 0 & 0 & 0 \\ 0 & 0 & 0 & 0 & 1 & 0 & 0 & 0 \\ 0 & 0 & 0 & 0 & 0 & 0 & 1 & 0 \\ 0 & 1 & 0 & 0 & 0 & 0 & 0 & 0 \\ 0 & 0 & 0 & 1 & 0 & 0 & 0 & 0 \\ 0 & 0 & 0 & 0 & 0 & 1 & 0 & 0 \\ 0 & 0 & 0 & 0 & 0 & 0 & 0 & 1 \end{bmatrix}$$

(3) 解密的逆矩阵 $T^{-1}=\begin{bmatrix} 1 & 0 & 0 & 0 & 0 & 0 & 0 & 0 \\ 0 & 0 & 0 & 0 & 1 & 0 & 0 & 0 \\ 0 & 1 & 0 & 0 & 0 & 0 & 0 & 0 \\ 0 & 0 & 0 & 0 & 0 & 1 & 0 & 0 \\ 0 & 0 & 1 & 0 & 0 & 0 & 0 & 0 \\ 0 & 0 & 0 & 0 & 0 & 0 & 1 & 0 \\ 0 & 0 & 0 & 1 & 0 & 0 & 0 & 0 \\ 0 & 0 & 0 & 0 & 0 & 0 & 0 & 1 \end{bmatrix}=T^{\mathrm{T}}$

注：本题考查的知识点是模拟信号加密。题解：(1)模拟信号易位置乱矩阵 T；(2)恢复时 $A=C \cdot T^{-1}$。

第8章

基 础 实 验

为了加深对理论知识的理解和提升综合运用所学知识解决实际问题的能力,本章编写了 10 个基础实验的实验指导,涵盖信息论中的基本计算,如熵计算、信道容量计算等内容,以及信源编码中的香农编码和哈夫曼编码,信道编码中的线性分组码、循环码和汉明码编码等。此外,还包含一个简单的加密编码实验。基础实验主要针对主教材上的理论知识进行仿真和验证,以便学生对信息论有一个更加直观的认识,更好地理解理论知识。

8.1 实验一 单符号离散信源熵的计算

8.1.1 实验目的

(1) 掌握离散信源熵的基本概念以及计算方法。
(2) MATLAB 编程计算离散信源熵。

8.1.2 实验要求

已知输入的任一离散信源概率分布,编程求出信源的熵。要求:
(1) 检查所输入的信源概率分布,去除信源中分布概率为零的符号。
(2) 计算离散信源的熵。
(3) 绘制二元单符号离散信源熵的变化曲线。
(4) 记录实验结果。

8.1.3 实验原理与程序代码

1. 实验原理

信源的熵是信源符号自信息量的数学期望,即

$$H(X) = E(I(X)) = \sum_i p(x_i) I(x_i) = -\sum_i p(x_i) \log p(x_i)$$

2. 程序代码

```
% -------------------------- 单符号离散信源熵 --------------------
format short
p = input('p = ')                           % 输入任意离散一维概率分布
if sum(p) ~= 1,
       error('p is error,sum is not 1')     % 检验概率和是否为1
end
zerop = find(p == 0);
if ~isempty(zerop),                         % 删除0概率符号
       p(zerop) = [ ];
end
H = - sum(p. * log2(p));                    % 熵公式
fprintf('entropy is: % d (bit/symbol)',H)

% -------------------------- 单符号二元离散信源熵的曲线 --------------------
clear;
format short
L = 0.01;                                   % 设置步长
p = L:L:1 - L;                              % 输入概率
H1 = - p. * log2(p) - (1 - p). * log2(1 - p);   % 计算熵
n = length(p);                              % 计算非0非1概率的符号个数
for i = 1:n + 2                             % 添加0概率和1概率符号
    H(1) = 0;
    H(2:n + 1) = H1(1:99);
    H(n + 2) = 0;
end

plot(H(1:n + 2))
title('二元熵函数曲线')
xlabel('一维概率')
ylabel('熵值')
legend('熵函数曲线')
grid on
axis([0,110,0,1.2])
```

3. 实验结果

实验结果填入表 8.1 和表 8.2 中。

表 8.1 单符号离散信源熵

X	x_1	x_2	x_3	x_4	x_5	x_6	x_7	x_8	熵(bit/符号)
p_1	1/2	1/2							
p_2	1/3	1/3	1/3						
p_3	0.4	0.3	0.2	0.05	0.05				
p_4	0.4	0.18	0.1	0.1	0.07	0.06	0.05	0.04	
p_5	0.32	0.25	0.17	0.1	0.07	0.05	0.03	0.01	

表 8.2 二元离散信源熵与 p 的关系

p	0	0.1	0.2	0.3	0.4	0.5	0.6	0.7	0.8	0.9	1
$H(p)$											

8.1.4 思考题

(1) 比较实验数据表中记录的数据,总结多元符号熵值的变化规律。
(2) 请思考程序代码中的如下问题:

```
format short                              % 该函数作用是什么?
p = input('input any one-dimensional discrete probability distribution p = ')
% 用 input 语句有何优缺点?
if abs(sum(p)-1)>1e-8                     % 为什么换成这一句,是否可以换成别的语句?
    error('p is error, sum is not 1')     % 若使用 sprintf 或者 fprintf 会如何?
end
zerop = find(p == 0);                     % 还可以如何设计?
if ~isempty(zerop),
    p(zerop) = [];
end
H = -sum(p.*log2(p));                     % 是否可以不调用库函数 sum,这样做有什么好处?
disp('entropy is (bit/symbol) :');        % 类似的输出语句还有哪些?对数据格式有何要求?
H
```

(3) 将上述程序改写成模块化函数,为后续实验内容的调用做准备。

```
%-------------------------- entropycal.m --------------------------

function H = entropycal(p)
if (abs(sum(p)-1)>1e-8)
    error('p is error, sum is not 1')
end
zerop = find(p == 0);
if ~isempty(zerop),
    p(zerop) = [];
end

H = -sum(p.*log2(p));
format short
p = input('p = ')
H = entropycal(p);
disp('entropy is (bit/symbol) :');
H
```

(4) 编写程序,根据 X、Y 的二维概率分布,计算 $H(X)$、$H(Y)$、$H(X/Y)$、$H(Y/X)$ 及 $H(X,Y)$。

(5) 求图像信号的一维熵和二维熵,并绘制相关曲线。

8.2 实验二 任意 DMC 信道容量的计算

8.2.1 实验目的

(1) 理解信道容量的基本概念以及数学表达式。
(2) 掌握信道容量极值的函数关系。

(3) 理解 DMC 信道容量的迭代算法。

(4) 掌握 DMC 信道容量的 MATLAB 程序实现方法。

8.2.2 实验要求

已知输入的任一信道的条件转移概率矩阵，编程求出该信道的信道容量以及与之对应的最佳输入分布和输出分布。要求：

(1) 检查所输入的信道的条件转移概率矩阵的正确性。

(2) 求出信道容量。

(3) 求出最佳输入、输出分布。

(4) 求出迭代算法中的迭代次数。

(5) 记录实验结果。

8.2.3 实验原理与程序代码

1. 实验原理

信道容量是指信道所能传送的最大信息量，即 $C = \max\limits_{p(a_i)} I(X;Y)$。在转移概率 $p(b_j|a_i)$ 已知的条件下，互信息是信源输入概率分布 $p(a_i)$ 的凸函数，具有极大值。也就是说可以找到某种概率分布 $p(a_i)$，使 $I(X;Y)$ 达到最大。具体计算方式如下：

$$I(X;Y) = H(X) - H(X|Y) = \sum_i \sum_j p(a_i) p(b_j|a_i) \log \frac{p(b_j|a_i)}{p(b_j)}$$

$$= \sum_i \sum_j p(a_i) p(b_j|a_i) \log \frac{p(b_j|a_i)}{p(a_i) p(b_j/a_i)} \tag{8-1}$$

$$I(X;Y) = H(Y) - H(Y/X) = \sum_i \sum_j p(a_i) p(b_j/a_i) \log \frac{p(a_i/b_j)}{p(a_i)} \tag{8-2}$$

解法(1)：采用式(8-1)计算信道容量

用式(8-1)计算信道容量，即在 $\sum_i p(a_i) = 1$ 条件下，用拉格朗日条件极值法计算互信息的条件极值。但此时 $p(a_i)$ 的分布式很难找，可以采用遍取法(需要运算大量数据并耗费运行时间)或者采用贪婪法(有特定公式，比遍取法要省时间)，但是算法复杂度和运行时间都不是很理想。

解法(2)：采用式(8-2)计算信道容量

用式(8-2)计算信道容量，可以利用迭代算法求解，相对解法(1)，复杂度降低且运行时间和迭代次数都比较少。

DMC 信道容量的迭代算法是由 Arimoto 和 Blahut 于 1972 年提出，称为 Blahut-Arimoto 算法。它是一种有效的数值算法，能以任意给定的精度以及有限步数计算出任意 DMC 信道的容量。式(8-2)中的后验概率

$$p(a_i|b_j) = \frac{p(a_i) p(b_j|a_i)}{p(b_j)} = \frac{p(a_i) p(b_j|a_i)}{\sum_i p(a_i) p(b_j|a_i)} \tag{8-3}$$

显然 $p(a_i|b_j)$ 不是独立变量，且有约束条件 $\sum_i p(a_i|b_j) = 1$。从反向实验信道来看，

后验概率 $p(a_i|b_j)$ 是反向实验信道的传递概率,平均互信息 $I(X;Y)$ 就是输入概率分布矢量 $\boldsymbol{P}=\{p(a_i)\}$ 和反向传递概率 $\boldsymbol{\Phi}=\{p(a_i|b_j)\}$ 的函数,简记为 $I(\boldsymbol{P},\boldsymbol{\Phi})$。

$$I(\boldsymbol{P},\boldsymbol{\Phi})=\sum_i\sum_j p(a_i)p(b_j|a_i)\log\frac{p(a_i|b_j)}{p(a_i)} \tag{8-4}$$

(1) 先假定 $\boldsymbol{P}$ 不变,以 $\boldsymbol{\Phi}=\{p(a_i|b_j)\}$ 为自变量,由式(8-4)知,$I(\boldsymbol{P},\boldsymbol{\Phi})$ 有极大值。又因为有约束条件 $\sum_i p(a_i|b_j)=1$,则由拉格朗日数乘法计算条件极值得 $I(\boldsymbol{P},\boldsymbol{\Phi})$ 取极大值时对应的

$$p^*(a_i|b_j)=\frac{p(a_i)p(b_j|a_i)}{\sum_i p(a_i)p(b_j|a_i)} \tag{8-5}$$

此时信道容量

$$\max_{p(a_i|b_j)}I(\boldsymbol{P},\boldsymbol{\Phi})=I(\boldsymbol{P},\boldsymbol{\Phi}^*)=\sum_i\sum_j p(a_i)p(b_j|a_i)\log\frac{p^*(a_i|b_j)}{p(a_i)} \tag{8-6}$$

经过分析可知,信道容量可以表示为 $C=\max\limits_{p(a_i)}I(\boldsymbol{p})=\max\limits_{p(a_i)}\max\limits_{p(a_i|b_j)}I(\boldsymbol{P},\boldsymbol{\Phi})$。即 C 可由函数 $I(\boldsymbol{P},\boldsymbol{\Phi})$ 的双重最大化得到。

(2) 再假定 $\boldsymbol{\Phi}=\{p(a_i|b_j)\}$ 不变,以 $\boldsymbol{P}=\{p(a_i)\}$ 为自变量,在约束条件 $\sum_i p(a_i)=1$ 限制下,当 $I(\boldsymbol{P},\boldsymbol{\Phi})$ 最大时的输入概率分布

$$P^*(a_i)=\frac{\exp\left[\sum_j p(b_j|a_i)\ln p^*(b_j|a_i)\right]}{\sum_i\exp\left[\sum_j p(b_j|a_i)\ln p^*(b_j|a_i)\right]} \tag{8-7}$$

将式(8-5)代入式(8-7),得

$$P^*(a_i)=\frac{p(a_i)s_i}{\sum_i p(a_i)s_i},\quad s_i=\exp\left[\sum_j p(b_j|a_i)\ln\frac{p(b_j|a_i)}{\sum_i p(a_i)p(b_j|a_i)}\right] \tag{8-8}$$

此时信道容量

$$\max_{p(a_i)}I(\boldsymbol{P},\boldsymbol{\Phi})=I(\boldsymbol{P}^*,\boldsymbol{\Phi}^*)=\ln\sum_i p^*(a_i)s_i^* \tag{8-9}$$

(3) 任意选择初始输入概率分布 $\boldsymbol{P}^{(1)}$(一般情况下都选择等概率分布)。交替固定 $\boldsymbol{P}$ 和 $\boldsymbol{\Phi}$,使 $I(\boldsymbol{P},\boldsymbol{\Phi})$ 最大化。即 $\boldsymbol{P}^{(1)}\Rightarrow\boldsymbol{\Phi}^{(1)}\Rightarrow I(\boldsymbol{P}^{(1)},\boldsymbol{\Phi}^{(1)}),\boldsymbol{\Phi}^{(1)}\Rightarrow\boldsymbol{P}^{(2)}\Rightarrow I(\boldsymbol{P}^{(2)},\boldsymbol{\Phi}^{(1)})$,以此类推,定义 $C(n,n)=\max\limits_{p(a_i|b_j)}I(\boldsymbol{P}^{(n)},\boldsymbol{\Phi}^{(n)})$ 和 $C(n+1,n)=\max\limits_{p(a_i)}I(\boldsymbol{P}^{(n+1)},\boldsymbol{\Phi}^{(n)})$,则当 $n\rightarrow\infty$ 时,$C(n,n)=C(n+1,n)=C$。实际运算中只需要逐次比较 $C(n,n)$ 与 $C(n+1,n)$,当它们的差值小到要求的精度时,停止迭代,此时认为达到信道容量。

(4) 为了使计算更简单,经证明得

$$C(n+1,n)\leqslant\ln(\max_j s_i^{(n)}) \tag{8-10}$$

可令 $C'(n+1,n)=\ln(\max\limits_j s_i)$,以后只要不断对 $C(n+1,n)$ 与 $C'(n+1,n)$ 作差,直到精度范围之内。

2. 实验算法流程图

算法流程图如图 8.1 所示。

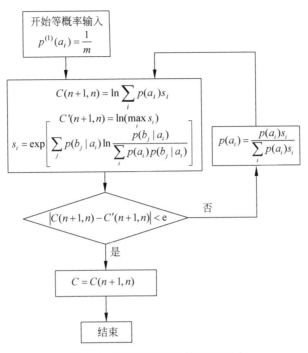

图 8.1 信道容量迭代算法流程图

3. 程序代码

```
clear;
format short
P = input('please input channel transfer matrix P = ');    % 请输入信道转移矩阵
[n,m] = size(P);
e = input('please input iteration accuracy: e = ');        % 请输入迭代精度
for i = 1:n
        if (abs(sum(P(i,:)) - 1)> 1e - 8)                  % 检验矩阵的行向量概率和是否为 1
            error('P is error,sum of row vector is not 1!');% 如果行向量的概率和不为 1 提示出错
             return;
        end
    for j = 1:m
        if (P(i,j)< 0||P(i,j)> 1)                          % 检验矩阵中每个元素的概率是否正确
            error('P is error, element of P is error!')
            return;
            end
    end
end

for i = 1:n
    Pa(i) = 1.0/n;                                         % 设置初始值为等概率分布
    Paa(i) = Pa(i);                                        % 最佳概率分布
end
count = 0;                                                 % 初始迭代次数为 0

while 1
    Pb = Paa * P;                                          % 输出概率分布
```

```
        for i = 1:n
          a(i) = 0;                                      % 定义迭代的中间变量
          for j = 1:m
            if P(i,j) == 0
              a(i) = a(i) + 0;
            else
              a(i) = a(i) + P(i,j) * log(P(i,j)/Pb(j));
            end
          end
          s1(i) = exp(a(i));                             % 计算 s1(i)
        end

        s2 = Paa * s1';                                  % 计算 ΣPaa(i) * s1(i)
        C1 = log(s2);                                    % 计算 C(n + 1,n)
        C2 = log(max(s1));                               % 计算 C'(n + 1,n)
        count = count + 1;

        if abs(C1 - C2)< e
            C = 1.433 * C1;                              % 将信道容量的单位变为 bit
        break;
        else
        Paa = (Paa. * s)/s2;                             % 重新调整输入概率分布
        end
    end

    disp('input channel transfer matrix: ');
    P
    disp('initial equal input probability distribution: ');
    Pa
    disp('best input probability distribution: ');
    Paa
    disp('capacity: ');
    C
    disp('output probability distribution: ');
    Pb
    disp('iterations: ');
    count
```

4. 记录实验结果

记录实验结果于表 8.3 中。

表 8.3 信道容量计算结果

信 道 矩 阵	$P=\begin{bmatrix}\frac{1}{3} & \frac{1}{6} & \frac{1}{2}\\ \frac{1}{6} & \frac{1}{2} & \frac{1}{3}\\ \frac{1}{2} & \frac{1}{3} & \frac{1}{6}\end{bmatrix}$	$P=\begin{bmatrix}0.5 & 0.3 & 0.2\\ 0.3 & 0.5 & 0.2\end{bmatrix}$	$P=\begin{bmatrix}0.6 & 0.3 & 0.1\\ 0.1 & 0.7 & 0.2\end{bmatrix}$
信道特点	对称信道	准对称信道	非对称信道(任意信道)
迭代精度	0.01	0.01	0.01

续表

信道容量(bit/符号)			
初始输入分布			
最佳输入分布			
输出分布			
迭代次数			
迭代时间			

8.2.4 实验思考与改进

（1）调整误差精度，记录实验结果并进行对比分析，查看精度对哪些参数有影响，为什么？

（2）改变信道传输矩阵，查看相关的容量、分布与迭代次数有什么变化？总结这些数据并在此基础上做信道容量估计，与实际计算值进行对比。

（3）改变同维矩阵内的元素的值，检查信道容量、分布与迭代次数的变化，并且分析原因。

（4）在同一信道下修改精度要求，查看程序运行时间的差异。同理，在同一精度下修改信道，同样查看运行时间，在此基础上，改进程序代码，用最短的时间完成算法。

（5）信道转移矩阵的检测要经常用到，请将矩阵检测程序模块化，以备后续程序调用。

（6）试设计遍取法程序计算信道容量，是否可行，有何缺点？

（7）探索贪婪法的求解公式，并与迭代法进行比较，比较时间上是否有优越性。

8.3 实验三 AWGN 波形信道容量的计算

8.3.1 实验目的

（1）理解波形信道的基本概念。
（2）掌握信道容量与信号功率、噪声功率的关系。
（3）掌握信道容量计算的各种极限情况。
（4）掌握 AWGN 波形信道的 MATLAB 程序实现方法。

8.3.2 实验要求

已知 AGWN 波形信道的带宽 W 与信噪功率比 SNR，计算其信道容量。要求：

（1）由给定的 W 与 SNR 计算信道容量 C_t；
（2）当 SNR 固定不变时，绘出 C_t 与 W 之间的函数曲线；
（3）当 W 固定不变时，绘出 C_t 与 SNR 之间的函数曲线；
（4）当 SNR 与 W 均不固定时，绘出 C_t 与它们的函数曲线；
（5）记录实验结果。

8.3.3 实验原理与程序代码

该实验包括四个内容。

内容 1：信道容量 C_t 的求解

1. 实验原理

由 AWGN 波形信道单位时间的信道容量公式 $C_t = \lim\limits_{T \to \infty} \dfrac{C}{T} = W\log_2(1+\text{SNR})\,\text{bit/s}$，即可计算给定信道带宽 W、信噪比 SNR 的 AWGN 信道的信道容量。

2. 程序代码

```
clear
format short
W = input('please input bandwidth (Hz) W = ');
SNR_dB = input('please input SNR_dB (dB): SNR_dB = ')
SNR = 10.^(SNR_dB./10);                    %将信噪比改为DB形式
Ct = W * log2(1 + SNR);
disp('AWGN continuous channel capacity: (bit/s)');
Ct
```

3. 记录实验结果

记录实验结果于表 8.4 和表 8.5 中。

表 8.4 信噪比转换表

SNR/dB	−20dB	−10dB	0dB	1dB	10dB	20dB	30dB
SNR							

表 8.5 信道容量

SNR	10dB		20dB		30dB	
W	3kHz	3MHz	3kHz	3MHz	3kHz	3MHz
C_t						

4. 实验思考

(1) 一般语音信号的带宽是多少，图像信号的带宽是多少？
(2) 相同信噪比下，增加带宽，信道容量有何变化？
(3) 相同带宽下，增加信噪比，信道容量有何变化？
(4) 同时增加带宽与信噪比，信道容量又有何变化？

内容 2：当 SNR 一定时，绘制 $C_t = f(W)$ 函数曲线

1. 实验原理

由于信噪功率比 $\text{SNR} = \dfrac{P_s}{N_0 W}$ 与带宽 W 有关，因此，只能固定 $\dfrac{P_s}{N_0}$。此时容量仅是带宽的函数，随带宽变化而变化，且当 W 趋于零时，信道容量也趋于零，但是，当 W 趋于无限大时，容量不一定趋于无穷大。而是达到某一极限值，该极限值由 $\dfrac{P_s}{N_0}$ 决定。经过极限等价计

算,确定这个极限值与 $\frac{P_s}{N_0}$ 的关系为 $\lim\limits_{W\to\infty} W\log_2\left(1+\frac{P_s}{N_0 W}\right) = \frac{P_s}{N_0 \ln 2} = 1.4427\frac{P_s}{N_0}$。

2. 程序代码

```
clear
W = [0.1:10,12:2:100,105:5:500,510:10:1000];
PN0_dB = 20;
PN0 = 10^(PN0_dB/10);
Ct = W.* log2(1 + PN0./W);
plot(W,Ct)
Title('capacity vs bandwidth in an AGWN channel')
Xlabel('W (Hz)')
Ylabel('Ct (bit/s)')
grid on
```

3. 记录实验结果

记录实验结果于表 8.6 中。

表 8.6 $C_t = f(W)$ 的实验结果

W	0~5000Hz			0~1000Hz		
PN0_dB	10dB	20dB	30dB	10dB	20dB	30dB
C_t						

4. 实验思考

(1) 由 $C_t = f(W)$ 函数曲线图分析信道容量与信道带宽之间的关系。

(2) 在一定带宽下,查看信道容量与 PN0_dB 的关系,与信道容量的极限理论是否一致。

(3) 为了在视觉上看清曲线图的走向,上述程序没有将带宽取到很大,从而使信道的容量没有达到极限值 $1.4427\frac{P_s}{N_0}$。换句话说,就是只要带宽足够宽,PN0_dB=20dB 时,C_t 最大可以达到 144.27bit/s。若要既想加大带宽,又要看清曲线轮廓,可以重新选择绘图函数 semilogx,程序代码如下:

```
clear
W = [0.1:10,12:2:100,105:5:500,510:10:5000,5025:25:20000,20050:20:100000];
PN0_dB = 20;
PN0 = 10^(PN0_dB/10);
Ct = W.* log2(1 + PN0./W);
semilogx(W,Ct)
grid on
Title('capacity vs bandwidth in an AWGN chanel')
Xlabel('W (Hz)')
Ylabel('CL (bit/s)')
```

注解:

semilogx 函数是半对数坐标函数,只有一个坐标轴是对数坐标,另一个是普通算术坐标。使用半对数坐标的情况由以下几种情况：

（1）变量之一在研究范围内发生了几个数量级的变化。

（2）在自变量由零开始逐渐增大的初始阶段，当自变量的少许变化引起应变量极大变化时，此时采用半对数坐标纸，曲线最大变化范围可延长，使图形轮廓清楚。

（3）需要将某种函数变换为直线函数关系。

内容 3：当 W 一定时，绘制 $C_t = f(\mathrm{SNR})$ 函数曲线

1. 实验原理

当带宽 W 一定时，容量是 $\dfrac{P_s}{N_0}$ 的函数，且当 $\dfrac{P_s}{N_0}$ 趋于零时，信道容量趋于零；当 $\dfrac{P_s}{N_0}$ 趋于无限大时，容量趋于无穷大。

2. 程序代码

```
W = input('please input bandwidth (Hz) W = ');
PN0_dB = [-20:50];
PN0 = 10.^(PN0_dB./10);
Ct = W.*log2(1 + PN0./W);
plot(PN0,Ct)
Title('capacity vs P/N0 in an AWGN channel')
Xlabel('P/N0')
Ylabel('Ct (bit/s)')
grid on
```

在实际的应用中，$\dfrac{P_s}{N_0}$ 很少可以达到 50dB 或者 10^5，因此 $\dfrac{P_s}{N_0}$ 的范围也取不到程序中的 PN0_dB=[-20:50]，若按照实际取到 30dB，此时的函数曲线近似直线，看起来不够直观，因此仍然采用半对数坐标函数 semilogx 绘制。

```
W = input('please input bandwidth (Hz) W = ');
PN0_dB = [0:30];
PN0 = 10.^(PN0_dB./10);
Ct = W.*log2(1 + PN0./W);
semilogx(PN0,Ct)
Title('capacity vs P/N0 in an AWGN chanel')
Xlabel('P/N0')
Ylabel('Ct (bit/s)')
grid on
```

内容 4：当 W、SNR 均不定时，绘制 $C_t = f(W, \mathrm{SNR})$ 的函数曲线

1. 实验原理

由 AWGN 波形信道容量公式 $C_t = W\log_2\left(1 + \dfrac{P_s}{N_0 W}\right)$ 知，改变 $\dfrac{P_s}{N_0}$ 与 W 均可影响信道容量。

2. 程序代码

```
Clear
w = [1:5:20,25:20:100,130:50:300,400:100:1000,1250:250:5000,5500:500:10000];
PN0_dB = [-20:1:30];
```

```
PN0 = 10.^(PN0_dB/10);
for i = 1:45
for j = 1:51
c(i,j) = w(i) * log2(1 + PN0(j)/w(i));
end
end
k = [0.9,0.8,0.5,0.6];
s = [-70,35];
surfl(w,PN0_dB,c',s,k)
title('capacity vs bandwidth and SNR')
```

3. 实验思考

(1) 找出三维曲面与二维曲线之间的相互关系；

(2) 观察三维曲面投影到 C_t 与 $\frac{P_s}{N_0}$ 组成的二维平面中的曲线,给出此时 $\frac{P_s}{N_0}$ 的单位。

(3) 香农公式中,当 $\frac{P_s}{N_0}=20$dB,带宽大概多大时,信道容量可以达到信道极值？是否可以认为增大带宽对容量的影响没有增大信噪比来得大？请查阅与超宽带以及超窄带通信相关的资料。

(4) 列举实际通信系统中带宽与信噪比影响信道容量的例子。

8.4 实验四 唯一可译码的判定

8.4.1 实验目的

(1) 掌握唯一可译码的定义。
(2) 理解唯一可译码的判定方法。
(3) 掌握 MATLAB 字符串处理程序设计方法。

8.4.2 实验要求

已知输入的码字集合以及信源个数,编程判定该码集是否是唯一可译码。要求：
(1) 判定码字输入方式是否正确。
(2) 判定输入码集是否是唯一可译码。
(3) 记录实验结果。

8.4.3 实验原理与程序代码

1. 实验原理

唯一可译码的判决准则：Sardinas-Patterson 算法

(1) 构造循环,依次找出码集 C 中最短的码字,与其他码字比较看是否是其他码字的前缀,若是,将其所有可能的尾随后缀排列组成一个后缀集合 F。若 F 为空,则此码集为唯一可译码。

(2) 集合 F 中的这些尾随后缀又可能是某些码字的前缀,再将由这些尾随后缀产生的新的尾随后缀列出。然后再观察这些新的尾随后缀是否是某些码字的前缀,再将产生的后缀列出。依次循环,直至没有一个尾随后缀是码字的前缀或没有新的尾随后缀产生为止。

2. 算法流程图

对任一码字集合 C,按以下步骤判断是否是唯一可译码:

(1) 判断码集 C 中是否有相同的码字,若有,返回真(C 是唯一可译码),若没有,进行下一步。

(2) 采用 Sardinas-Patterson 算法,对 C 进行第一轮比较,构造后缀集合 F,若为空,返回真(C 是唯一可译码);否则,返回假(C 不是唯一可译码)。

(3) 考查 C 和 F 两个集合,将 C 和 F 进行第二轮比较,若 F 中出现了 C 中的元素,则返回假;否则,将相应的后缀作为尾随后缀码放入集合 $F+1$ 中。

(4) 依此循环,直到 $F+i$ 中不再出现新的元素,则返回真。

实验算法流程图如图 8.2 所示。

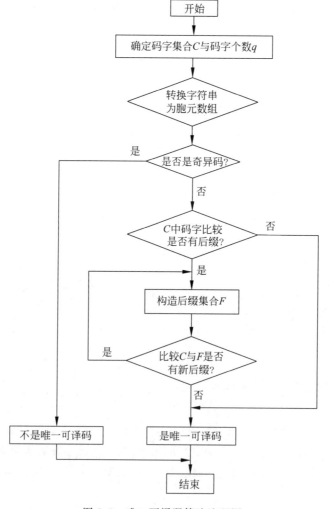

图 8.2　唯一可译码算法流程图

3. 程序代码

```
clear
fprintf('please input code set to be confirmed, condition is:\n');   % 请输入确定的码集
fprintf('codewords must be separated by space\n');                   % 码字用空格分开
code set = input('input code set: ','s');
q = input('please input number of code set q = ');
while q
    if is empty(code set)
        code set = input('input code is empty, please reinput: ');   % 判断码集是否为空
        q = q - 1;
    else
        disp('code set is: ');
        code set
        break;
    end
end

temp = code set;
for i = 1:q
[token,rem] = strtok(temp);           % 使用"strtok"函数将字符串变为胞元数组
    if strcmp(rem,' ')
        break;
    else
        code{i} = token;
        temp = rem;
    end
end

% code
for i = 1:q                           % 将第一个码字的每一个元素与其他的码字元素进行比较
    for j = i + 1:q
        if strcmp(code{i},code{j})
        disp('this code set is not unique decodable')
        fprintf(' % d code and % d code is the same as  % s ',i,j,code{i});
        return;
    end
    end
end
suffixcell = firstcmp(q,code)         % 调用第一比较函数,返回后缀集
N = length(suffixcell);               % 计算胞元数组长度, N = 所有后缀 + 1
secondcmp(q,N,code,suffixcell)        % 调用第二比较函数,给出比较结果
% ----------------------------- firstcmp.m -----------------------------
function suffixcell = firstcmp(q,code)
suffix = char('');
for i = 1:q                           % 第一个码字的每一个元素与其他码字元素进行比较
    for j = i + 1:q
        if length(code{i})< length(code{j})
            shortstr = code{i};
            longstr = code{j};
            n = length(shortstr);
            m = length(longstr);
        else if length(code{i})> length(code{j})
            longstr = code{i};
```

```
                        shortstr = code{j};
                        n = length(shortstr);
                        m = length(longstr);
                    else
                      continue;                                 % 执行下一个循环
                    end
                    tempstr = '';
                        if strncmp(longstr,shortstr,n)
                            if m - n == 1
                            tempstr = longstr(m);
                            else
                                for k = 1:m - n
                                    tempstr(k) = longstr(k + n);     % 找到所有码字的后缀
                                end
                            end

                        suffix = char(suffix,tempstr)         % 将后缀集合里的后缀转换为字符组
                end
          end
end
suffixcell = cellstr(suffix)                   % 将字符数组转换为胞元数组并且删除字符数组中的空格
% ---------------------- secondcmp.m ----------------------
function cvsufcell = secondcmp(q,N,code,suffixcell)
cvsuf = char('');                             % codes VS suffixs
if N == 1                                     % N = 1 表明后缀集是空的
    disp('this code set is unique decodable');
    return;
end

while N > 1

    for i = 1:q                               % 将码字元素与后缀进行比较
        for j = 1:N
            if strcmp(code{i},suffixcell{j})
                disp('this code set is not unique decodable');
                return;
            else if length(code{i})< length(suffixcell{j})
                    longstr = suffixcell{j};
                    shortstr = code{i};
                    n = length(shortstr);
                    m = length(longstr);
            else if length(code{i})> length(suffixcell{j})
                    longstr = code{i};
                    shortstr = suffixcell{j};
                    n = length(shortstr);
                    m = length(longstr);
            else
                continue;
            end
            tempstr = '';
            if strncmp(longstr,shortstr,n)
                if m - n == 1
                    tempstr = longstr(m);
                else
```

```
                for k = 1:(m − n)
                    tempstr(k) = longstr(k + n);
                end
            end
            cvsuf = char(cvsuf,tempstr);
        end
    end
end
suffixcell = cellstr(cvsuf);
N = length(suffixcell);                    % 如果后缀胞元不为空,进入下一个循环
end
disp('this code set is unique decodable'); % 所有的码字都与后缀集里的后缀不同
return;
```

4.记录实验结果

记录实验结果于表 8.7 中。

表 8.7 唯一可译码判定结果

消 息	C_1	C_2	C_3	C_4	C_5
x_1	000	0	0	0	01
x_2	001	01	10	10	001
x_3	010	011	110	1101	100
x_4	011	0111	1110	1100	101
x_5	100	01111	11110	1001	110
x_6	101	011111	111110	1111	111
判定结果					

8.4.4 实验思考与改进

(1) 对码集初步判定的时候,如何确定为非唯一可译码的?

(2) 第二次比较函数 secondcmp 调用时,循环结束时的条件是什么?

(3) 在输入码集的时候为什么做空格间隔的要求,可否用逗号(,)间隔?字符串输入可否改为数组输入?探寻码集其他的输入格式方法。

(4) 总结函数 strtok 的用法,阐述一下在本实验中所起的作用。

(5) 比较 Sardinas-Patterson 算法,寻找唯一可译码判定的其他思路与方法。

8.5 实验五 香农编码

8.5.1 实验目的

(1) 理解香农编码方法的原理与特点。

(2) 掌握香农编码的方法和步骤。

(3) 掌握 MATLAB 编写香农编码的程序的设计方法。

(4) 理解平均码长与编码效率的概念与计算方法。

8.5.2 实验要求

已知信源各符号的概率分布,对该信源进行香农编码。要求:
(1) 检验输入信源概率的正确性。
(2) 列出信源概率排序表。
(3) 香农编码。
(4) 求出平均码长、信源熵和编码效率。
(5) 记录实验结果。

8.5.3 实验原理与程序代码

1. 实验原理

香农编码的步骤如下:
(1) 排序:将信源符号按概率从大到小的顺序排列,令 $p(x_1) \geqslant p(x_2) \geqslant \cdots \geqslant p(x_n)$。
(2) 计算累加概率:计算出每个信源的累加概率。
(3) 计算自信息量:计算每一个按序排列信源的自信息量。
(4) 计算码字长度:对自信息量取整得出每个码字的长度。
(5) 给出码字:对累加概率进行二进制换算,按每个码字的长度取出小数点后面的二进制位数。

2. 程序代码

```
clc;
clear all;
p = input('please input one-dimensional probability distribution p = ');
p_check(p);

p1 = sort(p);                         % 概率升序排列
p = fliplr(p1);                       % 概率降序排列
n = length(p);                        % 信源数量

A = zeros(n,4);                       % 创立一个 n 行 4 列的空码表
A(:,1) = p';                          % 码表的第一列为符号概率的降序值
for i = 2:n                           % 码表的第二列为符号的累积概率
    A(1,2) = 0;                       % 第一个信源符号的累积概率为 0
    A(i,2) = A(i-1,1) + A(i-1,2);     % 其他符号的累积概率
end

    for i = 1:n
      A(i,3) = -log2(A(i,1));         % 每个信源符号的自信息
      A(i,4) = ceil(A(i,3));          % 自信息上取整作为码字长度
end
A

P = A(:,2)';                          % 列出累积概率
L = A(:,4)';                          % 列出码字长度
for i = 1:n
```

```
        C = DCB(P(i),L(i));                    % 产生码字 s
        code(i,:) = {C};                       % 变成胞元数组
end

K = sum(L. * p);                               % 码字长度的平均值
H = - sum(p. * log2(p));                       % 熵
R = H/K;                                       % 编码效率

disp('descending order probability distribution: ');
p
disp('output of codeword: ');
code
disp('length of every codeword: ');
L
disp('avrage code length: ');
K
disp('entropy: ');
H
disp('coding efficiency: ');
R
% ------------------------- DCB.m -------------------------------
function C = DCB(P,L)  % convert dicimal cumulative probability into binary system
C = char('');
temp = P;

for i = 1:L  %  D - B conversion process
    temp = temp * 2;
    if temp > 1
     temp = temp - 1;
     C(1,i) = '1';
    else
     C(1,i) = '0';
    end
end
```

3. 记录实验结果

将表 8.8 中不同概率分布的信源符号编制成香农编码。

表 8.8 实验结果

概　率	累积概率	自　信　息	码字长度	香农码字
0.2				
0.19				
0.18				
0.17				
0.15				
0.1				
0.01				
	平均码长			
	编码效率			

8.5.4 实验思考与改进

(1) 对照表格中的编码结果与主教材上的结果进行比较,查看结果是否相同。
(2) 香农编码的编码效率与哪些因素有关?试提出提高编码效率的方法。
(3) 平均码长与编码效率的关系是什么?
(4) 简述香农编码的优点与缺点。
(5) 修改程序代码为函数 function Shannon()形式,以备后面的调用。

8.6 实验六 哈夫曼编码

8.6.1 实验目的

(1) 理解哈夫曼编码方法的原理与特点。
(2) 掌握哈夫曼编码的方法和步骤。
(3) 掌握 MATLAB 编写哈夫曼编码的程序设计方法。

8.6.2 实验要求

已知信源各符号的概率分布,对该信源进行哈夫曼编码。要求:
(1) 检验输入信源概率的正确性。
(2) 按各符号概率值对信源符号进行降序排列。
(3) 设计哈夫曼编码的数据结构与算法,求出哈夫曼编码的码字。
(4) 计算平均码长、信源熵和编码效率。
(5) 记录实验结果。

8.6.3 实验原理与程序代码

1. 实验原理

哈夫曼编码的步骤如下:

(1) 排序:将信源符号按概率从大到小的顺序排列,令 $p(x_1) \geqslant p(x_2) \geqslant \cdots \geqslant p(x_n)$。

(2) 合并:给两个概率最小的信源符号 $p(x_{n-1})$ 和 $p(x_n)$ 各分配一个码位"0"和"1"(这里选择二进制,若为 M 进制,分配 M 进制码位),将这两个信源符号合并成一个新符号,并用这两个最小的概率之和作为新符号的概率,结果得到一个只包含 $(n-1)$ 个信源符号的新信源。

(3) 重复上述步骤(2),直至信源缩减到只剩两个符号为止,分别编码"0"或者"1",此时所剩两个符号的概率之和必为1。按照"0""1"的顺序逆着回推就是所要的码字。

2. 实验算法

按照哈夫曼编码原理,在实际编程时,也将程序分为两个部分进行:一是对信源按照实验原理(1)、(2)建表;二是对序列表按照步骤(3)逆着编码。在编码时首先从最后两个信源着手,分别编码"0"或者"1",以后每次向前移一列,以合并信源后的特征元素作为基准,使编码码长按照概率合并增加 1。在推移时信源概率会有相等的情况,此时每有一个相等信源,本列码字选中的需要加长的码字将向后推移 1 个码字。

3. 算法流程图

哈夫曼编码算法流程如图 8.3 所示。

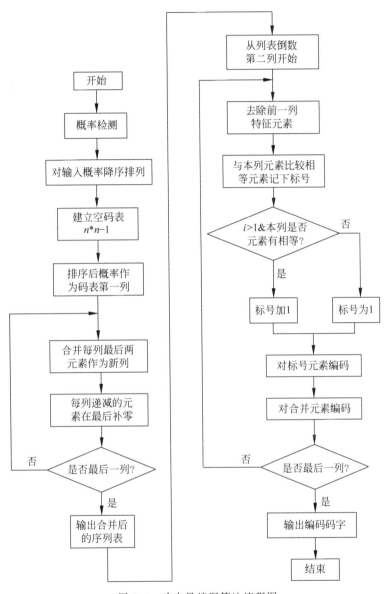

图 8.3 哈夫曼编码算法流程图

4. 程序代码

```
clear;
p = input('please input one - dimensional probability distribution p = ');
p_check(p);
P1 = sort(p);                    % 概率升序排列
P = fliplr(P1);                  % 概率降序排列
```

```matlab
A = P;
n = length(A);
B = zeros(n,n-1);                    % 产生一个n行n-1列的空码表
for i = 1:n
    B(i,1) = A(i);                   % 码表的第一列
end
r = B(n,1) + B(n-1,1);               % 最后2个元素的概率和
A(n-1) = r;
A(n) = 0;
A = fliplr(sort(A));

k = n - 1;
for j = 2:n-1                        % 码表的其他列
    for i = 1:n-1
        B(i,j) = A(i);
    end
    x = find(A == r);                % 如果A中元素值等于r,那么返回该元素的下标索引
    B(n,j) = x(end);                 % 特征元素存储在每一列的最后位置
    r = (B(k,j) + B(k-1,j));
    A(k-1) = r;
    A(k) = 0;
    A = fliplr(sort(A));
    k = k - 1;
end
B                                    % B是n*n-1矩阵的顺序

temp = sym('[0,1]');                 % 最后一列2个元素的编码
code = temp;
m = 1;
for j = n-2:-1:1
    for i = 1:n-j-1
        r = B(n,j+1);                % 搜索第j+1列的特征元素
        B(r,j+1) = -1;               % 将特征元素设为-1
        C = B(:,j+1);                % 将B的j+1列赋值给C
        x = find(C == B(i,j));
% 如果C中元素有与前一列元素相同的,那么返回相同元素的下标索引
        if i>1 & B(i,j) == B(i-1,j)  % 在i>1时,是否每一列都有相同元素
            m = m + 1;
        else
            m = 1;
        end
        code(i) = temp(x(m));        % 第一个码字与前一个特征码字相同
    end
    code(i+1) = [char(temp(r)),'0']; % 第i+1个特征码字记为"0"
    code(i+2) = [char(temp(r)),'1']; % 第i+2个特征码字记为"1"
    temp = code;
end

for i = 1:n
    L(i) = length(char(code(i)));    % 单个码字的长度
end
```

```
K = sum(L. * P);                    % 平均码字长度
H = - sum(P. * log2(P));            % 信源熵
R = H/K;                            % 编码效率

disp('descending order probability distribution: ');
P
disp('output of codeword: ');
C = code
disp('length of every codeword: ');
L
disp('average code length: ');
K
disp('entropy: ');
H
disp('coding efficiency: ');
R
```

5. 记录实验结果

记录实验结果于表 8.9 和表 8.10 中。

表 8.9　哈夫曼编码结果

概　率	哈夫曼码字	码字长度	平均码长	信源熵	编码效率
0.2					
0.19					
0.18					
0.17					
0.15					
0.1					
0.01					

表 8.10　哈夫曼编码结果

概　率	哈夫曼码字	码字长度	平均码长	信源熵	编码效率
0.4					
0.2					
0.2					
0.1					
0.1					

8.6.4　实验思考与改进

(1) 对照表格中的编码结果与主教材上的结果进行比较,查看结果是否相同?

(2) 实验指导中给出的编码结果是否唯一? 如果不唯一,怎么改进? 这种缺点对平均码长与编码效率有影响吗? 具有相同效率的码质量一样吗? 如何判定?

(3) 试着改进程序代码使编出的哈夫曼编码是码方差最小的码并计算码方差,与上面编码后的码方差进行比较,确定哪种码最好。

(4) 修改程序代码为函数 function Huffman()形式，以备后面的调用。

(5) 采用其他思维进行哈夫曼编码，比如构造哈夫曼树的方法。相同的信源分布下，比较两种方法的复杂度以及时间上的优劣。

8.7 实验七 线性分组码的编码

8.7.1 实验目的

(1) 理解线性分组码的编码原理与特点。
(2) 掌握线性分组码的编码方法。
(3) 用 MATLAB 编写线性分组码的编码程序。

8.7.2 实验要求

对于给定的线性分组码的(n,k)值，以及生成矩阵、最小距离、纠错或者检错能力等条件，能够编程求出符合要求的线性分组码的码字集合。要求：

(1) 已知系统生成矩阵，求出符合条件的分组码码字。
(2) 已知(n,k)值以及最小距离，构造系统生成矩阵。
(3) 已知系统生成矩阵求出相应的校验矩阵。
(4) 记录实验结果。

8.7.3 实验原理与程序代码

内容 1：已知线性分组码的生成矩阵

$$G = \begin{bmatrix} 1 & 0 & 0 & 1 & 1 & 1 \\ 0 & 1 & 0 & 1 & 1 & 0 \\ 0 & 0 & 1 & 0 & 1 & 1 \end{bmatrix}$$

求编出的全部码字和最小重量。

1. 实验原理

由生成矩阵为 3×6 矩阵可知所生成线性分组码为(6,3)分组码，全部的码字为 $2^k = 2^3 = 8$ 个，码字与信息位、生成矩阵的关系为 $c = mG$。由给出的生成矩阵为系统阵形式，生成的码字集合为系统码集。

2. 程序代码

```
clc;
clear all;
G = [1 0 0 1 1 1;0 1 0 1 1 0;0 0 1 0 1 1];        %生成矩阵
[k,n] = size(G);
m = (0:2^k - 1);                                    %信息组合数
M = dec2bin(m);                                     %二进制信息矩阵
C = mod(M * G,2)                                    %码字矩阵
for i = 2:2^k
    s(i-1) = sum(C(i,:));                           %计算非 0 码字的重量
```

```
        d_min = min(s);                              % 最小距离
end
R = k/n;
disp('generator matrix')
G
disp('information matrix')
M
disp('code matrix')
C
disp('the minimum distance')
d_min
disp('the code rate')
R
```

内容 2：设计一最小码距为 3 的 (6,3) 线性分组码的生成矩阵，并求出全部码字以及校验矩阵。

1. 实验原理

要构造一个 (6,3) 线性分组码，首要的是构造一个 3×6 生成矩阵，(6,3) 系统码的生成矩阵，其左边 3 行 3 列应是一个 3 阶单位方阵，右边一个 3 行 3 列的矩阵用 P 来表示，即 $G = \begin{bmatrix} I_3 & P \end{bmatrix}$，对应的系统校验矩阵为 $H = \begin{bmatrix} P^T & I_3 \end{bmatrix}$。

由于最小距离为 3，因此对于 P 矩阵并不能任意选取，这里遵循生成矩阵的行向量仍然是码字的原理，设计 P 矩阵行向量的重量为 2，满足码集最小距离为 3 的条件。因此得到此 (6,3) 线性分组码的生成矩阵，可表示为 $G = \begin{bmatrix} 1 & 0 & 0 & 1 & 1 & 0 \\ 0 & 1 & 0 & 1 & 0 & 1 \\ 0 & 0 & 1 & 0 & 1 & 1 \end{bmatrix}$。

在 MATLAB 库函数里，函数 gen2par 可以将标准形式线性分组码的生成矩阵转化成为校验矩阵。

2. 程序代码

```
clc;
clear all;
G = [1 0 0 1 1 0;0 1 0 1 0 1;0 0 1 0 1 1];
[k,n] = size(G);
m = (0:2^k - 1);
M = dec2bin(m);
C = mod(M * G,2);
for i = 2:2^k
%    C(i,:);
    s(i - 1) = sum(C(i,:));
    d_min = min(s);
end
R = k/n;
H = gen2par(G);                              % 将生成矩阵转换为校验矩阵
disp('generator matrix')
G
disp('information matrix')
M
disp('code matrix')
```

```
C
disp('the minimum distance')
d_min
disp('the code rate')
R
disp('parity-check matrix')
H
```

3. 记录实验结果

仿照实验 2 构造(7,3)线性分组码,并将结果记录于表 8.11 中。

表 8.11 实验结果

已知条件	生成矩阵 G	系统码字	校验矩阵 H
$n=7$			
$k=3$			
$d_{\min}=3$			

内容 3:按照汉明码的编码原理生成(7,4)汉明码的全部码字。

1. 实验原理

汉明码是由 Bell 实验室的 Hamming 发明,因此定名为汉明码,是纠错能力 $t=1$ 的一类码的统称,其中二进制汉明码的 n,k 值满足 $m=n-k, n=2^m-1$,则 $(n,k)=(2^m-1, 2^m-1-m)$。

在 MATLAB 库函数里,函数 hammgen 可以产生汉明码的生成矩阵与校验矩阵,格式为 H=hammgen(m), $m \geq 3$, [H,G]=hammgen(m)。按照题目要求产生(7,4)汉明码,则 $m=3$。

2. 程序代码

```
k = 4;
d = (0:2^k - 1);
M = dec2bin(d);
[H,G] = hammgen(3)
C = rem(M * G,2)
for i = 2:2^k
    s(i-1) = sum(C(i,:));
    d_min = min(s);
end
d_min
```

注解:

(1) 输入信息并非按照自然二进制码的序列进行排列,一般来说是随机产生的,因此可以用 MATLAB 库函数里的 randint 产生任意 k 位二进制信息作为线性分组码的信息输入。

```
M = randint(M,N,RANGE):
```

随机产生一个 n*m 维的矩阵,如果想产生一个范围内的数,可以设置一个范围,如产生二进制的矩阵,矩阵的元素是 0 或者 1。

例如：M=randint(2^k,k,2)

(2) 在产生汉明码时,也可以调用 MATLAB 库函数中的 encode 函数,CODE = ENCODE(MSG, N, K, METHOD, OPT)

例如 C=encode(msg,n,k,'hamming')

程序代码如下：

```
k = 4;
n = 7;
M = randint(2^k,k,2)              %产生任意 k bit 信息组合
C = encode(M,n,k,'hamming')       %汉明码编码
```

实验结果请自行验证。

8.7.4　实验思考与改进

(1) 对于相同的 (n,k) 值,为何可以对应不同的生成矩阵？理解码集映射不同与码集不同之间的关系。

(2) 系统码是如何定义的？如何将系统生成矩阵转化为相应的校验矩阵？MATLAB 中使用什么库函数？试编写程序,将非系统生成矩阵转化成系统生成矩阵。

(3) 在构造生成矩阵时,是否每一个生成矩阵都可以系统化？

(4) 汉明码是如何定义的？如何构造任意汉明码？

(5) MATLAB 中如何生成 k 位任意信息组合和 k 位排序信息组合？

8.8　实验八　线性分组码的译码

8.8.1　实验目的

(1) 理解线性分组码的译码原理与特点。
(2) 掌握线性分组码的译码方法与步骤。
(3) 掌握信道传输过程中噪声对信道编码的影响机制。
(4) 掌握 MATLAB 编写线性分组码译码程序的方法。
(5) 掌握信道差错与译码差错之间的关系及其计算方法。

8.8.2　实验要求

已知编码方法和接收码,在接收端对收码进行最小错误概率译码。要求：

(1) 列出编码码集。
(2) 设置有扰传输信道参数。
(3) 指出收码差错位置。

(4) 计算译码差错概率。
(5) 记录实验结果。

8.8.3 实验原理与程序代码

内容 1：已知线性分组码的生成矩阵 $G = \begin{bmatrix} 1 & 0 & 1 & 1 & 1 \\ 0 & 1 & 1 & 0 & 1 \end{bmatrix}$，求出分组码全部码字，并对此信道码进行传输，对接收码进行译码，计算译码错误概率 P_e。

1. 实验原理

由实验七可以得到分组码的全部码字，接收端收到码字 R 后，如接收码字与校验矩阵转置的乘积 $RH^T = 0$，则无错；否则，码字在传输过程中出现了差错。定义伴随式 $S = RH^T$，按照最大似然译码规则，可找出与伴随式对应的重量最轻的 2^{n-k} 个差错图样。

由给出的生成矩阵知分组码为 (5,2) 线性分组码，则伴随式与差错图样的对应关系如表 8.12 所示。

表 8.12 伴随式与差错图样对应表

伴随式 S	000	001	010	011	100	101	110	111
差错图样	00000	00001	00010	00011	00100	01000	00110	10000

如果接收到的码字 R 中的差错位数在本线性分组码的纠错能力内，则可以纠正错误或检错重发。根据伴随式查表得到错误图案后，再按 $C' = R + E$ 进行纠错译码。

2. 程序代码

```
G = [1 0 1 1 1;
     0 1 1 0 1];
M = [0 0;0 1;1 0;1 1];
M
C = mod(M * G,2);
C
H = gen2par(G);
H
E = [0 0 0 0 0;
     0 0 0 0 1;
     0 0 0 1 0;
     0 0 0 1 1;
     0 0 1 0 0;
     0 1 0 0 0;
     0 0 1 1 0;
     1 0 0 0 0];
p = 0.2;                                    % 信道错误概率
m = 2;                                      % 信息长度
L = 0;
msg = randint(1,m);
msg;
dat = zeros(1,m);
for i = 1:2:m
```

```
        code = mod([msg(i) msg(i+1)] * G,2);              % 生成码字
        trans = code;
        for j = 1:length(code)
           if rand < p
        trans(j) = -trans(j) + 1;                         % 加噪后的码字
             L = L + 1;                                   % 计算误码元素的数量
           end
        end

        Rec = trans;                                      % 接收码字
        for j = 1:length(code)
            weight = mod(Rec + trans,2);
            if weight >= 2
             disp('beyond the error correction capability')  % 超出纠错能力
            end
         end

        S = mod(Rec * H',2);                              % 计算伴随式
        SI = S(1) * 4 + S(2) * 2 + S(3) + 1;              % 伴随式下标系数
        e = E(SI,:);                                      % 从伴随式表里寻找差错图样
        decode = mod(Rec + e,2);                          % 纠正后的码字

         for j = 1:length(code)
            if sum(e(j)) == 1&&e(j) == 1
               k = j;
               disp('error bit is: ')
               k                                          % 检验误码位
           end
        end

         for j = 1:max(size(M))                           % 从信道码字中恢复信息
           if decode == C(j,:)
              dat(i:i+1) = M(j,:);
           end
         end
end
err = sum(abs(dat - msg))                                 % 传输中不能被纠正的码元
Pe = err/m;

disp('total information symbols: ')
m
disp('total channel code elements: ')
5 * m
disp('channal error probability : ')
p
disp('total errors in transmission : ')
L
disp('errors can not be corrected in transmission : ')
err
disp('decoding error probability : ')
Pe
```

3. 实验表格

记录实验结果于表 8.13 中。

表 8.13　(5,2)线性分组码不同信道下的译码误码率

输入信息位数	信道误码率 p	信道译码差错概率 (P_e 仿真)	信道译码差错概率 (P_e 理论)
$m=10$	$p=0.2$		
	$p=0.1$		
	$p=0.01$		
$m=1000$	$p=0.2$		
	$p=0.1$		
	$p=0.01$		
$m=10000$	$p=0.2$		
	$p=0.1$		
	$p=0.01$		

内容 2：已知(7,4)汉明码,编程对收到的码字进行译码并计算译码差错概率。

1. 实验原理

在上个实验中使用库函数 encode 进行汉明编码,这里使用 decode 函数进行汉明译码,原理简单,不再赘述。

2. 程序代码

```
k = 4;
n = 7;
M = randint(2^k,k,2);
C = encode(M,n,k,'hamming');                    %汉明码编码

p = 0.1;
C_noise = rand(2^4,7)< p ;                      %噪声矩阵
A = C + C_noise ;                               %加噪码字
trans = mod(A,2);
s = symerr(C,trans);

Rec = decode(trans,n,k,'hamming');              %汉明码解码

k = symerr(M,Rec);
TR = s/(n * 2^k);
DR = k/(k * 2^k);
disp('error rate in transmission: ')
TR
disp('decode error rate : ')
DR
```

3. 记录实验结果

记录实验结果于表 8.14 中。

表 8.14 汉明码的译码

m 值	(n,k)	译码差错概率(P_e 仿真)	译码差错概率(P_e 理论)
$m=3$	(7,4)	$p=0.1$	
		$p=0.01$	
$m=4$	(15,11)	$p=0.1$	
		$p=0.01$	

8.8.4 实验思考与改进

(1) 信道误码率是如何定义的？

(2) 伴随式与差错图样的对应关系是如何选择的？本实验中的阵列表与主教材中是否一致？

(3) 在 MATLAB 中，随机函数中的阈值判断与信道差错概率有什么样的关系？信道噪声与哪些因素有关？

(4) 如何计算(n,k)线性分组码的译码差错概率？改变实验中的信道误码率，译码错误概率是否也会发生变化？如何变化？请思考变化的原因。

(5) 汉明码的译码中，改变 m 值或者增加码元长度 n 对译码错误概率有无影响？

(6) 对实验译码程序利用 Simulink 环境建立仿真模型，对比实验结果。

8.9 实验九 循环冗余校验(CRC)码的编码与译码

8.9.1 实验目的

(1) 掌握循环码的产生原理与特点。

(2) 掌握循环冗余校验码的定义与编码原理。

(3) 掌握循环冗余校验码译码原理。

(4) 掌握 MATLAB 编写循环冗余校验码程序的方法。

8.9.2 实验要求

编程实现(n,k)循环冗余校验(CRC)码的编码和译码。要求：

(1) 对信源进行循环冗余校验码的编码。

(2) 设置有扰传输信道参数。

(3) 对收码进行译码。

(4) 记录实验结果。

8.9.3 实验原理与程序代码

1. 实验原理

循环冗余校验码(cyclical redundancy checking，CRC)由线性分组码分支而来的，是一种重要的线性分组码，通过多项式除法检测错误，是在数据通信和数据检测中广泛应用的检错校验的循环码。采用 CRC 校验时，发送方和接收方事先约定一个生成多项式 $g(x)$，要求其最高项和最低项的系数必须为 1。CRC 校验码的差错控制效果取决于 $g(x)$ 的阶数，阶数越高，效果越好。

在 CRC 码编码时，设 k 位信息的信息多项式为 $m(x)$，生成多项式为 $g(x)$。发送方先利用生成多项式对信息多项式生成码多项式 $c(x) = x^{n-k}m(x) + r(x)$，其中 $r(x) = x^{n-k}m(x) \mod(g(x))$。

在 CRC 码译码时，如果接收到的码多项式 $c(x)$ 能够被生成多项式 $g(x)$ 除尽，表示传输正确；否则，表示有传输错误，纠错或者请求重发。

生成 CRC 校验码的步骤如下：

(1) 设 $g(x)$ 为 $n-k$ 阶，在数据块末尾添加 $n-k$ 个 0，使数据块为 n 位，则相应的多项式为 $x^{n-k}m(x)$；

(2) 以 2 为模，用对应于 $g(x)$ 的位串去除对应于 $x^{n-k}m(x)$ 的位串，求得余数位串；

(3) 以 2 为模，从对应于 $x^{n-k}m(x)$ 的位串中加上余数位串，结果就为数据块生成的带足够校验信息的 CRC 校验码位串。

CRC 校验码一般在有效信息发送时产生，拼接在有效信息后被发送；在接收端，CRC 码用同样的生成多项式相除，除尽表示无误，弃掉 $n-k$ 位 CRC 校验码，接收有效信息；反之，则表示传输出错，纠错或请求重发。

例如课本例题，设要发送的数据为 110001，生成多项式 $g(x) = x^4 + x + 1$，求出 CRC 校验码。

(1) 由信息位 110001 得到 $k=6$，对应的信息多项式为 $m(x) = x^5 + x^4 + 1$。

(2) 由 $g(x) = x^4 + x + 1$ 得到 $n-k=4$。

(3) 余式 $r(x) = x^{n-k}m(x) \mod(g(x)) = x^4(x^5 + x^4 + 1) \mod(x^4 + x + 1) = x^3 + x^2$。

码多项式 $c(x) = x^{n-k}m(x) + r(x) = (x^9 + x^8 + x^4) + (x^3 + x^2)$。

若转化为二进制数值，则首先在发送信息位的末尾加 4 个 0，得到 110001--0000，然后用 $g(x)$ 的位串 10011 去除，得余数位串 1100，再用 110001--0000 加上余数位串 1100，得到的即为 CRC 码字 110001--1100。

2. 程序代码

```
M = [1 1 0 0 0 1];                      % k-bit 输入信息
k = length(M);
m_x = poly2str(M,'x');
G = [1 0 0 1 1];
g_x = poly2str(G,'x');
add_bit = zeros(1,length(G) - 1);       % 加入冗余信息
Shift = [M add_bit];                    % 移位后的信息序列
s_x = poly2str(Shift,'x');
r = [M add_bit];                        % 初始化数组的余式
S = Shift;

for i = 1:k                             % 移位获取最终余式
    add_zeros = zeros(1,k - i);         % 生成多项式移位
    D = [G add_zeros];                  % 构建除式
```

```matlab
        if S(1) == 1                          % 如果被除式首位为1
        r = bitxor(S,D);                      % 除式和被除式做异或运算,长除法获得最后余式
        end

        r(1) = [];                            % 余式首位左移1位
        D = G;                                % 恢复除式
        S = r;                                % 被除式左移1位
    end

disp('k - bit input information: ')
M
disp('the information polynomial: ')
m_x
disp('the generator polynomial coefficient: ')
G
disp('the generator polynomial: ')
g_x
disp('the shift information polynomial: ')
s_x
disp('the remainder coefficient': )
r
disp('the remainder polynomial': )
r_x = poly2str(r,'x')

add_len = length(Shift) - length(r);         % 0 长度数组补余
r = [zeros(1,add_len),r];
disp('generate CRC codeword')
CRC_code = Shift + r;                        % 产生 CRC 码字
disp('generate CRC code polynomial')
CRC_x = poly2str(CRC_code,'x')
% --------------------------- CRC 解码 -----------------------------
R = CRC_code;                                % 接收 CRC 码字
G = [1 0 0 1 1];
L = n - length(G) + 1;
for j = 1:L
add_zeros = zeros(1,L - j);
D = [G add_zeros];
if R(1) == 1
r = bitxor(R,D);
end
r(1) = [];
D = G;
R = r;
end

if sum(r) == 0                               % 如果余式为 0, 传输错误!
disp('recover k_bit input information: ')
recover_M = CRC_code(1:L)
else
    disp('transmission error')
end
```

3. 记录实验结果

记录实验结果于表 8.15 中。

表 8.15 CRC 码编码表

输入信息位	生成多项式	生成 CRC 校验码	校 验 位
1100011	$g(x)=x^4+x+1$		
11000110			
1100011	$g(x)=x^8+x^5+x^4+1$		
11000110			

8.9.4 实验思考与改进

(1) 手工计算表 8.14 中的 CRC 校验码,验证表中的结果是否正确。

(2) CRC 码循环移位的周期是信息长度还是码字长度?为什么?

(3) 试编程实现 CRC 的译码过程。

(4) 查阅资料,给出表 8.14 中的 CRC 码的检错能力,并说明检错能力与哪些因素有关。

(5) 用下列代码将多项式长除循环程序改为函数模块,是否能提高程序执行效率?

```
M = [1 1 0 0 0 1];
k = length(M);
m_x = poly2str(M,'x');
G = [1 0 0 1 1];
g_x = poly2str(G,'x');
add_bit = zeros(1,4);
Shift = [M add_bit];
s_x = poly2str(Shift,'x');
S = Shift;
r = crc_f(G,S,k);
disp('k - bit input information: ')
M
disp('the information polynomial: ')
m_x
disp('the generator polynomial coefficient: ')
G
disp('the generator polynomial: ')
g_x
disp('the shift information polynomial: ')
s_x
disp('the remainder coefficient: ')
r
disp('the remainder polynomial: ')
r_x = poly2str(r,'x');
add_len = length(Shift) - length(r);
r = [zeros(1,add_len),r];
disp('generate CRC codeword: ')
```

```
CRC_code = Shift + r
disp('generate CRC code polynomial: ')
CRC_x = poly2str(CRC_code,'x')

R = CRC_code;
r = crc_f(G,R,k);
if sum(r) == 0
disp('recover k_bit input information!')
recover_M = CRC_code(1:k)
else
    disp('transmission error!')
end

% -------------------------- crc_f.m --------------------------
function r = crc_f (G,S,k)
for i = 1:k
add_zeros = zeros(1,k - i);
D = [G add_zeros];
if S(1) == 1
r = bitxor(S,D);
end
r(1) = [ ];
D = G;
S = r;
end
return
```

注解:

实现循环码的编码大体有两种方法:硬件法和软件法。硬件法采用除法电路来完成,该除法电路是一个根据生成多项式而形成的带反馈连接的移位寄存器,在很多通信设备中已广泛采用。为了简化硬件设备,有些系统往往采用软件的方法来实现,此时多项式的除法运算是通过右移移位和异或运算来完成的。MATLAB 仿真时可用库函数简化程序,如:[q,r]=deconv(M,G),即 M 除以生成多项式 G,其中 q 为商,r 为余式,结果也正确。

(6) 查阅资料,试完成 CRC16-CCITT 的编码。

(7) 本实验假定信道无噪无扰,试修改程序,在信道中添加噪声,查看每次译码的结果,与线性分组码的译码进行比较,实际评价 CRC 码的性能。

8.10 实验十 简单的文本加密算法

8.10.1 实验目的

(1) 掌握信息加密与解密的基本原理。
(2) 掌握古典密码的加密与解密的基本方法。
(3) 掌握 MATLAB 编写简单密码加密与解密程序的方法。

8.10.2 实验要求

已知一段西文明文,要求采用古典密码算法对此明文进行加密和解密,输出解密后的明文。要求:
(1) 利用凯撒密码原理对明文进行加密与解密。
(2) 利用 hill 标准对明文进行加密与解密。
(3) 记录实验结果。

8.10.3 实验原理与程序代码

内容 1:已知输入 QINGHUADAXUECHUBANSHE,利用凯撒密码对此明文进行加密。

1. 实验原理

凯撒密码是一种古老的加密算法。密码的使用最早可以追溯到古罗马时期,《高卢战记》中描述凯撒曾经使用密码来传递信息,即所谓的"凯撒密码",它是一种替代密码,通过将字母按顺序推后 3 位起到加密作用,如将字母 A 换作字母 D,将字母 B 换作字母 E。由于据说凯撒是率先使用加密函的古代将领之一,因此这种加密方法称为凯撒密码。现今又叫"移位密码",只不过移动的位数不一定是 3 位而已。这是一种简单的加密方法,这种密码的保密度是很低的,只需简单地统计字频就可以破译。

密码术大致可以分为两种,即易位和替换,当然也有两者结合的更复杂的方法。在易位中字母不变,位置改变;替换中字母改变,位置不变。传统的密码加密都是由古代的循环移位思想而来,DES(数据加密标准)在这个基础之上进行了扩散模糊。但是本质原理都是一样的。现代 DES 在二进制级别做着同样的事:替代模糊,增加分析的难度。

2. 实验算法

将 26 个英文字母按照移动三位的算法得出下列英文字母替换表,如表 8.16 所示。按照替换表进行字母替换就可得到加密的密文。

表 8.16 凯撒密码字母对应表

原字母	A	B	C	D	E	F	G	H	I	J	K	L	M
替换字母	D	E	F	G	H	I	J	K	L	M	N	O	P
原字母	N	O	P	Q	R	S	T	U	V	W	X	Y	Z
替换字母	Q	R	S	T	U	V	W	X	Y	Z	A	B	C

3. 程序代码

```
SC = input('please input Plaintext:')
SD = casarcode(SC);
disp('the output of ciphertext: ');
SD

% ---------------------- casarcode.m ----------------------------------
function s = casarcode(w)
n = 3;
w = abs(w);
```

```
for i = 1:length(w)
    if w(i)> 64&&w(i)< 87
        w(i) = w(i) + n;
    else w(i) = w(i) - 26 + n;
    end
end
s = setstr(w);
```

4. 实验表格

填写表 8.17,并且按照 ASCII 码表修改程序,将带有空格的大写字符串和小写字符串都翻译成凯撒密文。

内容 2：已知输入明文 QHDXCB,利用希尔密码对明文进行加密。

表 8.17 凯撒密码明文加密

原　　文	密　　文
BOOK	
BOOK IS	
my book is	

1. 实验原理

希尔(Hill)密码由 Hill 在 1929 年发明,是运用基本矩阵论的原理替换密码。希尔密码的主要思想是利用线性变换方法,不同的是这种变换是在 mod26 基础上运算。每个字母当作 26 进制数字：A=0,B=1,C=2⋯ 一串字母当成 n 维向量,与一个 $m \times m$ 的矩阵相乘,再将得出的结果模 26。注意用作加密的矩阵(即密匙)必须是可逆的,否则就不可能译码。只有矩阵的行列式和 26 互质,才是可逆的。

希尔密码相对移位密码以及替换密码而言,其最大的好处就是隐藏了字符的频率信息,使得传统的通过字频来破译密文的方法失效。

2. 实验算法

希尔密码首先对 26 个英文字母进行码制定义,分别与数字 0~25 对应。码表如表 8.18 所示。

表 8.18 希尔密码字母表值

字母	A	B	C	D	E	F	G	H	I	J	K	L	M
数值	0	1	2	3	4	5	6	7	8	9	10	11	12
字母	N	O	P	Q	R	S	T	U	V	W	X	Y	Z
数值	13	14	15	16	17	18	19	20	21	22	23	24	25

现在假设发送方与接收方之间采用 Hill$_2$ 密码,密钥可以为 26 个数字组成的任意二阶矩阵 A,但是为了译码正确,要求矩阵 A 必须是对 26 取模之后可逆的,且 $|A|$ 与 26 必须是互素的。现在为了简单起见,设密钥矩阵为 $A = \begin{bmatrix} 1 & 2 \\ 0 & 3 \end{bmatrix}$。由于采用 Hill$_2$ 密钥加密,因此明文也被分为两个字母一组,为 QH、DX、CB。若最后仅剩一个字母,则补充一个没有实际意义的哑字母(哑元)。这样使得每组都有 2 个字母,明文所对应的二维码表值为 $\begin{bmatrix} 16 \\ 7 \end{bmatrix}$、$\begin{bmatrix} 3 \\ 23 \end{bmatrix}$ 和 $\begin{bmatrix} 2 \\ 1 \end{bmatrix}$。与密钥右乘,$\begin{bmatrix} 1 & 2 \\ 0 & 3 \end{bmatrix} \begin{bmatrix} 16 \\ 7 \end{bmatrix} = \begin{bmatrix} 30 \\ 21 \end{bmatrix}$,对 26 取模 $\begin{bmatrix} 30 \\ 21 \end{bmatrix} \mod 26 = \begin{bmatrix} 4 \\ 21 \end{bmatrix}$,最后查表 8.17 可得对应的密文为 QH→EV。类似地,得到 DX→XR,CB→ED。

3. 程序代码

```
A = input('please input key matrix:')
HC = input('please input Plaintext:')
HD = Hillcode(HC,A);
disp('the output of ciphertext: ');
HD
% ---------------------- Hillcode.m ----------------------
function HD = Hillcode(HC,key)
HC = abs(HC);
m = length(HC);
for i = 1:m
    if HC(i)> 64&&HC(i)< 91
        HC(i) = HC(i) - 64;
    else error('error,please input alphabet!')
    end
end

n = 2;
for j = 1:n:m
    B = HC(j:j+1);
    C = key * B';
    D(j:j+1) = C;
end

for k = 1:m
    if D(k)> 26
        D(k) = mod(D(k),26);
    end
    D(k) = D(k) + 64;
end
HD = char(D);
```

4. 实验表格

填写表格 8.19,并且按照 ASCII 码表修改程序,将带有空格的大写字符串和小写字符串都翻译成希尔密文。

表 8.19　希尔密码明文加密

原　文	密　文
LOVR	
LOVE IS	
TRUE LOVE	

8.10.4　实验思考与改进

(1) 按照表 8.16,检查凯撒密码加密的正确性;若在输入字符串中加入空格应如何修改程序以得到正确的结果?所输入的字符串长度是否受限?

(2) 查阅资料改进凯撒密码编码方式以增强其安全性。

(3) 如何构造希尔密码的密钥矩阵,有什么要求?

(4) 采用 $Hill_N$ 阶密钥时,如何补充明文非 N 整数倍的哑元?

(5) 希尔加密中不同的字母可以加密成相同的字母吗?为什么?

(6) 本实验中英文字符不区分大小写,请修改程序,对大小写字符区分对待。

(7) 查阅资料如何提高希尔密码的安全性能?

(8) 将加密实验利用 Simulink 环境建立仿真模型,对比实验结果。

第9章

拓展实验篇

在第 8 章的基础上,为了进一步培养创新能力,本章编写了 5 个拓展实验的实验指导,旨在开拓学生视野,丰富课外学习内容,使学生能够进一步分析和解决理论知识背后的应用问题,提高学生分析问题和解决问题的能力。这部分拓展实验实用性很强,如英文文本的概率统计和熵计算、图像的有损压缩以及压缩比的计算,以及实际通信系统中常用的卷积码的编解码。

9.1 实验一 英文文本中字符的概率统计

9.1.1 实验目的

(1) 了解英文字符的大数据统计概率值及统计方法。
(2) 能够对任意给定的英文文本进行各个字符的概率统计。
(3) 计算自信息量。

9.1.2 实验要求

编写 M 文件,读取任意 1 篇英文文本,统计其中各个字符的出现概率,并计算自信息量。要求:
(1) 文本的内容随机,但是可以包含任意字母与符号。
(2) 统计时可以只统计字母,也可以统计一些常用符号,比如空格。
(3) 计算各个字符的统计概率,计算各字符的自信息量。

9.1.3 实验原理与程序代码

1. 实验原理

ASCII(American Standard Code for Information Interchange,美国信息交换标准代码)是基于拉丁字母的一套计算机编码系统,主要用于显示现代英语和其他西欧语言。它是最通用的信息交换标准,等同于国际标准 ISO/IEC 646。ASCII 第一次以规范标准的类型发表是在 1967 年,最后一次更新则是在 1986 年,到目前为止共定义了 128 个字符,其对应的 ASCII 码值(十进制)为:大写字母 A~Z 分别对应于 65~90;小写字母 a~z 分别对应于 97~122。

2. 程序代码

```
clear all
text = textread('test1.txt','%c')
M = size(text);
L = M(1,1);
N = zeros(1, 26);                   % 提前分配出 a-z 26 个一维数组空间
P = zeros(1,26);                    % 提前分配出 26 个字符的概率一维数组空间
count = 0;
for i = 1:L
text(i);
if text(i) > 96 && text(i) <= 122
        N(1,text(i) - 96) = N(1, text(i)-96) + 1;
    else if text(i)> 64 && text(i)<= 90
        N(1,text(i) - 64) = N(1,text(i) - 64) + 1;

end
end
for i = 1:26
count = count + N(1,i);
P(1,i) = N(1,i)./L;
end
L
count
disp('统计的字母概率(不区分大小写): ')
disp('A B C D E F G H I J K L M N O P Q R S T U V W X Y Z: ')
zeroP = find(P == 0);
if ~isempty(zeroP),                 % 删去 0 概率的字母
    P(zeroP) = [];
end
PL = length(P);
I = zeros(1, PL);
I = log2(1./P)
sum1 = sum(I.*PL);
IP = I.*P;
H = sum(IP);
fprintf('text 的信息熵: %d (bit/symbol)',H)
%------------------------统计空格或者其他需要统计的符号----------------
clear all
text = textread('test1.txt','%5c');    % 5 个字符一组
M = size(text);                        % 读取英文文章的长度
R = M(1,1);
S = M(1,2);
N = zeros(1,27);                       % 提前分配出 a-z 和空格 27 个一维数组空间
P = zeros(1,27);                       % 提前分配出 27 个字符的概率一维数组空间
for i = 1:R                            % 统计各字母和空格出现的个数并存入 N 数组中
    for j = 1:S
```

```
                if text(i,j)> 96 && text(i,j)<= 122         % 'a'的值为97,…,'z'的值为122
                    N(1,text(i,j) - 96) = N(1,text(i,j) - 96) + 1;
                else if text(i,j)> 64 && text(i,j)<= 90     % 'A'的值为65,…,'Z'的值为90
                    N(1,text(i,j) - 64) = N(1,text(i,j) - 64) + 1;
                else if text(i,j) == 32                     % 空格的值为32
                    N(1, 27) = N(1, 27) + 1;
                end
        end
end

count = 0;
s = 0;
for i = 1:27
    count = count + N(1,i);
end
for i = 1:27
    P(1,i) = N(1,i)./count;
    s = s + sum(P(1,i));
end
count
P                                                           % 各个字母和空格出现的概率
s

I = zeros(1, 27);
I = log2(1 ./ P);                                           % 计算各个字母和空格的信息
sum1 = sum(I .* N);
IP = I .* P;
H = sum(IP)                                                 % 计算整篇文章的平均信息量
```

9.1.4 实验思考

(1) 程序在加入空格统计时为什么会多增加一个循环？另外，统计结果是否存在一定的误差？误差是如何引入的？如何消除？

(2) 程序运行时反复推荐使用 textscan 函数，本实验为什么没有使用？如果使用 textscan 进行统计与计算，结果有什么不同？

(3) 主教材中给出对英文字母统计时，单符号无记忆的符号熵 $H_1(X)=4.03$ bit/符号，与实验中计算出的符号熵是否相同？如果不同，说明数值差距的原因。

(4) 如果考虑英文字母之间的关联性，信源熵又该如何计算？试计算两个字母一起考虑时的信息熵 $H_2(X)$ 及三个字母一起考虑时的信息熵 $H_3(X)$，并分析信息熵的变化趋势。

9.2 实验二 二值图像的游程编码无损压缩

9.2.1 实验目的

(1) 了解游程编码的编码原理与编码方法。
(2) 了解灰度图像与二值图像的区别。

(3) 理解图像存储数据的结构变换与方式。
(4) 掌握图像压缩的比例计算。

9.2.2 实验要求

自拍或者拷贝一幅图像,图像文件格式可以是 BMP、PNG 等,将其转换为二值图像,采用游程编码方法对这幅图像进行压缩,并计算出压缩比。要求:
(1) 如果是彩色图像,请将图像转换为二值图像。
(2) 对转换后的二值图像进行游程编码。
(3) 比较原图像、二值图像和编码后的二值图像,计算压缩比。

9.2.3 实验原理与程序代码

1. 实验原理

游程编码方法是一种无失真信源编码方法,属于无损数据压缩。一般来说,二值数据比较适合游程编码。例如:二值符号序列 1111111100000000011111111000000,采用游程编码可以编为 8996 四个数字,每次恢复时只要知道起始游程数就可以了。如果按照符号数来看,原来的 32 个数压缩为现在的 4 个数或者符号,压缩比大大提高。

对于图像而言,大多图像是彩色的,先对它二值化后,就比较适合用游程编码对它进行压缩了。如图 9.1 所示彩色图像,大小为 $256×320$ 像素,先将该图像变为二值图像后再游程编码。

图 9.1 原始图像

2. 实验过程与结果

首先我们读入原始图像,并显示原始图像,程序代码如下:

```
yuanshi = imread('football.jpg');        % 读入图像,读入时注意路径
figure(1)imshow(yuanshi)                  % 显示原始图像
title('原始图像 256 * 320');
```

为减少运算量,读者亦可采用美图秀秀将图像缩小为 $80×100$、纵横比 4∶5 的图像。本实验采用缩小后的图像进行计算。

```
yasuo = imread('football - 2.jpg');
% 读入压缩图像,以减少图像处理时的运算量
figure(1)
imshow(yuanshi)                           % 显示原始图像
title('缩小图像 80 * 100');
```

再将彩色图像变为灰度图像,程序代码如下:

```
gray = rgb2gray(yasuo); figure(1)
subplot(223)
imshow(gray)
title('灰度图像 80 * 100');               % 游程编码适合二值图像编码,将一幅 jpg 格式变为灰度
```

再将灰度图像二值化,代码如下:

```
% ---------------------- 二值图像的游程编码数据压缩 ----------------------
```

```
image1 = gray(:);                        % 将原始图像写成一维的数据并设为 image1
image1length = length(image1);           % 计算 image1 的长度
N = image1length;
for i = 1:N
if image1(i)>= 100;
% 转换二值图像,灰度值为 0~255,一般以中值 127 作为阈值,图像如果较暗可将阈值设置低一些
image1(i) = 255;
else
image1(i) = 0;
end
end
erzhi = reshape(image1,80,100);          % 重建二维数组二值图像,并输出显示
figure(1)
subplot(224)
imshow(erzhi)
title('二值图像 80 * 100');
```

对二值图像的黑白像素进行统计和游程编码,程序代码如下:

```
X = erzhi(:);                            % 令 X 为新建的二值图像的一维数据组
x = 1:length(X);                         % 显示游程编码之前的图像数据
figure(2)
subplot(311)
plot(x,X(x));
title(二值'像素 - 灰度图');               % 横坐标为像素点,纵坐标为灰度值
j = 1;
image2(1) = 1;
for z = 1:(length(X) - 1)                % 游程编码游程段数统计
if X(z) == X(z + 1)
image2(j) = image2(j) + 1;
else
data(j) = X(z);                          % data 存放二值数值,0 或者 255 用来区分压缩后数据的对应位置
j = j + 1
image2(j) = 1;
end
end
data(j) = X(length(X));                  % 最后一个像素数据赋给 data
image2length = length(image2);           % 计算游程编码后所占的字节数,记为 image2length
figure(2)
subplot(312)
bar(y,image2(y));
title('游程编码 游程段 - 段内点数图');    % 横坐标为黑白游程段数,纵坐标为游程段内黑白点数
```

将二维图像转换成一维数组,其黑白游程的分布如图 9.2 所示。

图 9.2 二值像素灰度图

数据压缩前二值图像的数据有 8000 个,灰度值为 0 代表黑,灰度值为 255 代表白。按照 0 和 255 灰度或者黑白游程进行统计,统计后的数据图如图 9.3 所示。

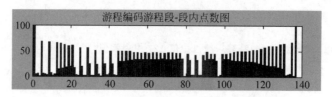

图 9.3 游程编码的游程段-段内点数图

对压缩前后的数据进行比较,计算压缩比 CR(compress ratio)。

```
CR = image1length/image2length;           % 比较压缩前与压缩后的大小
```

数据压缩前与压缩后分别存入 *.TXT 文件。Football_2 图像压缩之前的数据有 8000 个点,压缩后大约有 40×50 个点。

解压程序代码如下:

```
% -------------------- 二值图像的游程编码数据解压 --------------------
s = 1;
for m = 1:image2length
    for n = 1:image2(m)
        rec_image(s) = data(m);
        s = s + 1;
    end
end
u = 1:length(rec_image);
figure(2)
subplot(313)
plot(u,rec_image(u))                      % 解压后的图像数据,横坐标为像素点,纵坐标为灰度值
title('二值解压 像素 - 灰度图');           % 横坐标为像素点,纵坐标为灰度值

rec_image1 = reshape(rec_image,80,100);   % 重建二维数组二值图像,并输出显示
figure(3)
imshow(rec_image1)
title('恢复二值图像 80 * 100');
```

9.2.4 实验思考

(1) 彩色图像变换成二值图像后有哪些格式变换与信息损失?

(2) 观察不同图像格式的存储大小,对比图像的存储空间,比较变换前后的压缩比。

(3) 若二值图像采用二进制编码时能否估计出其存储空间的变化?查找游程编码之后再转化为二进制存储的方式或者方法。

(4) 将不同的灰度图像转变为二值图像,然后按照游程编码赋值后,再统计游程数,此时再加入哈夫曼编码查看是否达到压缩的效果。

(5) 游程编码的十进制统计与二进制统计的数值个数对压缩比的影响。

(6) 阅读有关黑白传真图像编码原理的相关课外资料。

9.3 实验三 灰度图像的灰度降级与哈夫曼编码的联合压缩

9.3.1 实验目的

(1) 了解灰度图像的灰度级别与图像特点。
(2) 了解灰度图像的有损压缩。
(3) 掌握哈夫曼编码的编码原理。
(4) 掌握灰度图像的有损压缩与无损压缩的方法应用。

9.3.2 实验要求

自拍或者拷贝一幅彩色图像,格式不限,将其转换为灰度图像并进行压缩。要求:
(1) 将该图像转换为灰度图像。
(2) 采用灰度级合并和哈夫曼编码两个步骤对图像进行压缩,并计算出压缩比。
(3) 对压缩后的灰度图像数据与压缩前作比较。

9.3.3 实验原理与程序代码

1. 实验原理

灰度图(grey scale image)是用灰度表示的图像,又称灰阶图。灰度是把白色与黑色之间分成若干等级,从 0~255,共 256 个级别,其中,0 最暗(全黑),255 最亮(全白)。灰度图像与原彩色图像相比,灰度图不含色彩信息,故灰度化之后的图像所含信息量大大减少,图像处理计算量也相应大幅减少,方便后续计算。天文物理领域中,卫星图像、航空照片、地球观测数据以及医学影像等图像常用灰度图表示。

注:本次实验完成灰度图像的有损压缩,降低灰度图的灰度级别,然后进行无损压缩,哈夫曼编码减少每个灰度级别的编码位数。

灰度图像的灰度降级有损压缩

对灰度图像进行有损压缩,主要压缩的是信息量,如果将灰度级别进行压缩,就可以将信息量压缩,简单的方法就是灰度级别的降级,这里将 256 级灰度降级为 8 级灰度,同时还要保持灰度均匀的原则,因此制作了一张灰度换算表,具体如表 9.1 所示,每 32 个级别归为一级,正好 8 个级别,每个级别的灰度值取换算灰值的中间值。

表 9.1 灰度级降级换算表

原灰度级别	现灰度级别	现灰度值
0~31	1	16
32~63	2	48
64~95	3	80
96~127	4	112
128~159	5	144
160~191	6	176
192~223	7	208
224~255	8	255

2. 程序代码

(1) 灰度图像变换与数据有损压缩部分的程序代码：

```
clear all
yuanshi = imread('football.jpg');              % 读入图像,读入时注意路径
figure(2)
subplot(221)
imshow(yuanshi)                                % 显示原始图像
title('原始图像 256 * 320');
yuanshi2 = imread('football - 3.jpg');         % 读入压缩图像,以减少图像处理时的运算量
figure(2)
subplot(222)
imshow(yuanshi2);                              % 显示缩小的原始图像
title('缩小图像 40 * 50');
gray = rgb2gray(yuanshi2);
figure(2)
subplot(223)
imshow(gray)
title('256 级灰度图像 40 * 50');
image1 = gray(:);                              % 将原始图像写成一维的数据并设为 image1
image1length = length(image1);                 % 计算 image1 的长度
N = image1length;
arry = zeros(1,8);
for i = 1:N
if image1(i)< 32           % 转换灰度值 0~255 共 256 级转为 8 级灰度,便于后面的哈夫曼编码的演示
image1(i) = 16;
arry(1) = arry(1) + 1;
else if image1(i)< 64
image1(i) = 48;
arry(2) = arry(2) + 1;
else if image1(i)< 96
image1(i) = 80;
arry(3) = arry(3) + 1;
else if image1(i)< 128
image1(i) = 112;
arry(4) = arry(4) + 1;
else if image1(i)< 160
image1(i) = 144;
arry(5) = arry(5) + 1;
else if image1(i)< 192
image1(i) = 176;
arry(6) = arry(6) + 1;
else if image1(i)< 224
image1(i) = 208;
arry(7) = arry(7) + 1;
else
image1(i) = 255;
arry(8) = arry(8) + 1;
end
end
```

```
gray2 = reshape(image1,40,50);            % 重建 8 级灰度图像,并输出显示
figure(2)
subplot(224)
imshow(gray2)
title('8 级灰度图像 40 * 50');
```

(2) 8 级灰度图像的无损压缩

对转换后的 8 级灰度图进行游程统计,以便计算出 8 级灰度每个级别的概率分布。对 8 级灰度图像进行游程统计后得出 8 级灰度的概率比。对于 8 级灰度可以通过 Huffman 进行无损编码以进一步提高压缩比。其中 8 个级别的灰度数据统计如 arry 数组所示:

arry = 15   942   661   213   114   21   13   21

对应的概率分别为 0.0075,0.4710,0.3305,0.1065,0.0570,0.0105,0.0065 和 0.0105。将概率分布用直方图表示的代码如下:

```
% ------------------------游程编码------------------------
% 接着上面的程序:
j = 1;
image2(1) = 1;
for z = 1:(length(image1) - 1)              % 游程编码,游程段数统计
    if image1(z) == image1(z + 1)
        image2(j) = image2(j) + 1;
    else
        data(j) = image1(z);    % data 存放二值数值 0,用来区分二值 0 或者 255 与压缩后数据的对应位置;
        j = j + 1;
        image2(j) = 1;
    end
end
data(j) = image1(length(image1));           % 最后一个像素数据赋给 data
CR = length(image1)/length(image2);         % 比较压缩前与压缩后的大小
hist_gray2 = imhist(gray2,8);               % 计算直方图
figure(2)
bar(hist_gray2);                            % 画直方图
grid on
```

灰度图像的级别降为 8 级时,再采用哈夫曼编码进行无损压缩。这部分程序代码如下:

```
% ------------------------哈夫曼编码------------------------
% 接着上面的程序:
P = zeros(1,8);
for i = 1:8
    P(i) = arry(i)/length(image1);
end
p1 = sort(P)                                % 升序排列
P = fliplr(p1)                              % 反转,按降序排列
A = P;
n = length(A);
B = zeros(n,n - 1);                         % 空的编码表(矩阵)
for i = 1:n
    B(i,1) = A(i);                          % 生成编码表的第一列
```

```
        end
    r = B(n,1) + B(n-1,1);                  % 最后两个元素相加
    A(n-1) = r;
    A(n) = 0;
    A = fliplr(sort(A));
    k = n-1;
    for j = 2:n-1                            % 生成编码表的其他各列
        for i = 1:n-1
            B(i,j) = A(i);
        end
        x = find(A == r);                    % 返回 A 中等于 r 的标号
        B(n,j) = x(end);                     % 从第二列开始,每列的最后一个元素记录特征元素在该列的位置 A
        r = (B(k,j) + B(k-1,j));             % 最后两个元素相加
        A(k-1) = r;
        A(k) = 0;
        A = fliplr(sort(A));
        k = k-1;
    end
f1 = B;                                      % 输出编码矩阵
temp = sym('[0,1]');                         % 给出最后一列的元素编码
code = temp;
m = 1;
for j = n-2:-1:1                             % 从倒数第二列开始依次对各列元素编码
    for i = 1:n-j-1
        r = B(n,j+1);
        B(r,j+1) = -1;
        C = B(:,j+1);
        x = find(C == B(i,j));
        if i > 1 & B(i,j) == B(i-1,j)
            m = m+1;
        else
            m = 1;
        end
        code(i) = temp(x(m));
    end
    code(i+1) = [char(temp(r)),'0'];
    code(i+2) = [char(temp(r)),'1'];
    temp = code;
end
f2 = P                                       % 排序后的原概率序列
f3 = code                                    % 编码结果
```

编码之前 8 个灰度等级,定长编码,平均每个灰度编码 3 个码元,编码之后,平均每个灰度编码 1.8895 个码元,这样经过 Huffman 编码之后,实现了无损压缩,压缩比 CR2 为 3/1.8895=1.588。

如果再与之前的灰度级的压缩比结合考虑,压缩比为 CR=CR1 * CR2=(8/3) * (3/1.8895)=4.23。

9.3.4 实验思考

(1) 对于 8 级和 256 级的灰度图像,像素表示的灰度级别有什么不同?

(2) 256 级别的灰度图可否直接进行哈夫曼编码,为什么?
(3) 根据灰度级别的定义,可否将一幅照片变白或者变黑?
(4) 哈夫曼编码与其他编码联合的优势在哪里?
(5) 在图像降级的过程中如何调节照片的白度或者黑度?实验中的灰度级别表是否可以改变,如何改变?
(6) 降级后的灰度图像再进行哈夫曼编码后的存储形式如何安排?如何进行解码?
(7) 如果将灰度图像的灰度级别不断下降,是否可以变成二值图像?试一试如何实现。

9.4 实验四 灰度图像的 DCT 变换与压缩

9.4.1 实验目的

(1) 掌握一维离散余弦变换的定义。
(2) 了解二维离散余弦变换的含义。
(3) 了解灰度图像的二维表示。
(4) 掌握 MATLAB 中灰度图像的余弦变换原理与方法。

9.4.2 实验要求

自拍或者拷贝一幅图像,将其转换为灰度图像并进行离散余弦变换(DCT)并压缩。要求:
(1) 能够对该图像进行灰度图像转换。
(2) 能够对灰度图像进行 DCT 变换。
(3) 能够对离散余弦系数进行计算与取舍。
(4) 能够利用 DCT 系数进行 DCT 逆变换,恢复原有图像。

9.4.3 实验原理与程序代码

1. 实验原理

(1) 一维离散余弦变换

在"信号与线性系统"和"数字信号处理"课程里,学习过一维离散傅里叶变换(DFT),在进行 DFT 变换时,需要考虑实部与虚部,幅度与相位,而 DCT 只取了 DFT 中的实部,不用考虑复数域的部分,所以,对于很多应用来说,既方便又简洁。

DCT 只取了 DFT 的一部分,但是,也因为 DCT 只取了 DFT 中的一部分,意味着 DCT 相比 DFT 包含的信息要少,在图像压缩方面表现出其特定的优越性。

在理解二维图像离散余弦变换之前,先介绍一维离散余弦变换,它的一般表达式为

$$F(u) = \sqrt{\frac{2}{N}} \sum_{x=0}^{N-1} f(x) \cos \frac{(2x+1)u\pi}{2N}, \quad x = 1, 2, \cdots, N-1; u = 1, 2, \cdots, N-1$$

式中,$F(u)$ 是第 u 个余弦变换值;u 是广义频率变量;$f(x)$ 是时域 N 点序列。

如果想更为简洁,可以将上式离散余弦变换采用矩阵方式定义。根据如上表达式,我们可以写出其矩阵的形式。取 $N=8$ 时,一维离散余弦变换的表达式展开可以得到如下表

达式：

$$F(u) = \sqrt{\frac{2}{8}} \times f(0) \times \cos\frac{u\pi}{16} + \sqrt{\frac{2}{8}} \times f(1) \times \cos\frac{3u\pi}{16} + \sqrt{\frac{2}{8}} \times f(2) \times \cos\frac{5u\pi}{16} +$$

$$\sqrt{\frac{2}{8}} \times f(3) \times \cos\frac{7u\pi}{16} + \sqrt{\frac{2}{8}} \times f(4) \times \cos\frac{9u\pi}{16} + \sqrt{\frac{2}{8}} \times f(5) \times \cos\frac{11u\pi}{16} +$$

$$\sqrt{\frac{2}{8}} \times f(6) \times \cos\frac{13u\pi}{16} + \sqrt{\frac{2}{8}} \times f(7) \times \cos\frac{15u\pi}{16}$$

当 $u=0,1,2,\cdots,7$ 时，可以根据上述公式计算出离散余弦变换时每一个 $f(x)$ 的变换系数，结果如下：

$$F(0) = 0.35356f(0) + 0.35356f(1) + 0.35356f(2) + 0.35356f(3) +$$
$$0.35356f(4) + 0.35356f(5) + 0.35356f(6) + 0.35356f(7)$$

$$\cdots$$

$$F(7) = 0.09755f(0) - 0.27779f(1) + 0.41573f(2) - 0.49039f(3) +$$
$$0.49039f(4) - 0.41573f(5) + 0.27779f(6) - 0.09755f(7)$$

上述公式可以用矩阵的形式表达出来：

$$\begin{bmatrix} F(0) \\ F(1) \\ F(2) \\ F(3) \\ F(4) \\ F(5) \\ F(6) \\ F(7) \end{bmatrix} = \begin{bmatrix} 0.35356 & 0.35356 & 0.35356 & 0.35356 & 0.35356 & 0.35356 & 0.35356 & 0.35356 \\ \cdots & & & & & & & \\ \cdots & & & & & & & \\ \cdots & & & & & & & \\ \cdots & & & & & & & \\ \cdots & & & & & & & \\ \cdots & & & & & & & \\ 0.09755 & -0.27779 & 0.41573 & -0.49039 & 0.49039 & -0.41573 & 0.27779 & -0.09755 \end{bmatrix} \begin{bmatrix} f(0) \\ f(1) \\ f(2) \\ f(3) \\ f(4) \\ f(5) \\ f(6) \\ f(7) \end{bmatrix}$$

即 $\boldsymbol{F}(u) = \boldsymbol{A}[f(x)]$

其中，$\boldsymbol{F}(u)$ 为变换域矩阵，是时域 $f(x)$ 与 $\boldsymbol{A}$ 矩阵计算的结果；$\boldsymbol{A}$ 为变换系数矩阵，当 N 取定值时，$\boldsymbol{A}$ 就是一个常量矩阵；$f(x)$ 为时域数据矩阵，即需要转换到变换域的原始数据。

(2) 二维离散余弦变换

二维离散余弦变换的表达式为

$$F(u,v) = \frac{2}{N} \sum_{x=0}^{N-1} \sum_{y=0}^{N-1} f(x,y) \cos\frac{(2x+1)u\pi}{2N} \cos\frac{(2y+1)v\pi}{2N}, \quad x,y=1,2,\cdots,N-1$$

$$F(0,0) = \frac{1}{N} \sum_{x=0}^{N-1} \sum_{y=0}^{N-1} f(x,y), \quad x,y=1,2,\cdots,N-1$$

$$F(u,0) = \frac{\sqrt{2}}{N} \sum_{x=0}^{N-1} \sum_{y=0}^{N-1} f(x,y) \cos\frac{(2x+1)u\pi}{2N}, \quad x,y=1,2,\cdots,N-1$$

$$F(0,v) = \frac{\sqrt{2}}{N} \sum_{x=0}^{N-1} \sum_{y=0}^{N-1} f(x,y) \cos\frac{(2y+1)v\pi}{2N}, \quad x,y=1,2,\cdots,N-1$$

式中，$f(x,y)$ 是空间域一个 $N \times N$ 的二维向量元素，可用一个 $N \times N$ 矩阵来表示；$\boldsymbol{F}(u,v)$ 是经计算后得到的变换域矩阵，$u,v=0,1,2,\cdots,N-1$。利用二维离散余弦变换的求和可分性可得到

$$F(u,v) = \frac{2}{N} \sum_{x=0}^{N-1} \cos\frac{(2x+1)u\pi}{2N} \left\{ \sum_{y=0}^{N-1} f(x,y) \cos\frac{(2y+1)v\pi}{2N} \right\}, \quad x,y = 1,2,\cdots,N-1$$

由一维和二维的离散余弦变换公式性质可以推导得到二维离散余弦变换也可以写成矩阵相乘形式：

$$\boldsymbol{F}(u,v) = \boldsymbol{A}[f(x,y)]\boldsymbol{A}^{\mathrm{T}}$$

式中，$\boldsymbol{A}$ 为一维离散余弦变换的变换系数矩阵；$\boldsymbol{A}^{\mathrm{T}}$ 是 $\boldsymbol{A}$ 的转置矩阵，在实际求解中只要求出系数矩阵 $\boldsymbol{A}$，并加以存储，就可以进行逆变换对图像进行恢复。

2. 程序代码与实验结果

(1) 大矩阵 DCT 变换与逆变换

```
clear all
I = imread('aa.png');
% JPG 格式的图像是三维的,DCT 函数只能处理二维函数,或将 JPG 图像转换为灰度图像
figure(1)
subplot(221)
imshow(I)
title('原始 256 * 320 彩色 JPG 图像');

I0 = rgb2gray(I);
I1 = im2double(I0);         % 转换图像矩阵为双精度型,实际上是对灰度值进行归一化
figure(1)
subplot(222)
imshow(I1)
title('彩色转换二维 256 * 320 灰度图像');

A = dct2(I1);
figure(1)
subplot(223)
imshow(A)
title('DCT 变换后 256 * 320 系数矩阵');

I2 = idct2(A);
figure(1)
subplot(224)
imshow(I2)
title('恢复二维 256 * 320 灰度图像');
```

结果如图 9.4 所示。

由图 9.4 可知，系数矩阵左上角比右下角颜色明亮，这是因为经过 DCT 变换之后，其能量主要集中在直流和低频分量上，与之对应的系数值就大，因此对应的灰度显示就白。

为了更清楚一些，我们将系数矩阵进行一个对数变换，再利用颜色进行比对，如图 9.5 所示。

```
% 程序接上
figure(2)
subplot(121)
imshow(A)
title('DCT 变换后 256 * 320 系数矩阵')
```

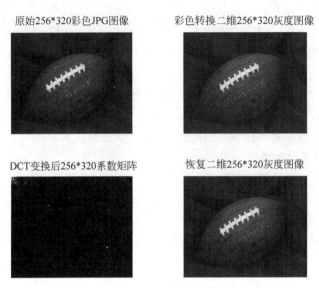

图 9.4　DCT 变换过程图

```
subplot(122)
A1 = log(abs(A));
imshow(A1,[]);                    % 可以通过函数 colormap 查看变换系数 A
title('DCT 系数矩阵的对数值'); colormap(gray(8));colorbar;
subplot(122)
A1 = log(abs(A));
imshow(A1,[]);                    % 可以通过函数 colormap 查看变换系数 A
title('DCT 系数矩阵的对数值'); colormap(gray(8));colorbar;
```

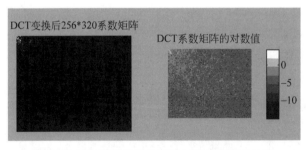

图 9.5　系数矩阵与系数变换矩阵灰度值对比图

除了左上角部分值,大多数值都很小,小于 1,取对数之后可以比较相对值的大小,利用灰度值按照颜色进行视觉比较,越白的表明数值大,之后数值越小颜色越黑。

上图在仿真过程中可以查看数据,图 9.5 中原灰度图数据与恢复灰度图数据值一样,这是因为变换到频域的系数矩阵未经过任何处理。如果对时域到频域变换之后的数据处理一下,譬如将系数小的忽略,系数大的保留,那么系数矩阵所需存储的数值就会变小,从而达到压缩的目的。但是与此同时,恢复后的灰度图像就会产生失真。

(2) 分块矩阵 DCT 变换与逆变换

在实际的图像处理中,上述直接 256×320 矩阵 DCT 变换的复杂度其实是比较高的,所以通常的做法是,将图像进行分块,然后在每一块中对图像进行 DCT 变换和反变换,再合并分块,从而提升变换的效率。具体的分块过程中,随着子块的变大,算法复杂度急速上升,但是采用较大的分块会明显减少图像分块效应,所以,这里面需要做一个折中,在通常使用时,大都采用的是 8×8 的分块。

MATLAB 的 dctmtx 函数可以很方便地进行分块处理,而且提高运算效率,程序如下:

```
clear all
I0 = imread('football.jpg');
I1 = rgb2gray(I0);
I = im2double(I1);
figure(1)
subplot(221)
imshow(I)
title('256 * 320 原灰度图像');
A = dctmtx(8);                          % 产生 8 * 8 分块 DCT 系数矩阵 A
for i = 1:8:256
    for j = 1:8:320
        P = I(i:i + 7,j:j + 7);
        K = A * P * A';
        I2(i:i + 7,j:j + 7) = K;        % DCT 变换之后的系数矩阵 256 * 320
        K(abs(K)< 0.3) = 0;
        I3(i:i + 7,j:j + 7) = K;        % 进行压缩之后的系数矩阵,较小的值舍弃 256 * 320
    end
end
figure(1);
subplot(222)
imshow(I2);
title('分块 DCT 变换后的系数灰度图');
figure(1);
subplot(223)
imshow(I3);
title('舍小取大后的分块 DCT 系数灰度图');
for i = 1:8:256
    for j = 1:8:320
        P = I3(i:i + 7,j:j + 7);        % 逆变换
        K = A' * P * A;
        I4(i:i + 7,j:j + 7) = K;
    end
end
figure(1);
subplot(224)
imshow(I4);
title('由舍值 DCT 系数恢复灰度图');
```

运行结果如图 9.6 所示。由图 9.6 可知恢复的图像比原图模糊,这是因为对存储 DCT 变换的系数矩阵进行了取舍,将较小的系数(绝对值 $K<0.3$)舍弃,也即为 0,存储时不计入内。图 9.6 中的 222 与 223 由于数据量大,看起来区别不大,实际上由截取 I2 和 I3 的数据图比较就发现 I3 的数据大多为 0,这是因为 I2 中凡是小于 0.3 的值都被舍弃了。其数据截图分别如图 9.7 和图 9.8 所示。由图 9.7 和图 9.8 的数据可知,I3 的每一个 8 * 8 矩阵只保留了左上角的一个数据,相比 I2 的 64 个数据而言,相当于只存储了 DCT 变换后的一个数

图 9.6 分块 DCT 变换压缩与恢复图

	1	2	3	4	5	6	7	8	9	10
1	2.0147	-0.0392	-0.0088	-0.0010	0.0402	0.0310	-0.0367	-6.9182e-04	2.0961	-0.0467
2	0.0724	0.0300	0.0122	0.0012	0.0191	-9.3432e-04	0.0467	-0.0415	0.1038	-0.0247
3	0.0586	0.0124	0.0133	0.0026	-0.0637	-8.9809e-04	2.0305e-04	2.3824e-04	0.0336	0.0120
4	0.0220	-1.8396e-04	0.0301	0.0259	-0.0014	-0.0016	-0.0016	-0.0483	0.0593	0.0119
5	8.7099e-17	0.0175	-0.0293	-1.0052e-04	0.0549	-7.5787e-04	-0.0016	6.1371e-05	0.0167	0.0310
6	0.0190	8.9098e-04	-3.6476e-05	0.0511	-0.0014	-5.1785e-04	4.4814e-04	-8.7721e-04	5.1848e-04	-3.7054e-04
7	-0.0020	-0.0014	0.0012	-0.0010	-1.3332e-04	-8.5568e-04	-5.5987e-04	-4.3264e-04	-0.0394	-0.0514
8	-2.7770e-04	0.0015	-0.0019	0.0016	-8.1243e-04	-3.8790e-04	6.7561e-04	-4.5838e-04	-0.0012	-0.0708
9	1.9446	0.0158	-0.0156	-0.0361	-0.0201	0.0302	-4.4736e-04	-0.0469	1.9926	-0.0389
10	-0.0617	-0.0385	-0.0244	8.1451e-04	0.0211	2.5154e-04	0.0464	-0.0437	-0.0167	0.0164
11	0.0247	-0.0121	6.3377e-04	3.7911e-04	2.6529e-04	0.0013	-0.0011	5.3432e-04	0.0116	0.0128
12	-0.0469	0.0105	1.8199e-04	-0.0487	-0.0385	-5.7190e-04	0.0617	2.2203e-04	-0.0146	0.0120
13	0.0025	-0.0182	-0.0285	8.3907e-04	-0.0544	-0.0016	0.0012	2.0167e-04	0.0309	-0.0157
14	0.0194	0.0274	0.0012	-0.0016	9.4202e-04	0.0017	-3.2730e-04	-0.0014	0.0013	-0.0282
15	0.0020	0.0026	0.0018	-0.0015	-6.4047e-04	-0.0943	0.0013	1.3183e-04	0.0010	-0.0015
16	-3.2707e-04	3.4027e-04	5.6114e-04	0.0018	-0.0014	6.7516e-04	-3.4284e-04	0.0012	3.4736e-04	-3.3787e-04
17	2.0515	0.0230	-0.0075	0.0227	0.0191	-0.0330	-0.0399	-0.0476	2.0284	0.0093
18	-0.0254	0.0319	0.0350	0.0334	-0.0206	-0.0462	0.0484	-0.0013	-0.0158	0.0071
19	0.0345	0.0488	-0.0012	6.4893e-04	-0.0319	2.6937e-04	-8.6320e-04	-0.0013	0.0232	0.0117
20	-0.0698	0.0022	0.0293	-0.0467	6.6840e-04	-2.2798e-04	-3.9255e-04	0.0015	0.0706	-0.0355

图 9.7 分块 DCT 变换后的系数值(部分)

据,所以从这个角度来说,恢复图比原始图压缩了,压缩比可以达到 64 倍。

9.4.4 思考题

(1) 如改用二维 DCT 变换的系数矩阵方程,结果如何?

(2) 运用 MATLAB 程序计算系数矩阵的值,并编程计算出 DCT 变换后的矩阵,与函数库里的函数 DCT2 比较产生的值是否一样?

(3) 对 DCT 变换后的矩阵进行分块,然后自己编制程序测试两种情况的执行时间或者执行效率;对分块后的矩阵按照比例或者多少取值,对比不同取值下的图像变化。

I2 I3

256x320 double

	1	2	3	4	5	6	7	8	9	10
1	2.0147	0	0	0	0	0	0	0	2.0961	0
2	0	0	0	0	0	0	0	0	0	0
3	0	0	0	0	0	0	0	0	0	0
4	0	0	0	0	0	0	0	0	0	0
5	0	0	0	0	0	0	0	0	0	0
6	0	0	0	0	0	0	0	0	0	0
7	0	0	0	0	0	0	0	0	0	0
8	0	0	0	0	0	0	0	0	0	0
9	1.9446	0	0	0	0	0	0	0	1.9926	0
10	0	0	0	0	0	0	0	0	0	0
11	0	0	0	0	0	0	0	0	0	0
12	0	0	0	0	0	0	0	0	0	0
13	0	0	0	0	0	0	0	0	0	0
14	0	0	0	0	0	0	0	0	0	0
15	0	0	0	0	0	0	0	0	0	0
16	0	0	0	0	0	0	0	0	0	0
17	2.0515	0	0	0	0	0	0	0	2.0284	0
18	0	0	0	0	0	0	0	0	0	0
19	0	0	0	0	0	0	0	0	0	0
20	0	0	0	0	0	0	0	0	0	0

图 9.8 舍小取大后的分块 DCT 系数值(部分)

(4) 改变 DCT 变换后的矩阵的值的门限,比较图像的清晰度与压缩率。

(5) 将库函数里直接调用的程序试着用自己的语言编写,加强对图像变换与压缩的操控度。

(6) 利用掩膜函数降低运算的复杂度,试试恢复效果。

(7) 对三维彩色图像进行变换与编码,实现图像的压缩。

9.5 卷积码的编码与译码

9.5.1 实验目的

(1) 了解卷积码的定义。

(2) 掌握卷积码的生成矩阵的含义与维数。

(3) 掌握记忆阵列的系数表示方法。

(4) 掌握卷积码的编码器的结构。

(5) 掌握卷积码的译码原理。

9.5.2 实验要求

对任意给定的卷积码编码器或者卷积码的转移函数矩阵和输入信息,生成卷积码。要求:

(1) 能够根据已知信息编出正确的卷积码。

(2) 能够正确调用 MATLAB 中的库函数进行卷积码的编码与译码。

(3) 能够自己编写卷积码的编译码程序。

9.5.3 实验算法与结果

1. 卷积码编码原理

卷积码是 1955 年由 Elias 等人提出的,是一种非常有前途的编码方法。卷积码和分组码的根本区别在于,它不是把信息序列分组后再进行单独编码,而是由连续输入的信息序列得到连续输出的已编码序列。即进行 (n,k) 分组编码时,其本组中的 $n-k$ 个校验元仅与本组的 k 个信息元有关,而与其他各组信息无关;但在 (n,k,L) 卷积码中,其编码器将 k 个信息码元编为 n 个码元时,这 n 个码元不仅与当前段的 k 个信息有关,而且与前面的 $L-1$ 段信息有关(L 为编码的约束长度),充分说明卷积码是带有记忆的。因此,卷积码有 3 个参数 (n,k,L),其生成矩阵 G_∞ 是一个半无限矩阵。信息位与码字的关系为

$$C=(C^0 C^1 C^2 \cdots)=mG_\infty=(m^0 m^1 m^2 \cdots)\begin{bmatrix} G^0 & G^1 & \cdots & G^L & 0 & 0 & 0 \\ 0 & G^0 & G^1 & \cdots & G^L & 0 & 0 \\ 0 & 0 & G^0 & G^1 & \cdots & G^L & 0 \\ 0 & 0 & 0 & \cdots & \cdots & \cdots & \cdots \end{bmatrix}$$

卷积码还可以用转移函数矩阵 $G(D)$ 来描述:

$$G(D)=G^0+G^1 D+\cdots+G^L D^L = \begin{bmatrix} g_{00}(D) & g_{01}(D) & \cdots & g_{0(n-1)}(D) \\ g_{10}(D) & g_{11}(D) & \cdots & g_{1(n-1)}(D) \\ \vdots & \vdots & \ddots & \vdots \\ g_{(k-1)0}(D) & g_{(k-1)1}(D) & \cdots & g_{(k-1)(n-1)}(D) \end{bmatrix}$$

卷积码的编码原理比较复杂,下面我们借助例题的理解,利用库函数进行卷积码的编码。

2. 编码器程序代码

例 1:已知 $(2,1,2)$ 卷积码的编码结构图如图 9.9 所示。当输入信息位 $m=11011$ 时,编程输出卷积码的输出码字。

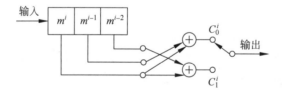

图 9.9 $(2,1,2)$ 卷积码编码器结构图

由卷积码编码器的结构可以看出,输出与输入之间的连接系数为 $g_{00}^0 g_{00}^1 g_{00}^2 = 110$,$g_{01}^0 g_{01}^1 g_{01}^2 = 101$,则卷积码的生成矩阵

$$G_\infty = \begin{bmatrix} 11 & 10 & 01 & & & \\ & 11 & 10 & 01 & & \\ & & 11 & 10 & 01 & \\ & & & 11 & 10 & 01 & \cdots \end{bmatrix}$$

输出码字与输入之间的关系为:$C_0^i = m_0^i + m_0^{i-1}$,$C_1^i = m_0^i + m_0^{i-2}$。

利用 MATLAB 的库函数 poly2trellis 和 convenc 进行卷积码生成。poly2trellis 函数

用于生成相应卷积码的网格表,作为 convenc 函数的参数。

```
trellis = poly2trellis(ConstraintLength,CodeGenerator)
```

利用约束长度和生成矩阵(由生成矢量组成)等参数产生网格表,规定我们使用的卷积编码的规则,比如几个输入、几个输出、几个寄存器等。

convenc 函数根据生成的网格表,生成卷积码。poly2trellis 和 convenc 函数一般配套用于卷积码编码。

程序如下:

```
trellis = poly2trellis([3],[6,5]);    %[3]表示约束长度,[6,5]表示矢量系数的 110 和 101 的
                                      %八进制表示
msg = [1 1 0 1 1];
code = convenc(msg,trellis)
```

例 2:已知 $(2,1,3)$ 卷积码编码器的输入输出关系为 $\begin{cases} C_0^i = m_0^i + m_0^{i-2} + m_0^{i-3} \\ C_1^i = m_0^i + m_0^{i-1} + m_0^{i-2} + m_0^{i-3} \end{cases}$。

输出输入信息序列为 11011 时,卷积码的输出码字。

由题知:$g_{00}(D) = 1011, g_{01}(D) = 1111$

```
trellis = poly2trellis([4],[13,17]);
msg = [1 1 0 1 1];
code = convenc(msg,trellis)
```

例 3:参见主教材第 160 页例 6-8 中 $(3,1,2)$ 卷积码,$g_{00}(D) = 100, g_{01}(D) = 110$,$g_{02}(D) = 111$,编程输出输入信息序列为 10110 时卷积码的输出码字。

```
trellis = poly2trellis([3],[4,6,7]);
msg = [1 0 1 1 0];
code = convenc(msg,trellis)
```

前面所述例题全都是一位信息序列输入,如果信息位数为 $k(k>1)$ 位,就要改变程序。

例 4:参见主教材第 158 页例 6-7 中 $(3,2,1)$ 卷积码,可以得到

$\begin{cases} c_0^i = m_0^i + m_0^{i-1}, & g_{00}(D) = 11 \\ c_1^i = m_0^{i-1}, & g_{01}(D) = 01 \\ c_2^i = m_0^i + m_0^{i-1}, & g_{02}(D) = 11 \end{cases}$ $\begin{cases} c_0^i = m_1^{i-1}, & g_{10}(D) = 01 \\ c_1^i = m_1^i, & g_{11}(D) = 10 \\ c_2^i = m_1^i, & g_{12}(D) = 10 \end{cases}$

编程输出输入信息序列为 1001 时,卷积码输出码字。

```
trellis = poly2trellis([2,2],[3,2,3;1,2,2])  %具有两路输入的时间约束,两路输入的生成矢量
msg = [1 0];
code = convenc(msg,trellis)
```

输出码字:code = 101

当输入为 10 时,前一时刻的寄存器为 0,所以输出也可根据码字输出等式算出为 101。

```
trellis = poly2trellis([2,2],[3,1,3;1,2,2])
msg = [1 0 0 1];
code = convenc(msg,trellis)
```

输出码字：code = 101 100

当输入为 1001 时,表示先输入 10,得出卷积码字 101,然后再移位,使 01 作为本时刻的输入,与前一时刻的 10 共同作用输出卷积码字 100,与课本的结果一致。

3. 卷积码译码原理

维特比算法是由美国科学家 Viterbi 在 1967 年提出的卷积码的概率译码算法,后来学者在深入研究中证明维特比算法是基于卷积码网格图的最大似然译码算法。按最大似然法则译码,对二进制对称信道(BSC)来说,它等效于最小汉明距离译码。在这种译码器中,把接收序列和所有可能发送序列进行比较,选择一个汉明距离最小的序列判作发送序列。由于信息序列、编码序列有着一一对应的关系,而这种关系又唯一对应网格图的一条路径,因此译码就是根据接收序列 R 在网格图上全力搜索编码器在编码时所经过的路径,即寻找与 R 有最小汉明距离的路径。

4. 译码实验程序与实验结果

已知上述例 1 中(2,1,2)卷积码编码器的接收码字 $r=[11\ 01\ 11\ 10\ 01]$,$g_{00}(D)=1011$,$g_{01}(D)=1111$,求译码后的信息序列。

```
clear all
r = [1 1 0 1 1 1 1 0 0 1]
trellis = poly2trellis([3],[6,5])         % 网格参数
msg = vitdec(r,trellis,3,'trunc','hard')  % 起始状态全零,回溯深度3,硬判决
```

运行结果：msg = 11011

与前面的例题结果一致,但是维特比译码函数 vitdec 的参数设置不同,译码结果会有变化,大家可以在命令窗搜索函数"help vitdec",查看维特比译码的参数设置形式和例题。

注解：

DECODED = vitdec(CODE,TRELLIS,TBLEN,OPMODE,DECTYPE)

CODE：收码

TRELLIS：网格

TBLEN：回溯深度,相当于记忆长度

OPMODE：trunc,term,cont

trunc：编码器起始状态为全零；译码器从最佳度量状态回溯

term：编码器起始状态和结束状态都是全零；译码器从全 0 状态回溯

cont：编码器起始状态为全零；译码器从最佳度量状态回溯,回溯深度的数值实际上就是指记忆长度

DECTYPE：hard soft

hard：硬判决,需要二进制输入

soft：软判决,需要与后面的参数联合使用

利用此函数进行例 4 的解码。

```
trellis = poly2trellis([2 2],[3 2 3;1 2 2])
msg = [1 0 0 1]
code = convenc(msg,t)
tblen = 2
```

```
decode = vitdec(code,t,tblen,'trunc','hard')
```

运行结果:

```
msg = 1001
code = 111    110
decode = 1    0    0    1
```

现在假设收码出错,R = 111 110 变为 110 110,检验其纠正效果。

```
trellis = poly2trellis([2 2],[3 2 3;1 2 2])
R = [1 1 0 1 1 0]
tblen = 2
decode = vitdec(R,trellis,tblen,'trunc','hard')
```

运行结果:

```
R = 110    110
tblen = 2
decode = 1    0    0    1
```

当收码出错时,6 位编码就可以纠正 1 位码元,纠正后的信息位仍然为 1001。

9.5.4 实验思考

(1) 卷积码的状态个数如何计算?用 MATLAB 程序如何建立网格参数?如何用函数计算状态数?

(2) 当输入信息位的个数大于 1 时,在建立网格参数时有何特别的要求?

(3) 在维特比译码时的 term 参数输出时,编码器的结束状态为全零状态是如何考虑的?

(4) 适当将卷积码的编码序列拉长,查看收码出错时对译码的纠正情况。

(5) 对库函数里直接调用的程序试着用自己的语言编写,加强对卷积码的理解和运算。

(6) 卷积码的效率和性能是比较好的,试用 VHDL 语言用硬件实现一个卷积码编译码器。

参 考 文 献

[1] 曹雪虹. 信息论与编码[M]. 3版. 北京：清华大学出版社，2016.
[2] 傅祖芸. 信息论——基础理论与应用[M]. 4版. 北京：电子工业出版社，2015.
[3] 朱雪龙. 应用信息论基础[M]. 北京：清华大学出版社，2001.
[4] 姜丹. 信息论与编码[M]. 合肥：中国科学技术大学出版社，2001.
[5] 贺志强. 信息处理与编码[M]. 3版. 北京：人民邮电出版社，2012.
[6] McEliece R J. The Theory of Information and Coding[M]. 北京：电子工业出版社，2003.
[7] 傅祖芸. 信息论与编码学习辅导及习题详解[M]. 北京：电子工业出版社，2010.
[8] 周萌清. 信息理论基础[M]. 北京：北京航空航天大学出版社，2002.
[9] 田宝玉. 信源编码原理与应用[M]. 北京：北京邮电大学出版社，2015.
[10] 仇佩亮. 信息论与编码[M]. 2版. 北京：高等教育出版社，2011.
[11] Cover T M. Elements of Information Theory[M]. New Jersey：Wiley-Blackwell，2006.
[12] 朱春华. 信息论与编码技术[M]. 北京：清华大学出版社，2020.
[13] 龚声蓉，刘纯平，王强. 数字图像处理与分析[M]. 北京：清华大学出版社，2006.

图书资源支持

感谢您一直以来对清华大学出版社图书的支持和爱护。为了配合本书的使用，本书提供配套的资源，有需求的读者请扫描下方的"书圈"微信公众号二维码，在图书专区下载，也可以拨打电话或发送电子邮件咨询。

如果您在使用本书的过程中遇到了什么问题，或者有相关图书出版计划，也请您发邮件告诉我们，以便我们更好地为您服务。

我们的联系方式：

地　　址：北京市海淀区双清路学研大厦 A 座 701

邮　　编：100084

电　　话：010-83470236　010-83470237

资源下载：http://www.tup.com.cn

客服邮箱：tupjsj@vip.163.com

QQ：2301891038（请写明您的单位和姓名）

用微信扫一扫右边的二维码,即可关注清华大学出版社公众号。

教学资源·教学样书·新书信息

人工智能科学与技术
人工智能|电子通信|自动控制

资料下载·样书申请

书圈